탱크 북

U.S.
LIFT
HERE
USA
3038210

THE TANK BOOK

탱크 북

전차 대백과사전

데이비드 윌리

김병륜 옮김 | 유용원 감수

사이언스 SCIENCE BOOKS 북스

집필 및 감수 **데이비드 윌리(David Willey)** 전차 박물관 큐레이터

참여 필자 **이언 허드슨(Ian Hudson)** 전차 박물관 연구원

사진 **맷 샘프슨(Matt Sampson)**

전차 박물관 The Tank Museum 세계에서 가장 방대한 전차 및 군사 차량을 소장하고 있다. 박물관이 위치한 영국 도싯 주 보빙턴은 제1차 세계 대전 이후 영국군의 전차 훈련이 이루어진 곳으로, 현재도 전차 관련 인력 훈련에 협력하고 있다.

옮긴이

김병륜 한국학중앙연구원 한국사 전공(박사 수료), 국방부 국방홍보원 소속 공무원으로《국방일보》취재 기자와 군사편찬연구소 객원 연구원(비상근)을 지냈다. 한국 군사사를 중심으로 군사 분야 역사를 연구하면서 저술, 다큐멘터리 출연, 강연, 군사 관련 콘텐츠 자문 등 다양한 활동을 펼치고 있다. 지은 책에 『군사전문인을 위한 인터넷』, 『이성호 제독 평전』, 『6.25 전쟁 그 때 그날』, 옮긴 책에 『그림으로 보는 5000년 제복의 역사』 등이 있으며 군사 역사 분야 논문 20여 편을 발표했다.

감수

유용원 《조선일보》사회부를 거쳐 2009년부터 정치부 군사 전문 기자로 있으며《조선일보》논설 위원으로 활동하고 있다. 육군·해군·공군 자문 위원, 한국항공우주소년단 이사 등을 맡고 있으며 이달의 기자상(1994년), 제6회 한국언론대상(2002년), 제1회 언론인 홈페이지 대상(2002년), 제7회 항공우주공로상,《조선일보》최다 사내 특종상(45회) 등을 수상했다. 국내 최대의 군사 전문 사이트인 「유용원의 군사세계(http://bemil.chosun.com)」를 운영 중이다.

탱크 북 전차 대백과사전

1판 1쇄 펴냄 2018년 5월 30일

1판 2쇄 펴냄 2020년 12월 30일

지은이 데이비드 윌리 옮긴이 김병륜 감수 유용원

펴낸이 박상준 펴낸곳 (주)사이언스북스

출판등록 1997. 3. 24.(제16-1444호)

(06027) 서울시 강남구 도산대로1길 62

대표전화 515-2000, 팩시밀리 515-2007, 편집부 517-4263, 팩시밀리 514-2329

www.sciencebooks.co.kr

ISBN 978-89-8371-880-8 04400

ISBN 978-89-8371-410-7(세트)

한국어판 책 디자인 김낙훈

차례

최초의 전차들: 1918년까지

전차의 다양한 역사적 선구자들이 최초의 운용 모델로 이어졌다. 서로 다른 기능을 지닌 놀랍도록 다양한 기계들이 제1차 세계 대전이 끝날 무렵 개발되었거나 제조되기 시작했다.

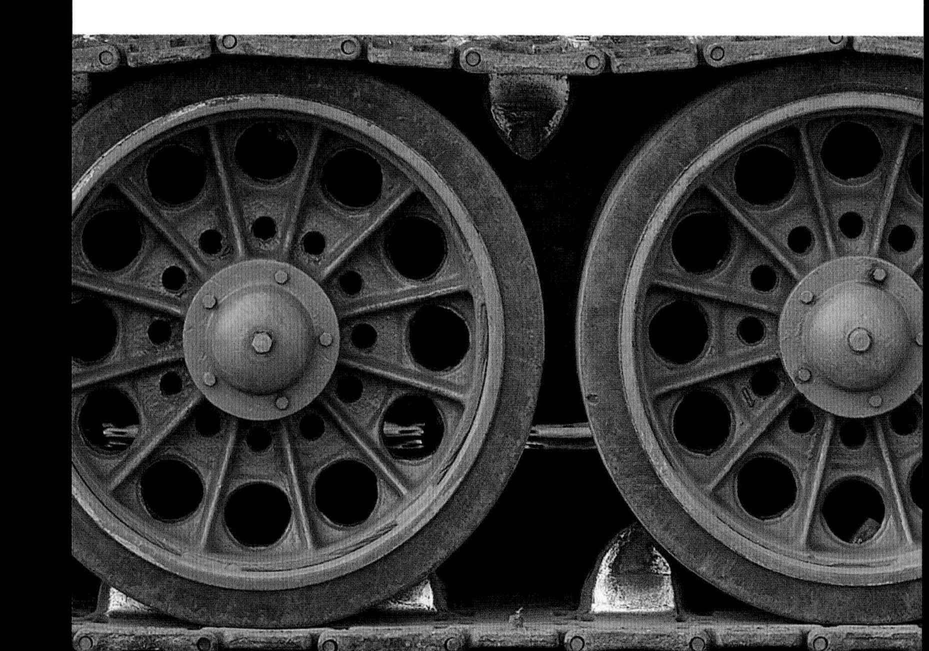

전간기: 1918~1939년

전간기(戰間期)는 감축과 실험으로 특징지을 수 있는 시대였다. 전차들이 여러 국가에서 개발되었고, 기계화된 육군 체제에서 얼마나 유용한지 시험되었다. 결과물 중 하나로 현대적인 전차 설계가 통합되었다.

제2차 세계 대전: 1939~1945년

제2차 세계 대전은 전차가 지닌 잠재력을 전면적으로 선보이게 된 촉매제였다. 장갑 차량 수만 대가 제작되어 지상 전역에서 핵심 무기가 되었을 뿐만 아니라 국가 군사력의 상징이 되었다.

냉전: 1945~1991년

동방과 서방 라이벌 파워 진영들은 다른 장갑 차량을 지원하는 주력 전차를 엄청난 규모로 생산했다. 그러나 냉전은 뜨거워지지 않았고, 그 전차들 중 일부가 좀 더 작은 규모의 분쟁에 쓰였다.

탈냉전 시대: 1991년 이후

세계 정치가 냉전 종식에 적응하면서 새로운 세대의 경차량들이 비대칭전과 대반란전 목적으로 설계되었다. 그러나 불안정한 세계 각지의 분쟁에서 전차가 계속 활용됨에 따라 냉전 시대의 전차는 업그레이드를 통해 수명을 연장했고 새로운 전차 설계들이 이루어졌다.

참고 사항

전차는 기동력, 화력, 방호력이라는 세 가지 핵심 요소에 기초해서 싸우는 방식을 바꾸었다.

머리말

전차의 역사는 이제 100년이 넘었을 뿐이지만, 전차가 구현한 개념은 수백 년 동안 전투 참가자들이 목표했던 것이자 간절히 소망하던 바였다. 적 무기로부터의 방호력, 전장을 가로지르는 기동력, 그리고 화력을 사용해 적을 공격하는 수단은 전투를 해야만 하는 모든 사람들에게 공통적인 주제였다. 전차는 제1차 세계 대전의 특수한 군사적 문제, 즉 서부 전선에 나타난 고정된 전장을 어떻게 기동화된 전장으로 되돌리느냐에 대한 해답이었다.

많은 나라들이 기계적 수단을 사용해 기동을 회복시키고 전장에서 돌파구를 만들려고 모색했지만, 거친 지형을 가로지르고 가시 철조망을 파괴하며 보병이 진격할 수 있도록 적 진지에 사격을 하기 위해 1916년 9월 처음으로 전차를 '궤도 달린 공성 망치'처럼 사용한 나라는 영국이었다. 제1차 세계 대전이 끝났을 때 전차는 여러 형식으로 개발된 상태였지만, 전후에 일부 고위급 군사 관계자들은 전차를 서부 전선의 독특한 분쟁에서나 필요한 예외적 일회용품으로 생각했기 때문에, 전차를 없애고자 했다.

전간기는 전차 실험과 개발의 시대였다. 군사력 측면에서 전차가 무기로 어떻게 사용되는 것이 최선인지 모색되었다. 어떤 사람들은 보병과 말에 기초한 전통적 군대에서 완전히 기계화된 부대로 바뀌는 데 전차가 중요한 역할을 한다고 보았다. 전투에 투입되는 전차와 함께 운용하기 위한 다른 장갑 차량들도 만들어졌다. 공병 차량, 병력 수송 장갑차, 장갑차 또한 이 책에 소개되어 있다.

새로운 무기로서 전차의 잠재력이 전간기 몇몇 소규모 분쟁에서 실증되었으며, 서로 다른 강대국들이 저마다 다른 결론을 내놓았다. 장갑이 두꺼워지고 포의 크기도 커졌으나 1939~1940년에 독일 전차 무장의 놀라운 성공을 통해서야 전차의 잠재력이 모두에게 분명해졌다. 대규모 포위에서 초기에 승리를 거둔 독일의 전차 운용 방식과, 비싸고 크고 기술 면에서 진보적인 설계를 적용한 소량 생산이 주목을 받았음에도 불구하고, 보다 간단하면서도 쓸 만한 차량들을 생산하기 위한 미국과 러시아(구소련)의 막대한 노력들이 제2차 세계 대전 전차전의 균형을 흔들리게 했다.

제2차 세계 대전의 종결은 전차가 계속 유용할 것인지에 대한 또 다른 단계의 의구심을 들게 했다. 만약 바주카포나 판처파우스트 같은 휴대용 성형 작약 대전차 무기들이 대량 생산된다면 병사 1명의 사격으로 전차를 무력화시킬 수 있을 정도로 정말 그렇게 취약할까? 1973년 욤 키푸르 전쟁에서 운용된 대전차 유도 미사일이나 냉전 기간 대전차 공격 헬기의 가능성이 유사한 우려들을 연이어 불러일으켰다.

"전차는 두 가지 종류가 있다. 위험하고 치명적인 존재, 그리고 자유를 선사하는 존재."

로버트 피스크, 저널리스트

2000년대 초반에는 상부 공격(top attack) 무기들과 텐덤 탄두들이 전차의 취약성을 추가로 노출시켰다. 그러나 전차는 기술과 전술에 힘입어 새로운 위협에 적응해 나갔다. 라미네이트 같은 새로운 유형의 장갑, 운동 에너지 관통자(고밀도 금속제 탄심)를 활용한 화력 증강, 기동성 증가를 위한 가스 터빈 혹은 슈퍼 차지 디젤 엔진, 접근하는 발사체를 방해·파괴하기 위한 방어 지원 세트 등으로 인해 전차의 유효 수명이 늘어났다. 미래에는 소형화와 무인 차량과 같은 발전이 이루어질 것이며, 새로운 세대의 전차가 계획되고 있거나 생산을 시작하는 동안 여러 구형 전차들 역시 최전방에서 자기 자리를 찾기 위해 업그레이드되고 있다.

전차의 적응력과 강력한 존재감은, 오늘날 어떠한 전장에서도 전차가 자신의 길을 계속 찾을 수 있음을 의미한다. 『탱크 북』이 보여 주는 바와 같이 전차는 실질적인 기술, 전투 경험, 예상되는 전투 발전 양상, 흔히 간과되지만 복잡한 장갑 차량을 제조할 수 있는 근본적 역량과 이를 가능하게 하는 자금의 영향을 받으며 여러 형태로 언제나 존재해 왔다.

『탱크 북』 각 장 사이에 핵심이 드러나 있듯 이 책의 독자들은 전차전의 성공과 실패에서 가장 중요한 요소는 바로 승무원이라는 점을 알아차릴 것이다.

DWilley

데이비드 윌리

전차 박물관 큐레이터

1918년까지

최초의 전차들

Wir schlagen sie —
und zeichnen
Kriegsanleihe!

최초의 전차들

20세기가 시작하는 시점에 내연 기관 엔진과 무한궤도 트랙터들이 전장에서 기동력을 갖추고 장갑화된 화력의 가능성을 처음 선보였다. 제1차 세계 대전이 그 같은 흐름을 자극했다.

초창기 성공적인 전차 개발은 영국에서 이루어졌다. 포스터스 사(Fosters)는 1915년 7월 '리틀 윌리'라는 별명을 가진 최초의 육상함(land ship, 전차가 보편화되기 이전이었으므로 새로운 범주의 무기를 지칭하는 정확한 용어가 없어 육상함이라고 불렀다.—옮긴이)을 건조하는 계약을 체결했다. 그러나 육군은 1916년 2월 디자인이 더 우수한 '마더(mother)'를 택했다.

△ **퍼레이드 중인 프랑스 전차**
르노 FT-17 대대가 1919년 혁명 기념일(Bastille Day)에 파리에서 제1차 세계 대전의 종전을 기념하기 위해 열린 승리 퍼레이드를 이끌고 있다.

전차를 이용한 최초의 공격은 1916년 9월 15일 플레흐꾸흐스레트(Flers-Courcelette)에서 이루어졌다. 배치된 49대의 전차 중 오직 9대만이 독일군 방어선에 도달했지만, 새로운 무기는 영국에서 센세이션을 불러 일으켰다. 헤이그 원수(Field Marshal Haig)는 즉시 1,000대 넘게 주문을 했고, 성능 개선 작업도 시작되었다.

최초의 프랑스 전차는 1917년 5월 전투에서 처음으로 선보였다. 프랑스 전차는 영국 전차처럼 참호를 횡단할 능력이 없었지만, 장갑은 훌륭했다. 가장 보편적인 프랑스 전차는 르노 FT(24~27쪽 참조)였는데, 1918년 5월에 처음으로 사용되었다. 르노 FT는 360도 전 방향으로 회전할 수 있는 상부 탑재 방식 포탑(top-mounted turret)을 가진 최초의 전차였으며, 전쟁 중 총 3,177대 주문되었다.

이 전차들의 가장 큰 결점은 신뢰성 부족이었다. 적의 포격보다는 기계 고장으로 전투력이 상실되었고 여러 날에 걸친 공격에서는 극적으로 가용성이 저하되었다. 1918년 8월 8일 580대의 영국 전차들이 군에서 사용되었는데, 다음날 가용한 숫자는 오직 145대였다. 그럼에도 불구하고 계속된 전쟁에서 전차들은 더 중요하고 큰 역할을 했다. 1918년 8월부터 11월까지 연합군 100일 공세(Hundred Days Offensive) 동안, 전차들은 승리를 이끌어 낸 제병 협동전의 핵심 부분이었다.

"우리는 이상하게 **진동하는** 소리를 들었다.
그리고 일찍이 우리가 **본 적이 없는** 3대의 **거대한 기계 괴물**이 우리를 향해 내리막길을 내려왔다."

버트 체니, 영국군 병사, 1916년

◁ **제1차 세계 대전 때의 독일 선전 포스터가 알리고 있다.** "우리가 그들을 패배시키고 있습니다! 전쟁 채권에 투자하십시오!"

주요 사건

- ▷ **1902년** 장갑화된 차체에 폼폼(pom-pom, 속사포—옮긴이)과 기관총을 갖춘 심스 모터 전쟁차(Simms Motor War Car)가 시범을 보였다.
- ▷ **1906년** 프랑스에서 구예 포탑(Guye turret)과 호치키스 기관총을 갖춘 샤롱 지라르도 보이트 자동차(Charron, Giradot et Voigt car)를 시험했다.
- ▷ **1912년** 이탈리아 장갑차 두 대가 이탈리아-튀르크 전쟁 기간 중 리비아에서 사용되었다.
- ▷ **1914년 8월** 프랑스 전쟁부 장관이 장갑차 136대를 주문했다. 한 달 뒤 첫 번째 장갑차가 운용을 시작했다.
- ▷ **1915년 2월** 영국 해군부 육상함 위원회가 창설되었다.
- ▷ **1915년 7월** 포스터가 '리틀 윌리'를 주문했다. 리틀 윌리는 5주 뒤인 9월 9일 처음 가동을 시작했다.
- ▷ **1916년 1월** '마더'가 설계된 지 3개월 만에 완성되었다.
- ▷ **1916년 2월** 영국 군수부가 마크 I 전차를 주문했다. 프랑스 전쟁부가 슈네데르 CA-1을 주문했다.
- ▷ **1916년 9월 15일** 플레흐꾸흐스레트 전투에서 전차가 처음으로 실전에 참가했다.

△ **캉브레 전투**
영국 마크 IV 전차가 1917년 캉브레(Cambrai)에서 독일 방어선을 처음으로 돌파했다. 여기에서는 영국 해군이 참호 위에서 전차를 기동시켰다.

- ▷ **1918년 4월 24일** 빌레르브레토뉴(Villers-Bretonneux)에서 독일 A7V와 영국 마크 IV 사이에 최초의 전차 대 전차 전투가 벌어졌다.

초기의 실험

수세기 동안 군인들은 적 사격에 영향을 받지 않고 전장을 가로지를 수 있는 기계를 간절히 원했다. 전차는 장갑을 이용한 방호, 내연 기관 엔진, 무한궤도를 조합시켜 20세기 초반에 개발되었다. 이런 모든 요소들을 전쟁터에 투입하겠다는 시도 자체는 새로운 것이 아니었지만 1915~1916년 각 요소가 결합되는 방식에 변화가 일어났다. 리틀 윌리는 이런 개념이 실제로 효과가 있을 수 있음을 증명했고 마더는 가장 적합한 디자인을 시연했다.

△ **혼스비 트랙터**
Hornsby Tractor

연도	1909년 **국가** 영국
무게	8.6톤(9.5미국톤)
엔진	6기통 가솔린, 105마력
주무장	없음

원래 60마력의 등유 엔진을 장착하고 있었으며, 영국군이 사용한 최초의 궤도 차량이다. 궤도에는 금속 부품의 마모를 줄이기 위해 교체 가능한 나무 블록을 사용했다. 혼스비는 야포의 견인용으로만 사용되었지만, 궤도 차량의 운용 경험은 전차 개발에 영감을 불어 넣었다.

△ **차르 전차**
Tsar Tank

연도	1914년 **국가** 러시아
무게	40.6톤(44.8미국톤)
엔진	2x선빔 가솔린, 각 250마력
주무장	미상

전장 장애물을 부술 수 있고 진창에 빠지지 않기 위해 바퀴를 크게 만들었다. 그러나 1915년 시험 중 상대적으로 작은 뒷바퀴가 연약 지반에 빠져 버렸다. 그곳에 버려진 전차는 1923년 해체되었다.

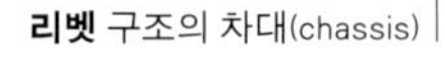

◁ **페드레일 머신**
Pedrail Machine

연도	1915년 **국가** 영국
무게	25.4톤(28미국톤)
엔진	2x롤스로이스 가솔린, 각 46마력
주무장	없음

페드레일 휠(Pedrail wheels)은 전 지형(全地形) 궤도(all-terrain track)의 초기 양식이었다. 1915년 영국은 서부 전선의 상황에 대응할 수 있을 것이라는 기대로 이 바퀴를 채택한 몇 종류를 제작했다. 그러나 페드레일 휠은 곧 무한궤도 장비로 대체되었다.

▷ **리틀 윌리**
Little Willie

연도	1915년 **국가** 영국
무게	16.3톤(17.9미국톤)
엔진	다임러 가솔린, 105마력
주무장	없음

리틀 윌리는 원래 미국식 블록 궤도(Bullock tracks)를 장착하고 있었다. 블록 궤도가 성공적이지 않다는 것이 입증되자 교체 작업은 농기계 전문가인 윌리엄 트리튼에게 맡겨졌다. 아주 넓은 참호를 가로지르는 능력을 의도적으로 설계에 반영하지는 않았지만, 엔진과 바퀴, 트리튼 궤도는 성공적이었고 참호를 통과할 수 있는 잠재력도 있었다.

△ **마더**
Mother

연도 1916년 **국가** 영국	
무게	28.4톤(31.4미국톤)
엔진	다임러 가솔린, 105마력
주무장	2x6파운더 호치키스 40구경장 포

마더는 영국 전차에게 기동성을 가져다 준 상징적인 마름모꼴 디자인을 처음으로 선보였다. 차체의 앞부분이 높아서 높은 장애물을 통과할 수 있고 앞으로 넘어지더라도 참호에서 스스로 빠져나올 수 있었다. 궤도의 디자인 때문에 돌출 측면 포탑(sponsons)을 채택할 수밖에 없었다. 현가장치가 부족해 8명의 승무원을 힘들게 했다.

▷ **홀트 75 포 트랙터**
Holt 75 Gun Tractor

연도 1918년 **국가** 미국	
무게	10.7톤(11.8미국톤)
엔진	홀트 4기통 가솔린, 75마력
주무장	없음

홀트 75는 1915~1918년에 1,651대가 보급된 연합국의 표준 중(重)포병 트랙터였다. 열악한 지형 조건은 전장에만 한정된 것은 아니기 때문에, 이런 궤도 차량은 포병, 보급품, 기타 필수품 견인에 필수적이었다.

레오나르도 다 빈치의 '전차'

1481년 예술가이자 발명가인 레오나르도 다 빈치는 피렌체에서 밀라노로 이주해 밀라노의 귀족 루도비코 스포르차(Ludovico Sforza)의 후원을 요청했다. 그가 스케치북에 그린 몇 가지 아이디어 중 여기 나온 무기와 함께 제시된 전쟁차(war car) 디자인은 전차의 선구자 중 하나로 간주된다.

핵심 요소

레오나르도 다 빈치는 스포르차에게 보낸 편지에서 "안전하고 무적의 장갑 차량(armored cars)을 만든다면 적군의 밀집 횡대(closed ranks) 속으로 들어갈 수 있습니다. … 게다가 보병들은 전혀 부상을 입지 않고 따라갈 수 있습니다."라고 썼다. 장갑 전투차(armored battle car) 아이디어는 고대로 거슬러 올라가는데, 그것에 영감을 받아 화력(구멍에서 발사되는 대포), 방호(목제와 금속제 벽), 기동성(사람 4명이 크랭크를 돌려 바퀴에 동력을 공급)이라는 3가지 요소를 결합시켰다. 형태상 놀라울 정도로 현대적 설계에, 날아오는 발사체를 피할 수 있는 경사진 표면을 가졌다. 그러나 당시 기술은 실제 제작을 뒷받침할 수 없었다. 현대에 복원한 다 빈치 전차는 오직 평평한 땅에서만 움직일 수 있었는데, 그런 평평한 땅은 통상적인 전장에서는 보기 힘든 것이다.

레오나르도 다 빈치의 '전쟁차' 스케치는 장갑, 기동성, 화력을 결합한 지상 무기 아이디어의 초창기 시도에 속한다.

마크 IV

마크 IV는 제1차 세계 대전 중 어떤 영국 전차보다도 더 많이 생산되었다. 비록 초창기의 마크 I과 겉모습은 유사하지만, 장갑을 씌운 후방의 연료 탱크와 철갑탄을 방어할 수 있도록 12밀리미터(0.5인치) 더 두꺼워진 전방 장갑 등 개선 사항들을 특징으로 갖고 있다. 철도 수송 때는 대포를 제거해야 하는 마크 I과는 달리, 마크 IV 돌출 측면 포탑(sponsons)의 포들은 철도 수송을 위해 전차 내부로 접어 넣을 수 있었다.

마크 IV는 최초의 효과적인 대규모 전차 공격으로 1917년 11월 캉브레 전투에 영향을 주었다. 400대 이상의 전차들이 야간에 철도를 이용해 고요한 캉브레의 최전선으로 옮겨져, 독일 힌덴부르크 방어선을 깊숙하게 절단하는 돌격을 시작했다.

후면

마크 IV 전차는 '남성형(male, 수컷형으로도 번역된다.—옮긴이)'과 '여성형(female)'으로 만들어졌는데, 남성형은 6파운더 포 2문과 기관총 3정을 장착했고, 여성형은 기관총 5정을 장착했다. 남성형 전차는 6파운더 포의 포수들이 조준을 위해 멈추어야 했지만, 여성형 전차는 아군 부대들이 전진할 때 기관총 사격으로 적을 고착시키는 데 효과적이었기에 좀 더 유용했다. 1918년 4월 이후에는 한쪽은 남성형 포탑, 다른 쪽은 여성형 포탑을 탑재한 자웅 동체형(hermaphrodites)도 제조되었다.

제원	
명칭	마크 IV 전차
연도	1917년
제조국	영국
생산	약 1,220대
엔진	다임러/나이트 직렬 6기통, 105마력
무게	28.4톤(31.4미국톤)
무장(남성형)	2x6파운더 QF 포, 3x303구경 루이스 기관총
무장(여성형)	5x303구경 루이스 기관총
승무원	8명
장갑 두께	12밀리미터(0.5인치)

탄약수
포수
전차장
기어 조작수
기어 조작수
탄약수
포수
조종수

훈련 차량
제1차 세계 대전 후, 마크 IV 남성형 전차들은 웨일 섬에 있는 포츠머스 영국 해군 시설로 옮겨졌다. 많은 전차 포수들이 이곳에서 훈련을 받았기 때문에 해군은 이동하는 플랫폼에서의 사격 경험을 많이 쌓았다.

루이스 기관총
마크 IV는 루이스 기관총을 전부 볼 마운트에 탑재하고 있었으며, 각 돌출 측면 포탑에도 1정씩 탑재했다. 루이스 기관총이 선택된 이유는 어느 정도는 컴팩트한 탄창 때문이었다.

차량 번호
각 전차는 고유한 네 자리 숫자를 부여받는데(통상적으로 후방 측면에 표시) 차량 운용 전 기간 동안 유지된다.

외부

마크 IV는 초기형 전차들의 리벳 구조를 뚜렷하게 보여 주는데, 장갑판들을 금속 프레임에 가열 리벳 방식 혹은 볼트로 결합했다. 이런 구조는 수많은 작은 틈이 있어 탄환이 튕기면서 내부로 들어갈 수 있다. 승무원들은 뜨거운 금속 파편으로부터 얼굴을 보호하기 위해 마스크를 지급받았다.

1. 전술 번호 **2.** 조종수 관측창(닫힌 상태) **3.** 궤도 텐셔너 **4.** 남성형 돌출 측면 포탑의 6파운더 포 **5.** 돌출 측면 포탑의 볼형 기관총 마운트(기관총 미장착 상태) **6.** 종감속기의 위치 **7.** 궤도 플레이트 **8.** 통풍구 **9.** 후방 탈출 해치 **10.** 견인 고리

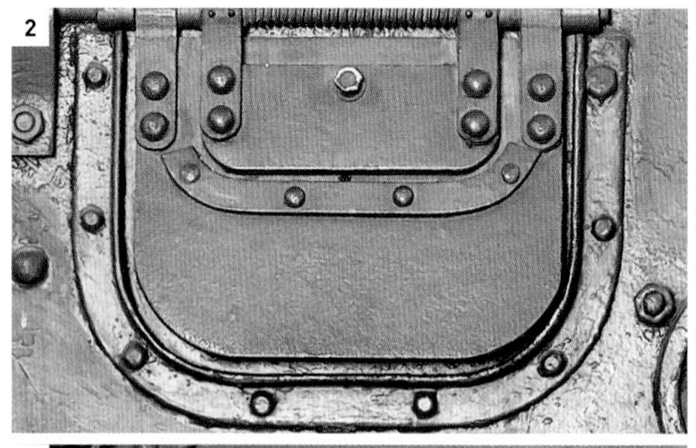

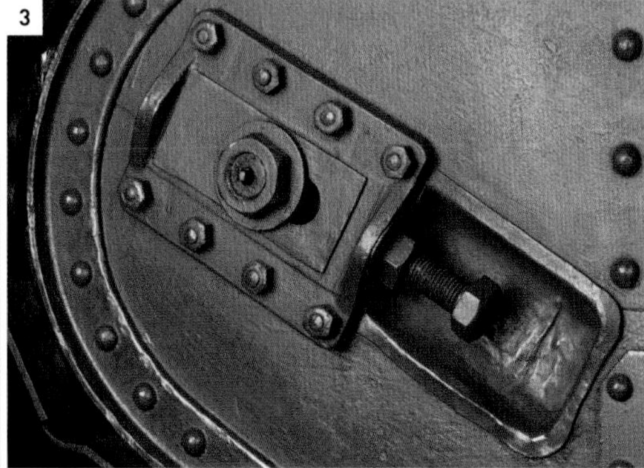

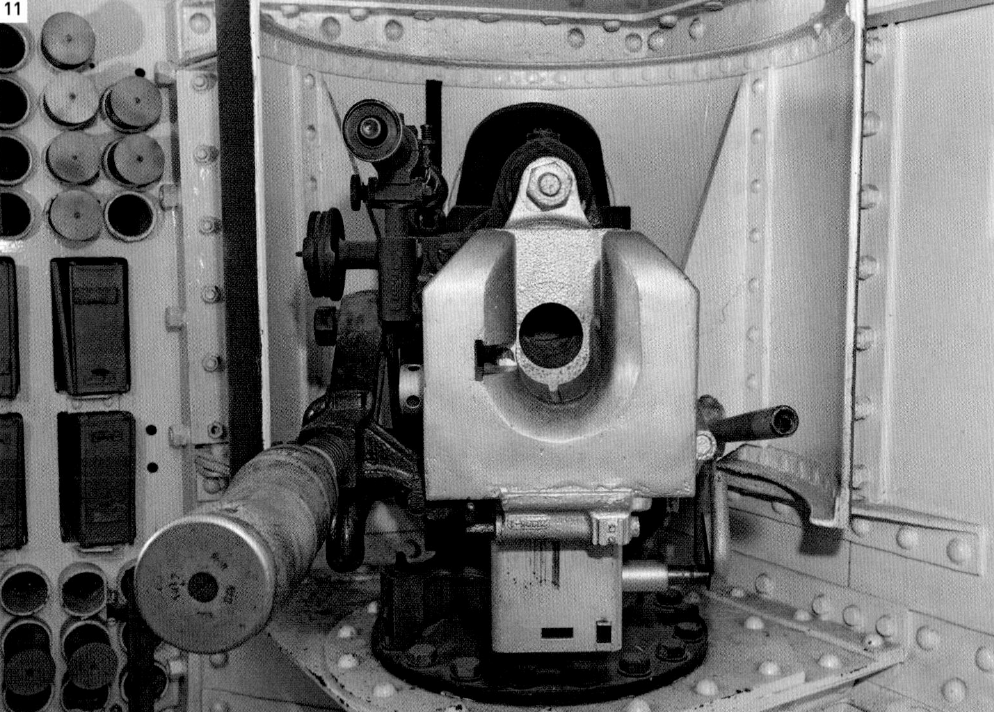

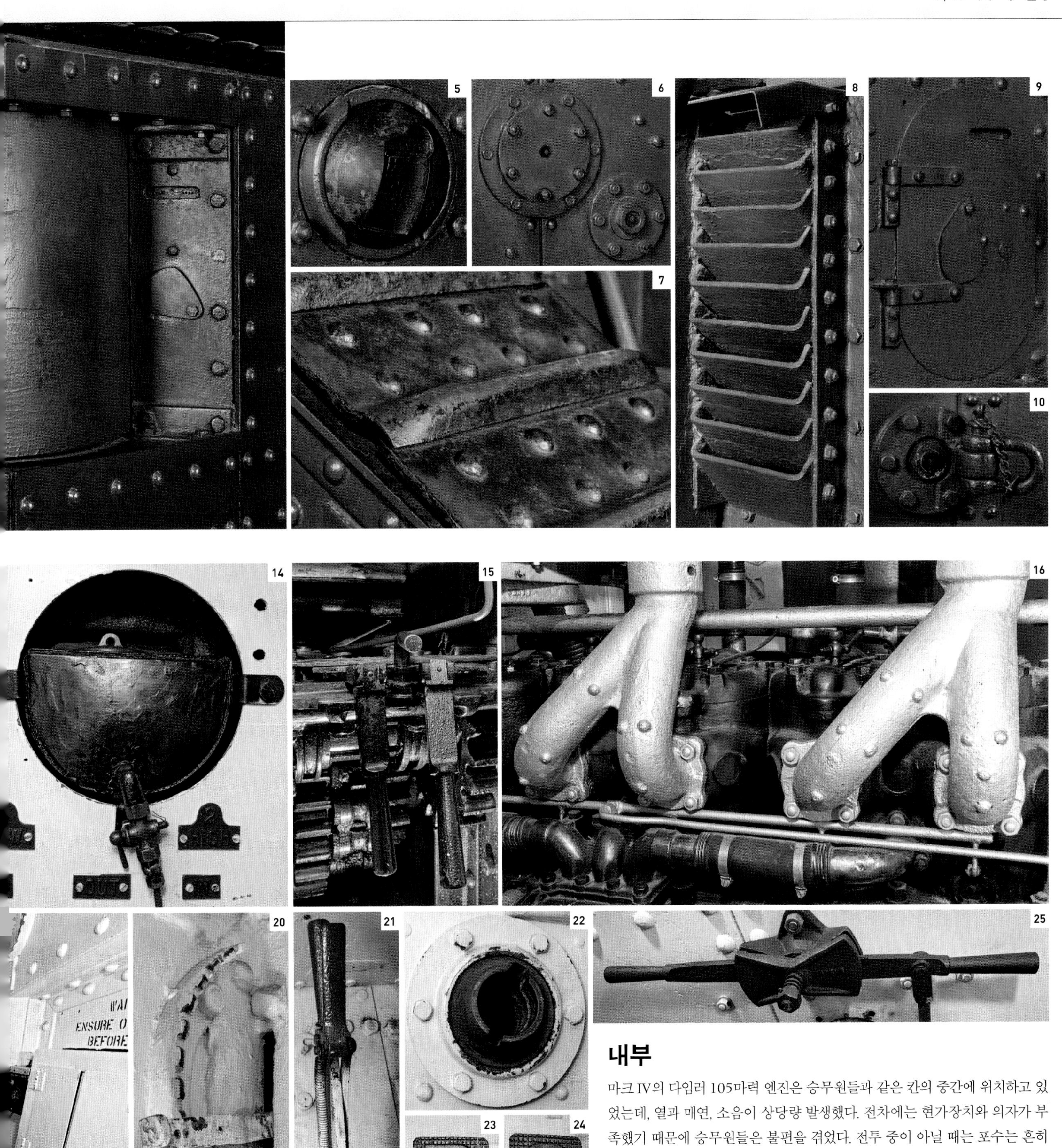

내부

마크 IV의 다임러 105마력 엔진은 승무원들과 같은 칸의 중간에 위치하고 있었는데, 열과 매연, 소음이 상당량 발생했다. 전차에는 현가장치와 의자가 부족했기 때문에 승무원들은 불편을 겪었다. 전투 중이 아닐 때는 포수는 흔히 전차 위에 앉거나 옆에서 같이 걸었다.

11. 우현 6파운더 포의 포미 **12.** 6파운더 포탄 **13.** 기관총 탄약 상자 **14.** 보조 기어용 윤활유 탱크 **15.** 보조 기어 레버 **16.** 엔진 **17.** 오일 필러 커버 **18.** 디퍼렌셜 하우징 **19.** 전방 전차장석과 조종수석 **20.** 관측창 레버 **21.** 조향 레버 **22.** 전방 기관총 볼 마운트(기관총 미장착 상태) **23.** 브레이크 페달 **24.** 클러치 페달 **25.** 디퍼렌셜 락 레버(차동 잠금 레버)

제1차 세계 대전의 전차

전차는 1916년 9월 15일에 처음으로 사용되었고, 1918년 11월 11일 정전 때까지 영국, 프랑스, 그리고 독일이 모두 전차를 개발했다. 영국의 중전차(重戰車, heavy tank)는 차체 전체를 감싸는 궤도를 가졌으며, 보병을 지원하기 위해 참호를 통과하는 기능을 가지고 있었다. 보다 빠른 중형 전차(中型戰車, medium tank) 휘핏은 개활지에서 기병을 지원하기 위한 목적으로 개발되었다. 프랑스는 소수의 중전차와 함께 대량의 FT 경전차(輕戰車, light tank)를 1918년에 사용했다. 독일은 작은 수량의 A7V만 제조했고, 대신에 노획한 영국제 마크 IV 전차에 더 의존했다.

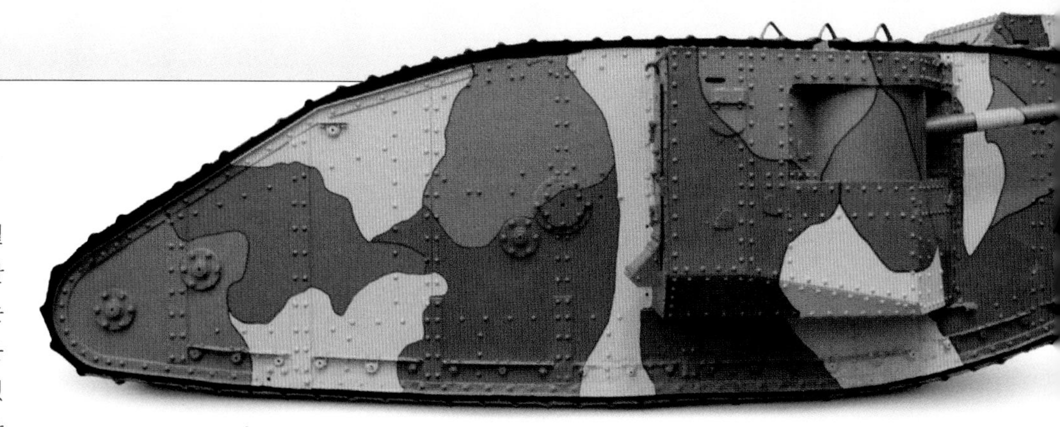

△ 마크 I
Mark I

연도	1916년 **국가** 영국
무게	28.4톤(31.4미국톤)
엔진	다임러 가솔린, 105마력
주무장	2xQF 6파운더 포
호치키스	40구경장 포

마크 I은 12밀리미터 두께 장갑판으로 만들어졌다. 제조된 150대 중에 절반은 남성형(사진), 절반은 여성형이었다. 여성형은 2정의 303구경 비커스 기관총으로 남성형의 6파운더 포를 대신했다. 전차에 탑승하는 8명의 승무원 중 4명이 주행과 방향 전환을 담당했다.

▷ 슈네데르 CA-1
Schneider CA-1

연도	1917년 **국가** 프랑스
무게	13.5톤(14.9미국톤)
엔진	슈네데르 4기통 가솔린, 60마력
주무장	75밀리미터 슈네데르 블록하우스 포

프랑스 전차 중 군에서 처음으로 운용된 6인승 슈네데르는 홀트 트랙터에 바탕을 두고 있다. 슈네데르의 75밀리미터 포는 오른쪽 방향으로 치우쳐 있어 사격 범위에 제한이 있었다. 400대가 제조되었지만, 1917년 4월 14일 처음으로 실전에 투입되었을 때 대규모 손실이 발생했다. 참호를 통과하기 위해 분투했지만, 1918년 진격 때에 가서야 참호를 좀 더 잘 통과할 수 있었다.

가시 철조망 파괴 장치

6밀리미터 두께의 장갑

리벳 구조의 차체 장갑

75밀리미터 Mle 1897 주포

장애물 제거를 위한 오버행

◁ 생샤몽
St. Chamond

연도	1917년 **국가** 프랑스
무게	23톤(25.3미국톤)
엔진	파나르 르바소 4기통 가솔린, 90마력
주무장	75밀리미터 Mle 1897 포

8인승 생샤몽은 1917년 5월에 처음으로 실전을 겪었다. 슈네데르와 같이 생샤몽도 홀트 트랙터에 기반을 두고 있었다. 장애물을 파괴하기 위한 오버행(overhang)을 갖추고 있었지만, 그로 인해 참호 속에 갇히는 경향이 있었다. 400대가 제조되었는데, 1918년의 야전을 통해 돌격포로 유용하다는 것이 입증되었다.

▽ 마크 IV
Mark IV

연도	1917년
국가	영국
무게	28.4톤(31.4미국톤)
엔진	다임러 가솔린, 105마력
주무장	2xQF 6파운더 600웨이트 호치키스 23구경장 포

마크 IV는 이전에 나온 영국 전차들보다 개선되었다. 장갑이 더 좋아졌으며 포와 돌출 측면 포탑은 기동성을 향상하게끔 개조되었다. 가솔린 연료 탱크는 더 크고 장갑으로 감쌌으며 중력 방식이 아니라 진공 방식이었다. 처음 실전에 참가한 1917년 6월부터 전쟁이 끝날 때까지 1,200대 넘게 생산되었다.

▷ **A7V 슈투름판처바겐**
A7V Sturmpanzerwagen

연도 1918년 **국가** 독일
무게 30.5톤(33.6미국톤)
엔진 2x다임러 가솔린, 100마력
주무장 5.7센티미터 맥심-노르덴펠트 포

독일은 홀트 트랙터에 바탕을 둔 A7V 20대를 제작했다. 승무원은 모두 18명이며 6정의 기관총과 57밀리미터 포도 운용했다. 조종수는 최상부에 앉아 어느 방향으로도 조종할 수 있었다. 1918년 3월부터 운용을 시작했지만, 영국제 노획 전차보다는 실전에서 많이 눈에 띄지는 않았다.

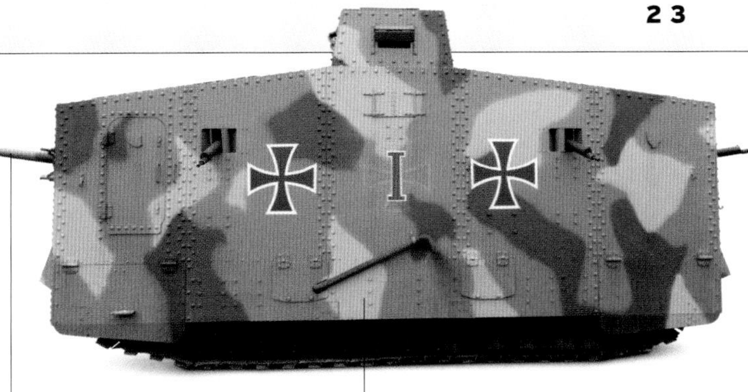

배기관과 소음기
엔진 구획 통풍구
2개의 타일러 가솔린 엔진
백/적/백색의 연합군 식별 마크

◁ **중형 전차 마크 A 휘핏**
Medium Mark A Whippet

연도 1918년 **국가** 영국
무게 14.2톤(15.7미국톤)
엔진 2x타일러 가솔린, 각 45마력
주무장 3x303구경 호치키스 마크 I 기관총

속도가 빠른 전차를 지향한 3인승 휘핏은 시속 13킬로미터(시속 8마일) 속도를 낼 수 있었다. 각 궤도는 자체의 엔진을 가지고 있고, 조향장치는 2개의 스로틀을 조작하는 방식으로 작동되었다. 휘핏은 1918년 3월 처음으로 사용되었고, 전쟁 마지막 달 야전에서 중요한 역할을 수행했다.

▷ **르노 FT-17**
Renault FT-17

연도 1918년 **국가** 프랑스
무게 6.5톤(7.2미국톤)
엔진 르노 4기통 가솔린, 35마력
주무장 37밀리미터 퓌토 SA 18 21구경장 포

르노 FT는 후방에 엔진, 전방에 승무원, 완전한 회전 포탑이라는 현재의 표준적인 배치 방식을 최초로 갖춘 전차였다. 호치키스 기관총 또는 37밀리미터 직사포로 무장하고, 1919년 프랑스의 승리에서 중요한 역할을 수행했다. 널리 수출되어 그중 다수가 1940년까지 사용되었다. 3,000대 이상 만들어졌다.

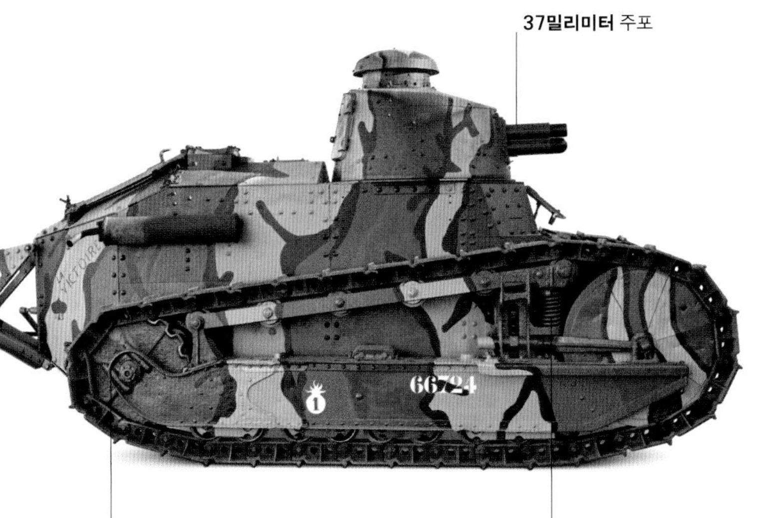

독일 참호를 통과하기에 충분한 길이
금속제 궤도
차체 내부에 수납된 보기륜

◁ **마크 V**
Mark V

연도 1918년 **국가** 영국
무게 29.5톤(32.5미국톤)
엔진 리카르도 가솔린, 150마력
주무장 2xQF 6파운더 600웨이트 호치키스 23구경장 포

마크 V는 장갑과 속도 면에서는 선행 차량들과 유사하지만, 단지 1명으로도 운전할 수 있는 획기적인 신형 기어 박스가 있었다. 마크 V는 1918년 연합군의 승리에 핵심적 역할을 수행했고, 전후 아일랜드, 독일, 러시아에서 운용되었다. 400대가 생산되었다.

르노 FT-17

르노 경전차는 제1차 세계 대전 당시 프랑스 전차 부대의 아버지였던 장 바티스트 유진 에스티엔(Jean Baptiste Eugène Estienne) 장군이 루이 르노(Louis Renault)에게 보병을 지원해 집단 공격을 할 수 있는 2인승 경전차 설계를 요청함에 따라 개발되었다. 처음에 르노는 그의 회사가 경험이 부족하다고 여겨 거절했으나, 1916년 여름 다시 요청을 받고 프로젝트를 맡았다.

르노는 본질적으로 후방에 엔진, 전방에 승무원(전차장과 조종수)이 있는 얇은 금속 상자였다. 처음으로 완전한 회전 포탑을 갖추었는데, 포탑에는 환기를 위해 열 수 있고 기울어지는 작은 돔이 있었다. 장갑판으로 된 차체가 차대 역할을 했고, 르노의 35마력 엔진과 기어 박스는 전진 4단, 후진 1단의 5단 기어를 제공했다. 이 전차는 도로에서 단지 시속 8킬로미터(시속 5마일) 미만을 낼 수 있었고, 항속 거리는 34킬로미터(22마일)였다. 크기가 작고 무게가 6톤(7미국톤) 미만이란 점은 트럭으로 쉽게 수송할 있다는 것을 의미했다.

LA VICTOIRE

후면

1918년 5월 처음으로 실전에 참가했으며, 두 달 뒤 408대가 수아송(Soissons)의 독일군 전선을 돌파했으나 프랑스 기병들은 성과를 활용하는 데 실패했다. 수많은 변형들이 개발되어, 제1차 세계 대전 당시 미국 육군에서 운용했다. 전후에는 많은 국가들에게 판매되었다. 프랑스는 1939년 9월까지 르노 전차 10개 대대를 여전히 운용했다.

제원	
명칭	르노 FT-17
연도	1917년
제조국	프랑스
생산량	3,950대
엔진	르노 4기통 가솔린, 35마력
무게	6.5톤(7.2미국톤)
주무장	37밀리미터 퓌토 SA 18(오른쪽 사진) 또는 8밀리미터 호치키스 Mle 1914
부무장	없음
승무원	2명
장갑 두께	8~16밀리미터(0.3~0.6인치)

엔진

전차장

조종수

최초의 현대 전차
전차의 주력 무기가 위치한 완전한 회전식 포탑과 그 바로 앞에 위치한 승무원, 후방의 엔진이라는 FT-17의 배열은 큰 영향을 미쳤다. 그것은 오늘날 전차에까지 표준 레이아웃으로 남아 있다.

1중대 휘장
화염 속의 숫자 1은 이 전차가 부대의 1중대(company)에 속해 있음을 보여 준다.

에이스 오브 스페이드
에이스 오브 스페이드 휘장은 이 전차가 중대(이 경우에는 1중대)의 제1반(班, section)에 소속되어 있음을 의미한다.

외부

전투에 투입된 최초의 프랑스 전차였던 르노는 많은 단점을 개선했다. 목제 휠 인서트를 부착한 대형 앞바퀴는 오르막을 오르거나, 포탄 구멍에서 빠져나오는 것을 가능하게 했다. 분리할 수 있는 테일은 참호 통과 능력을 확장시켰다. 또한 포탑에는 큐폴라 역할을 하고 환기를 위해 열 수도 있는 작은 돔이 있었다.

1. 시리얼 넘버 **2.** 유동륜 **3.** 지지 롤러 레일에 장력을 주기 위한 스프링 **4.** 조종수 해치 **5.** 1쌍의 현가장치 휠 **6.** 구경 37밀리미터 퓌토 포와 복좌 장치 **7.** 엔진 커버 잠금 장치 **8.** 배기 소음기 **9.** 후방 기동륜과 상부 롤러 레일 서포트 **10.** 기동륜 **11.** 전방 견인 고리 **12.** 시동 핸들 **13.** 분리 가능한 후방 테일

1

2

3

4

5

6

7

8

10

11

12

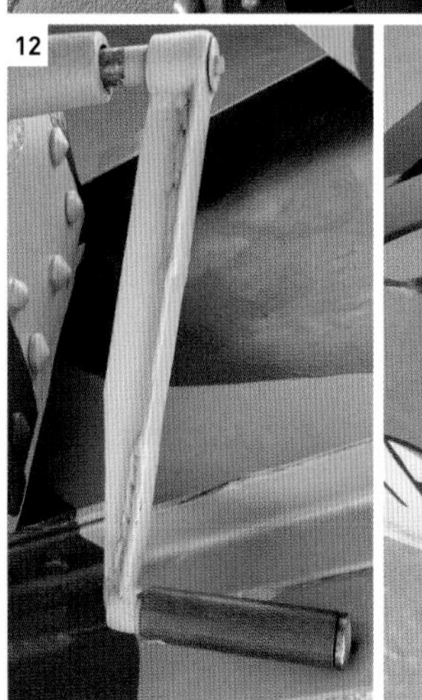

내부

경전차였던 FT-17은 무게를 줄여야 했기 때문에 각 부분이 매우 작았는데 승무원들이 비정상적으로 비좁은 상황을 감수해야 했음을 의미한다. 전차장은 캔버스 재질의 띠나 접이식 의자에 앉아야 했고, 조종수는 바닥 쿠션으로 임시변통을 해야 했다. 모든 승무원들은 탄약 가대에 둘러싸여 있었고, 관측창은 장갑 위 단순히 좁고 기다란 구멍 형식이어서, 해치가 닫혔을 때 시야가 좋지 않았다. 전차의 장갑도 최소화되어, 전면부 두께가 16밀리미터(0.6인치)였고, 측면 두께는 불과 8밀리미터(0.3인치)였다.

14. 전차장 해치 **15.** 포탑 내부의 탄약 가대 **16.** 엔진실 **17.** 관측창 **18.** 포탑 회전 잠금 장치 **19.** 조종수석 **20.** 엔진 온도계 **21.** 엔진 조작 페달 **22.** 카뷰레터(기화기) 조작 레버 **23.** 기어 레버

윌리엄 트리튼 경과
그의 교량 운반 트랙터

위대한 설계자

트리튼과 윌슨

서부 전선에서 수년간의 교착 상태 끝에 연합국은 1917년 적을 경악하게 만드는 전차라는 발명품을 사용해 마침내 독일 방어선을 뚫었다. 비밀리에 설계되고 제작된 전차는 윌리엄 트리튼(William Tritton)과 월터 윌슨(Walter Wilson)이라는 2명의 영국 기술자들이 발명했다.

윌리엄 트리튼은 1905년 농업용 기계 제조 회사인 포스터 오브 링컨 사에 사장으로 합류했다. 그는 펌프 제조와 일반 공학 분야 경력이 있었는데, 포스터스 사가 남아메리카에서 새로운 다목적 농업 트랙터를 선보이는 데 기여했다. 그는 포스터스 사에서 데이비드 로버트와 함께 캐나다 유콘에 수출할 트랙 엔진을 만들기 위해 일했는데, 로버트는 훗날 그의 트랙 특허를 미국의 홀트 사에 매각했다.

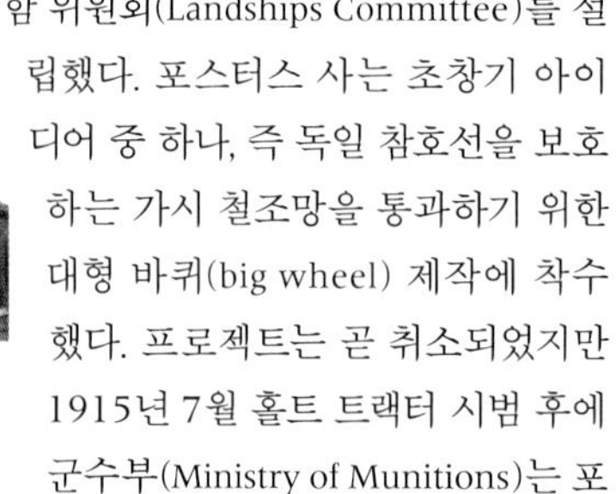
윌리엄 트리튼 경 (1875~1946년)
월터 윌슨 (1874~1957년)

트리튼은 제1차 세계 대전 직전에 가솔린 엔진 트랙터를 선보였는데, 40마력과 105마력의 포스터 다임러 트랙터를 상품화했다. 전쟁의 발발로 해군 공성포를 견인할 대형 트랙터 97대를 주문받았다. 트랙터 중 하나였던 OHMS No. 44는 4.5미터(15피트) 교량을 운반하도록 개조했다. 차량 메인프레임 아래에 매달린 교량은 참호를 통과하기 위해 앞으로 펼칠 수 있었다. 실험은 실패했지만, 포스터스 사는 혁신적이고 빠른 차량으로 당국에 유명해졌다.

1915년 2월 윈스턴 처칠은 서부 전선의 교착 상태에 대한 '기계적 해답'을 촉진시키기 위해 육상함 위원회(Landships Committee)를 설립했다. 포스터스 사는 초창기 아이디어 중 하나, 즉 독일 참호선을 보호하는 가시 철조망을 통과하기 위한 대형 바퀴(big wheel) 제작에 착수했다. 프로젝트는 곧 취소되었지만 1915년 7월 홀트 트랙터 시범 후에 군수부(Ministry of Munitions)는 포스터스 사에 실험용 궤도형 장갑 기계(tracked armored machine)를 주문했다. 설계는 8월 2일, 제조는 8월 11일 시작되었으며 첫 번째 운행은 9월 8일 이루어졌는데, 어떤 기준으로 보더라도 놀라운 제작 속도였다. 8월 말까지도 트리튼은 육군부(War Office)로부터 기계는 1.5미터 넓이의 참호를 통과하고, 1.4미터의 방벽을 올라갈 수 있어야 한다고 들었다. 이는 실제 능력을 초과하는 것이었다.

1호 링컨 기계(훗날 '리틀 윌리'로 호칭)로 작업이 이어졌을 때, 월터 윌슨 해군 대위는 트리튼의 도움으로 새로운 차량 제작을 시작했다. 영국 해군 자원 예비역 장교였던 월터 윌슨은 전쟁 전에 자동차와 트럭을 설계했다. 영국 해군 항공부(Royal Naval Air Service)에서 참호전 대응 수단을 연구하는 팀에 합류했을 때, 그는 리틀 윌리의 형태에 문제가 있다는 것을 인식했다. 해결책은 길쭉한 마름모꼴 모양의 디자인이었다. 그 설계는 제1차 세계 대전 당시 전형적인 전차의 모양으로 현재까지 익숙한 것으로, 궤도가 차체 전체를 완전히 감싸고 있었다. 그는 또 전차포를 수납한 돌출 측면 포탑을 설계했다. 9월 26일 그 전차의 목제 모형이 승인을 받았고, '마더'라고 불린 새로운 시제형은 단지 99일 만에 만들어졌다.

전선의 마크 IV 전차
캐나다 병사들이 1918년 마크 IV 전차 위에서 포즈를 취하고 있다. 목제 버팀목은 진흙에 빠졌을 때 차량 궤도 아래에 넣었다.

1급 비밀이었던 설계
트리튼의 시제형(prototype) 전차 리틀 윌리는 시험 중 비밀 유지를 위해 포장을 씌웠다. 이것은 처음으로 완성된 시제 전차였다.

윌슨은 버밍엄 인근에 위치한 메트로폴리탄 캐리지 앤 웨건 사로 파견되어 마크 I 전차 125대의 생산을 감독했다. 포스터스 사는 생산 능력이 부족해 25대만 제조했다. 버밍엄에서 윌슨은 설계를 계속하면서 마크 V 전차용도로 리카르도 엔진을 승인하는 데 영향을 주었다. 마크 V는 윌슨의 새로운 기어 박스를 채용해 1명이 전차를 조종할 수 있었다.

그동안 트리튼이 설계한 빠른 신형 전차 트리튼 체이서(Tritton Chaser)는 중형 전차 '마크 A' 또는 휘핏이라는 이름으로 군용으로 채택되었다. 체이서 전차는 동력을 전달하기 위해 각 궤도에 하나씩, 2개의 타일러 엔진을 장착했다. 체이서 전차는 기병 지원용 무기로 만들어졌다. 트리튼은 또한 '나는

"그곳, 그들 사이에서 죽음을 분출하는 소름 끼치는 괴물."

헤르만 콜 소위, 1916년

제1차 세계 대전 포스터
프랑스와 스페인의 포스터들이 트리튼과 윌슨 발명품의 힘을 찬양하고 있다.

중형 전차 마크 C
트리튼의 중형 전차 마크 C, 일명 호넷은 전쟁이 끝날 무렵 생산되었다. 성공적인 설계에도 불구하고 작전에 선보이기에는 너무 늦었다.

코끼리(Flying Elephant)'라는 91톤(100미국톤) 전차의 설계도를 작성했고 새로운 전차 호넷-6000을 설계하고 제작했지만 전쟁이 끝날 때까지 소량만 완성되었다. 윌슨과 트리튼은 전후에도 성공적인 기술자 경력을 이어갔으며 왕립 발명가 어워드 위원회가 인정하는 최초의 성공적인 전차 설계자로 이름을 남겼다. 전차는 전쟁과 전투의 본질을 영원히 바꾼 무기였다.

기술자들의 승리
노동자들이 1917년 영국 링컨셔에 있는 포스터스 사의 마크 IV 전차 생산 라인에서 조립하고 있다. 마크 I의 개선형이었던 이 전차는 1917년 독일의 방어선을 돌파한 바로 그 전차였다.

최초의 전차 실전

마크 I은 1916년 9월 솜 전투 중 플레흐꾸흐스레트에서 처음으로 사용되었다. 압도적 충격을 주기 위해 적정 수량이 준비될 때까지 기다릴지, 아니면 시간 압박 속에 이미 준비된 것만 사용할지, 즉 전차 최초 투입 시기를 놓고 격렬한 논쟁이 벌어졌다. 영국 총사령관 헤이그(Haig) 원수는 겨울이 완전히 오기 전 솜에서 어느 정도 성공을 거두기를 열망했다. 그는 또 그 공격이 베르됭의 프랑스군이 겪는 고통을 줄일 수 있을지 궁금해 했다. 전차 49대가 준비되었을 때 작전에 투입되기 전 정찰 시간을 간신히 확보할 지경이었지만 헤이그는 새로운 전차들을 2개 중대에 집결시켜 시험해 보기로 결정했다. 전차들은 영국 구역의 전선을 따라 분산되었고 거의 성공하지 못했다. 오직 9대만이 독일군 전선을 통과해 일부는 아군에게 사격을 했고 일부는 영국군의 탄막 사격에 피해를 입었으며 다수는 부서지거나 버려졌다. 전체적으로 저조한 성과에도 불구하고, 특정 전차들의 성공에 힘입어 헤이그는 "전차들이 진격하는 곳마다 우리는 승리했고, 전차들이 진격하지 못한 곳에서 우리는 실패했다."라고 선언했다. 전차의 잠재력을 본 그는 1,000대를 추가로 주문했다.

마크 I 전차 C15호차가 1916년 9월 15일 플레흐꾸흐스레트에서 최초로 실전에 투입되었다.

C.15.

전시 실험

1918년 11월 종전에 연합군 지휘관들은 당황했다. 1919년에 전차와 장갑 차량을 대규모로 투입할 계획이었고 일부는 이미 전투 준비 중이었다. 종전 무렵 영국은 포병 수송차, 교량 가설차, 보병 수송차, 보급 전차, 수리 차량 등 여러 영역의 특화된 장갑 차량을 개발 중이었지만 그중 소량만 운용되었다.

하부 궤도

△ 포 운반차, 마크 I
Gun Carrier, Mark I

연도	1917년 **국가** 영국
무게	34.5톤(38.1미국톤)
엔진	다임러 가솔린, 105마력
주무장	없음. 60파운더 포 또는 6인치 포 운반 가능

기계적으로 마크 I에 기초한 포 운반차는 진격하는 보병들에게 화력을 지원하기 위한 포병 장비와 포대원들을 수송할 목적으로 설계되었다. 50대가 생산되어, 몇몇 전투에서는 목표로 했던 역할을 수행했지만 대개 보급품 수송을 위해 사용되었다. 1918년에는 영구적으로 보급품 수송용으로 전환되었다.

▷ 마크 V**
Mark V**

연도	1918년 **국가** 영국
무게	34.5톤(38.1미국톤)
엔진	리카르도 가솔린, 225마력
주무장	6x303구경 호치키스 마크 I* 기관총

폭이 넓은 독일 참호를 통과하기 위해 영국군은 공병용 나무 다발(fascine)이나 군사용 목책, 새롭고 긴 전차를 사용했다. 마크 V*는 본질적으로 길이를 길게 만든 마크 V였다면, 마크 V**는 보다 강력한 엔진과 재설계한 궤도 레이아웃이 특징이었다.

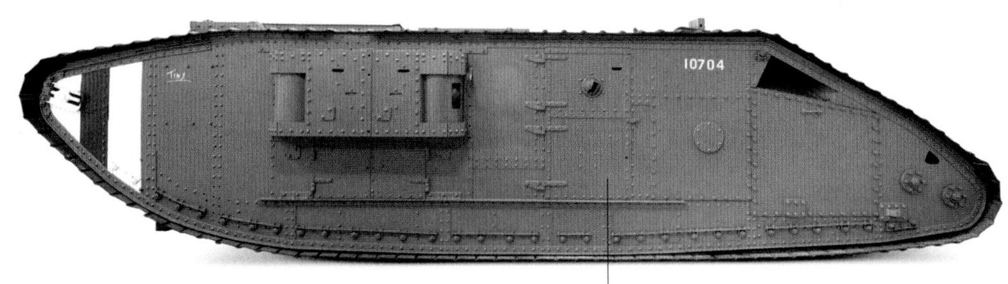

측면 도어

▽ 마크 VIII
Mark VIII

연도	1918년 **국가** 영국, 미국
무게	37.6톤(41.4미국톤)
엔진	리카르도 가솔린, 300마력
주무장	2xQF 6파운더 600웨이트 호치키스 23구경장 포

마크 VIII '인터내셔널'은 영국과 미국의 합작 설계로 프랑스에서 만들어 연합군이 사용할 목적이었다. 환경을 개선하기 위해 승무원과 엔진을 떨어지게 배치한 최초의 영국 설계 전차였다. 전쟁 이후 미국에서 100대가 제조되어 1930년까지 운용되었다.

리벳 구조의 차체 장갑

외부 프레임

지지 롤러(리턴 롤러)

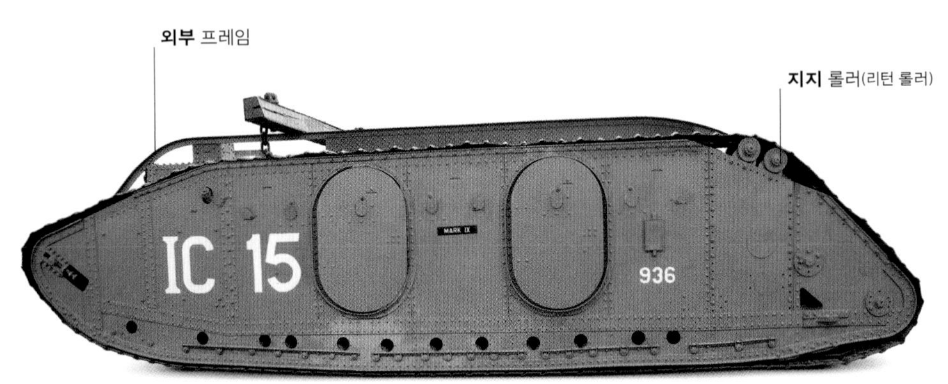

◁ 마크 IX
Mark IX

연도	1918년 **국가** 영국
무게	37.6톤 (41.4 미국톤)
엔진	리카르도 가솔린, 150마력
주무장	2x303구경 호치키스 마크 I* 기관총

공식적으로는 전차라고 불렸지만, 마크 IX는 사실 최초의 병력 수송 장갑차(armored personnel carrier, APC)로, 보병 30명을 수송할 수 있었다. 마크 V와 같은 엔진을 사용했지만 무게는 9톤(10미국톤) 정도 더 무거웠기 때문에 엔진 출력이 부족했다. 마크 IX는 측면에 대형 부판(浮板)을 부착한 수륙 양용 전차 실험에도 사용되었다.

▷ M1918 3톤 전차
M1918 3 Ton Tank

연도 1918년 **국가** 미국
무게 3톤(3.4미국톤)
엔진 2x포드 모델 T 가솔린, 각 45마력
주무장 30구경 기관총

M1918은 포드 자동차 사에서 포드 자동차 부품을 사용해 대량 생산할 목적으로 설계되었다. 2명의 승무원이 2개의 궤도 사이에 서로 옆에 나란히 앉았다. 그러나 미국 전차부(Tank Corps)에서는 전투 차량으로서 가치가 거의 없다고 보고 이것을 채택하지 않았다. 계획된 1만 5000대 중 단지 15대만 생산되었다.

◁ 스켈레톤 전차
Skeleton Tank

연도 1918년 **국가** 미국
무게 9.1톤(10.1미국톤)
엔진 2x비버 4기통 가솔린, 각 50마력
주무장 30구경 기관총

이 전차의 통상적이지 않는 골격 구조는 차량의 무게를 줄이면서 동시에 폭이 넓은 참호를 통과할 수 있도록 하기 위한 것이다. 전투 구획에는 승무원 2명과 엔진을 실을 수 있다. 이 설계는 돌출 측면 포탑을 사용할 수 없기 때문에, 무장은 상부 장착 포탑에 탑재했다.

△ 피아트 2000
Fiat 2000

연도 1917년 **국가** 이탈리아
무게 40.6톤(44.8미국톤)
엔진 피아트 아비아지오네(Aviazione) A.12 6기통 가솔린, 240마력
주무장 65밀리미터 17구경장 곡사포

피아트 2000은 최초의 이탈리아 전차다. 선행 차량대는 피아트 사가 비공식적으로 제작해 1918년 이탈리아 군에게 기증했다. 1919년 피아트 2000은 리비아에 전투용으로 보내졌지만, 속도가 느려 게릴라 전투원들을 상대하기에는 효과적이지 않았다. 주포에 추가해 기관총 6정도를 장착했다.

돌출 측면 포탑에 탑재된 6파운더 포

연합국 휘장

▷ 중형 전차 마크 C(호넷)
Medium Mark C(Hornet)

연도 1919년 **국가** 영국
무게 19.8톤 (21.8미국톤)
엔진 리카르도 가솔린, 150마력
주무장 4x303구경 호치키스 마크 I* 기관총

영국 설계자 트리튼과 윌슨은 1917년 헤어졌다. (28~29쪽 참조) 윌슨은 중형 전차 마크 C를 1918년 설계했는데 트리튼의 중형 전차 마크 B보다 뛰어난 차량으로 간주되었다. 50대가 제조되어 1923년까지 군에서 운용되었다.

초기 장갑차

최초의 장갑 차량은 제1차 세계 대전 중 1914년에 영국과 벨기에 군대가 안트워프 주변에서 사용했다. 그들은 전진해 적 후방에서 격추된 조종사를 구조하기 위해 독일군과 교전했다. 이들 초창기 차량들은 보통 임시 급조 장갑과 무기를 탑재했지만, 곧 전문적으로 설계된 차량들이 군에서 운용되었다. 서부 전선의 교착 상태는 장갑차(armored car, 현대 장갑차와 다르게 자동차에 장갑을 부착한 초창기 형태의 장갑 차량을 의미한다.—옮긴이)의 운용을 제한시켰지만, 기동전이 벌어지는 전구(戰區)에서는 여전히 가치가 있었다.

▷ **미네르바 장갑차**
Minerva Armored Car

연도	1914년 **국가** 벨기에
무게	4.1톤(4.5미국톤)
엔진	미네르바 4기통 가솔린, 40마력
주무장	1x8밀리미터 호치키스 기관총

벨기에군은 벨기에의 차량 제조업체인 미네르바 사에 30여 대의 장갑차를 주문했다. 최초의 모델은 도어와 루프(천장)도 없었지만, 최고 시속 40킬로미터(시속 25마일)에 달했다. 이후 루프와 기관총을 방어할 수 있는 충분한 장갑을 가졌다.

▷ **란체스터 장갑차**
Lanchester Armored Car

연도	1915년 **국가** 영국
무게	4.9톤(5.4미국톤)
엔진	란체스터 6기통 가솔린, 60마력
주무장	303구경 비커스 기관총

란체스터 장갑차는 처음에 영국 해군 항공부에서 운용되었다. 모두 36대가 제조되어 벨기에에서 처음으로 실전에 참가해 독일군을 교란하고 추락한 조종사들은 구조했다. 1916년에 러시아에 보내졌고 그중 일부 분견대는 페르시아와 터키까지 이동했다.

▷ **오스틴 장갑차**
Austin Armored Car

연도	1914년 **국가** 영국
무게	4.2톤(4.6미국톤)
엔진	오스틴 가솔린, 50마력
주무장	2x303구경 호치키스 마크 I 기관총

러시아군은 장갑차에 열광했지만, 러시아는 공업적 제작 능력이 부족했기 때문에 외국으로 눈을 돌려야 했다. 이 차량은 영국의 오스틴 사가 만든 후 영국에서도 1918년에 채용되었다. 몇 종류의 러시아 버전들이 전쟁 후 새로운 동유럽 국가에 노획되어 사용되었다.

△ **푸조 모델 1914 AC**
Peugeot modèle 1914 AC

연도 1914년 **국가** 프랑스
무게 5톤(5.5미국톤)
엔진 푸조 가솔린, 40마력
주무장 37밀리미터 Mle 1897 포

푸조 장갑차에는 자동포 탑재형(AC)와 기관총 탑재형(AM) 등 두 종류가 있었다. 대부분의 장갑차와 마찬가지로 서부 전선의 교착기에는 운용이 제한되었다. 기동전 상황으로 복귀한 1918년에는 거의 남아 있지 않았다.

▷ **므게브로프-르노**
Mgebrov-Renault

연도 1915년 **국가** 러시아
무게 3.4톤(3.7미국톤)
엔진 르노 4기통 가솔린, 30마력
주무장 2x7.62밀리미터 M1910 기관총

므게브로프-르노 장갑차의 독특한 경사 장갑은 과도한 무게 증가 없이도 방호 능력을 향상시키기 위해 러시아 육군의 블라디미르 므게브로프 대위가 설계했다. 처음에는 무장이 통상적이지 않은 형태의 회전형 상부 구조(superstructure)에 장착되어 있었지만, 1916년 보다 작은 2개의 포탑으로 대체되었다.

◁ **란치아 안살도 IZ**
Lancia Ansaldo IZ

연도 1916년 **국가** 이탈리아
무게 3.8톤(4.1미국톤)
엔진 란치아 V6 가솔린, 40마력
주무장 3x6.5밀리미터 피아트-레벨리 M1914 기관총

산이 많은 이탈리아 전선은 장갑차에 적합하지 않았지만, 란치아 안살도 장갑차는 1917년 '카포레토의 재앙' 이후 이탈리아군의 철수를 엄호하는 데 중요한 역할을 수행했다. 모두 120대가 생산되어 그중 10대만 2중 포탑을 채용했다. 소수가 잔존해 이탈리아의 아프리카 식민지에서 제2차 세계 대전 때까지 운용되었다.

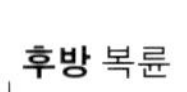

▷ **에르하르트 E-V/4**
Ehrhardt E-V/4

연도 1917년 **국가** 독일
무게 7.9톤(8.7미국톤)
엔진 다임러 6기통 가솔린, 80마력
주무장 3x7.92밀리미터 MG 08 기관총

제1차 세계 대전 때의 대다수 장갑차들과 다르게 에르하르트는 민수용 차량을 개조한 것이 아니라 처음부터 이 용도로 만들어졌다. 이 차량은 전선이 보다 유동적이었던 동부 전선에서 전투가 끝날 때까지 사용되었다. 전후에 독일이 폭력에 휩싸였을 때, 독일 경찰이 폭도에 대항하거나, 의용군(Freikorps, 독일 준군사 부대)이 반대파들을 상대할 때 배치되었다.

전방 좌현 포탑
장갑 차대
후방 우현 포탑

◁ **이조르스키 FIAT**
Izhorski FIAT

연도 1917년 **국가** 러시아
무게 4.8톤(5.3미국톤)
엔진 피아트 6기통, 60마력
주무장 2x7.62밀리미터 M1910 기관총

대부분의 러시아 장갑차는 2개의 분리된 포탑을 가진 것이 특징인데, 각 포탑에는 기관총이 장착되어 있었다. 이 모델의 차대는 피아트 사가 러시아의 이조르스키 사에 공급했고, 장갑은 이조르스키 사가 장착했다. 약 70대 제작되었으며 승무원은 5명이다.

1918~1939년

전간기

feu

tancs... tancs... tanc

전간기

전차 생산과 운용을 위한 야심찬 계획은 제1차 세계 대전의 종결과 함께 극적으로 축소되었다. 그러나 전차의 미래 역할을 위한 이론들은 급증했다. 몇몇 군사 이론가들은 전차는 모든 다른 형태의 부대들을 대체할 수 있고, 대체해야 한다고 믿었다. 일부에서는 참호전을 다시 볼 수 없을 것이고 전차는 더 이상 필수적이지 않다고 생각했다.

전간기 동안 전차의 기계적 신뢰성은 대폭 향상되었다. 그리하여 이론가들과 실무자들은 더욱 더욱 빠르고, 보다 기동적인 작전 개념을 고려하도록 고무되었다. 영국은 이 시기에 실험적인 기계화 부대(기갑전 이론을 실험하기 위한 최초의 대규모 부대)를 1927년 창설해 이 같은 방식을 이끌었다.

여러 국가에서 다양한 발전이 이루어졌다. 영국은 두 종류의 전차, 즉 보병 지원과 기병의 기동적인 대체 용도가 필요하다고 결정했는데, 각각 완전히 다른 설계를 필요로 했다. 독일은 1933년까지 전차 보유가 금지되었기 때문에, 비밀리에 전차를 제작하고 소련에서 실험했다. 독일의 기갑전 이론은 균형 잡히고 모든 병과를 망라하는 기계화 부대에 의해 빠른 속도로 이루어지는 운용에 기초를 두고 있었다. 오랜 기간 단지 FT 전차에만 제한되어 있던 프랑스는 1930년대에 다양한 역할을 맡은 몇 종류의 새로운 전차를 생산했다. 이 기간 소련은 외국 설계를 출발점으로 삼아 수천 대의 차량을 생산하고 높은 기동성에 바탕을 둔 교리를 발전시켰다.

1930년대 전쟁의 가능성이 높아지고 오래된 전차들의 수명이 다하자 세계 곳곳에서 새로운 세대의 전차들이 군에서 운용되기 시작했다. 그중 다수가 곧 실전에 모습을 드러낸다.

△ **"스페인이 부활했다."**
스페인 국가주의자들이 전차가 최초로 전격전 방식으로 운용된 스페인 내전의 종식을 축하하고 있다.

"우리는 테루엘에서 **파시스트 부대원** 적어도 1,000명을 **격파**했다. … 강력한 **전차 포**들은 가차 없이 그들을 **참호** 밖으로 몰아냈다."

소련군 대령 S.A. 콘트라티예프, 스페인 내전 기간, 1937년

◁ **스페인 공화파들의 포스터들은** 1936년 전차에 대해 열정적이었다.

주요 사건

▷ **1919년 7월** 4대의 중형 전차 마크 C형들은 전쟁 중 전투에 참가하지 않았음에도 런던에서 열린 제1차 세계 대전 승리 퍼레이드에 참석했다.

▷ **1920년** 프랑스와 미국 전차 부대들은 모두 보병 병과의 통제 아래에 있었다.

▷ **1923년** 영국 정부의 전차 설계부가 폐쇄되었다. 전차 개발은 민간 회사의 책임으로 이루어졌다.

▷ **1923년** 영국 왕립 전차대(British Royal Tank Corps)가 독립 병과로 창설되었다. 총 166대의 비커스 중형 전차들 중 1호차가 군에 인도되었다. 비커스는 1920년대에 가장 광범위하게 생산된 전차였다.

▷ **1929년** 독일의 전차 개발과 훈련을 수행하기 위해 카마 전차 학교가 소련 카잔에 설립되었다.

▷ **1931년** 미국 육군 내에서 기계화 개발 업무가 기병 병과에 할당되었다.

▷ **1931년** 프랑스 육군이 1918년 이후 첫 전차인 D1을 도입했다.

▷ **1935년 10월** 최초의 독일 기갑사단 3개가 창설되었다.

△ **일본의 탱켓**
일본은 수천 대의 전차를 운용했지만 대부분은 경차량으로 장갑보다는 기동성에 중점을 두었다.

▷ **1935년** 1,000대 이상의 전차들로 구성된 소련 기계화 군단이 키예프에서 열린 연습에 참가했다.

▷ **1936년** 스페인 내전이 발발. 독일, 이탈리아, 소련이 전투를 위해 최신 전차들을 파견했다.

전간기의 실험

1920년대와 1930년대에 자동차 기술이 발전하면서, 전차는 점점 더 신뢰성 있고 유용해졌다. 이러한 발전은 전장에서 전차의 미래 역할에 대한 논쟁과 함께 설계자들이 혁신적이 되도록 고무시켰다. 그 결과 광범위한 영역에서 실험적인 차량이 개발되어 몇몇은 개별 병사들에게 장갑 방호를 제공하도록 설계되었고, 다른 무기의 지원 없이도 작전할 수 있는 일종의 육상 전함(land battleship)도 나왔다. 어떤 사람은 미래의 선구자로 증명되었지만, 다른 사람들은 막다른 골목을 만났다.

△ 스트리스방 m/21
Stridsvagn m/21

연도	1921년 **국가** 스웨덴
무게	8.9톤(9.8미국톤)
엔진	다임러-벤츠 가솔린, 60마력
주무장	6.5밀리미터 Ksp m/1914 기관총

스웨덴의 극초기형 전차인 4인승 m/21은 독일 LK II 시제형에 기초를 두고 있다. 베르사유 조약에 따라 독일의 전차 보유가 금지되었기 때문에, LK II는 불법적이고 비밀리에 트랙터 부품이라는 라벨을 붙인 부품 상태로 스웨덴에 수출되었다. m/21 전차는 훈련용으로 사용되었으며, 1930년대 초반기에 5대가 m/21-29 규격으로 업그레이드되었다.

◁ 모리스-마텔 탱켓
Morris-Martel Tankette

연도	1926년 **국가** 영국
무게	2.2톤(2.5미국톤)
엔진	모리스 4기통 가솔린, 16마력
주무장	303구경 기관총

1925년에 영국군 장교 기퍼드 마르텔(Gifford Martel) 소령은 1인승 궤도 차량을 설계했는데, 그 차량은 곧 공식적인 관심을 모았다. 이 차량이 시범을 보였을 때, 1명으로 동시에 전차 조종과 기관총 운용을 하는 것은 불가능했기 때문에, 2인승(왼쪽 사진)이 개발되었다. 기계화 실험 부대에서도 운용한 모리스-마텔은 탱켓 개념의 선구였다.

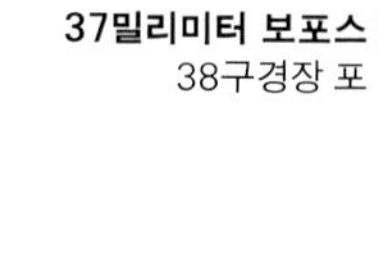

▷ A1E1 인디펜던트
A1E1 Independent

연도	1926년 **국가** 영국
무게	32.5톤(35.8미국톤)
엔진	암스트롱-시덜리 V12 가솔린, 270마력
주무장	QF 3파운더 포

인디펜던트 전차는 주포에 더해 4개의 분리된 포탑에서 운용하는 4정의 기관총을 보유했다. 여기에 승무원 8명을 지휘하는 전차장의 큐폴라가 추가되었다. 오직 1대만 제작되었지만 그 설계의 영향은 컸다. 소련 T-35에 여기에 빚을 졌고, 독일의 다포탑 전차(Neubaufahrzeug) 시리즈도 그러했으며, 아마도 영국 3포탑 순항 전차 마크 I도 그러했을 것이다.

◁ 경트랙터 Vs.Kfz.31
Leichttraktor Vs.Kfz.31

연도	1930년 **국가** 독일
무게	9.7톤(10.6미국톤)
엔진	다임러-벤츠 가솔린, 100마력
주무장	3.7센티미터 Kwk 36 45구경장 포

소련 카마 전차 학교에서 불법적이고 비밀스러운 작업을 통해 독일은 소량의 전차를 생산하고 운용할 수 있게 되었다. 위장을 위해 '트랙터'로 알려졌기 때문에, 그들은 군과 산업계 양쪽 모두에 전차 설계와 운용 경험을 제공했다.

▷ 크리스티 M1931
Christie M1931

연도	1931년 **국가** 미국
무게	10.7톤(11.8미국톤)
엔진	리버티 V12 가솔린, 338마력
주무장	50구경 M2 기관총

월터 크리스티(J. Walter Christie, 52~53쪽 참조)가 설계한 M1931은 무포탑 M1928의 후계형이었다. 선행 차량과 달리, 미국 육군이 구입했다. 그러나 보다 큰 영향은 소련이 구입한 2대로 이것은 BT 시리즈와 T-34로 진화했다. 이 전차의 현가장치와 가벼운 장갑은 거친 지면에서도 매우 빠른 속도를 낼 수 있었다.

속도 증가를 위해 궤도를 제거했다.

후면 보조 포탑

전면 보조 포탑

△ 판처캄프바겐 다포탑 전차
Panzerkampfwagen Neubaufahrzeug

연도	1934년 **국가** 독일
무게	36.6톤(40.3미국톤)
엔진	BMV Va 가솔린, 290마력
주무장	7.5센티미터 KwK 37 24구경장 포, 3.7센티미터 Kwk 36 45구경장 포

팬저 I-IV 차량을 보완할 독일 표준 중전차로, 시제형 2대를 포함해서 단지 5대의 다포탑 전차만 제작되었다. 2문의 주포는 동일한 포탑에 장착되어 있고, 소형의 2개의 기관총 포탑은 전방과 후방으로 각각 사격할 수 있었다. 3대의 전투 차량이 1940년 노르웨이에서 제한적으로 운용되었다.

▽ 수륙 양용 경전차
Amphibious Light Tank

연도	1939년 **국가** 영국
무게	4.4톤(4.8미국톤)
엔진	메도우(Meadows) 6기통 EST 가솔린, 89마력
주무장	303구경 비커스 기관총

이 차량은 영국의 필요에 의해 설계되었고, 기계적으로 비커스의 초기형 수륙 양용 차량보다는 경전차에 기초하고 있다. 차체는 케이폭(kapok)으로 충전한 알루미늄 부판(浮板)으로 둘러싸여 있으며, 물속에서는 2개의 프로펠러로 추진된다.

보트 모양 알루미늄 차체

부력을 돕기 위해 내부가 비어 있는 기동륜

▽ 스트리스방 fm/31 전차
Stridsvagn fm/31

연도	1935년 **국가** 스웨덴
무게	11.7톤(12.9미국톤)
엔진	마이바흐 DSO 가솔린, 150마력
주무장	37밀리미터 보포스 38구경장 포

초창기 전차의 약점 중 하나는 궤도가 금방 닳는 것이었다. 이 문제를 극복하기 위해, 많은 국가에서 일반 바퀴를 전차에 장착하는 실험을 했다. 이 독특한 스웨덴 차량은 일반 바퀴를 30초 내에 들어 올리거나 내릴 수 있었다. 1930년대에 궤도의 신뢰성이 높아져, 차륜/궤도 전환 차량은 필요 없게 되었다.

새로운 종류의 기병

기병의 기계화는 세계 곳곳에서 서로 다른 시점에 일어났다. 영국은 1920년 솔즈베리 평원에서 열린 일련의 연습 뒤에 기계화의 방식을 선도했다. 이 연습은 완전한 기계화 부대, 즉 트럭에 탑승한 보병, 궤도 혹은 차륜 차량에 의해 견인되는 포병, 전차, 궤도형 척후 수송차(tracked scouting carriers) 부대의 압도적 이점을 보여 주었다.

1928년 영국의 기병 연대가 처음으로 기계화되었다. 기병 연대의 타고난 보수주의 때문이라기보다는 대공황과 계속되는 국방 예산의 감축 탓에 나머지 기병 연대들이 기계화되는 데 10년이나 걸렸다. 영국 육군부(War Office)는 기병의 기백(élan)을 척후, 정찰, 첩보 수집, 전진과 후퇴 엄호 등에서 운용되던 기병 연대의 새로운 기계화된 역할 속에 옮기려 시도했다.

이 시기의 회고록, 잡지, 신문은 기병들이 느꼈던 상실감으로 가득 차 있었다. 수백 년의 전통, 그들이 타던 말, 날렵한 제복은 칙칙한 (전차병용) 상하 일체형 작업복(overalls)으로 바뀌었다. C.E. 모건 중령은 시에 썼다. "나는 나의 인생을 말과 함께 보냈다. 나는 이 일과 노역(toil)을 사랑했다. 그러나 가스와 기름을 먹고 사는 이 풋내기 짐승은 견딜 수 없다."

영국 퀸즈 베이 기병 연대의 병사들이 1930년대 영국 도싯(Dorset)에서 열린 비커스 경전차의 시험을 지켜보고 있다.

장갑차

초창기의 전차들은 신뢰할 수 없었다. 거친 도로나 운전 미숙으로 궤도가 부서지기 쉬웠고 상대적으로 빨리 닳았다. 반대로 차륜 차량은 내구성이 좋았고, 보통 유사한 엔진 파워와 장갑 보호 능력이 있었으며 더 조용했고 아주 험한 지형을 제외하면 통상적으로 더 빨랐다. 장갑차는 이 장점 때문에 영국이 인도에서 사용한 것처럼 순찰 차량(patrol vehicle)으로 이상적이었다. 다른 국가에서는 전차 부대 전방에서 정찰용으로 운용했다.

조종석으로 오르는 계단

◁ **피어레스 장갑차**
Peerless Armored Car

연도 1919년 **국가** 영국
무게 7톤(7.7미국톤)
엔진 피어레스 4기통 가솔린, 40마력
주무장 2x303구경 호치키스 마크 I 기관총

이 차량은 오스틴 사에서 공급하는 장갑 차체와 피어레스 트럭 차대를 짝지은 것이다. 아일랜드에서의 운용을 통해 크고 느리다는 사실이 드러났다. (공기를 주입하지 않는) 고체 고무 타이어는 불편했다. 영국 예비군(Territorial Army)에 인도되어 일부 부대에서 1930년대 후반까지 보유했다.

▷ **롤스로이스 장갑차**
Rolls-Royce Armored Car

연도 1920년 **국가** 영국
무게 4.3톤(4.8미국톤)
엔진 롤스로이스 6기통 가솔린, 80마력
주무장 303구경 비커스 기관총

1920년식 롤스로이스는 영국 해군의 1914년식과 매우 유사하다. 이 차량은 영국 육군과 공군이 아일랜드, 이라크, 상하이, 이집트를 포함한 세계 각지에서 운용했다. 부분적으로 업그레이드된 1920년식과 1924년식은 북아프리카 사막 전역에서 1940년과 1941년에 사용되었다.

장비 적재 공간

▽ **란체스터 장갑차**
Lanchester Armored Car

연도 1931년
국가 영국
무게 7.1톤(7.8미국톤)
엔진 란체스터 6기통 가솔린, 90마력
주무장 50구경 비커스 기관총

이 차량은 제1차 세계 대전 중의 동일 명칭 장갑차(34쪽 참조)와는 다른 차량이다. 보다 크고 무거우며, 후방에 4개의 기동륜이 있다. 뒷쪽에 후방을 향한 제2 조종석 공간과 부가적인 2정의 303구경 기관총이 있다. 39대가 만들어졌는데, 그중 10대는 차체 비커스 기관총 대신에 무전기를 탑재한다. 몇몇은 살아남아 1941~1942년에 말레이 반도에서 일본군과 싸웠다.

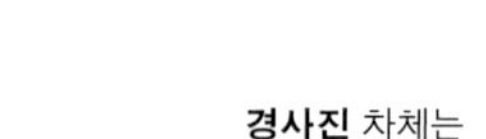

경사진 차체는 발사체들을 튕겨 낸다.

▷ **Sd Kfz 231 6륜 장갑차**
Sd Kfz 231 6 rad Armored Car

연도 1932년 **국가** 독일
무게 5.4톤(6미국톤)
엔진 마기루스 M206 가솔린, 70마력
주무장 2센티미터 KwK 30 55구경장 캐논포

다양한 6x4 트럭 차대에 기초를 두고 Sd Kfz 231 장갑차의 개발이 1929년에 시작되었다. 제2 후방 조종수를 포함해 4명의 승무원이 있었다. 모두 151대가 만들어졌다. 오스트리아, 폴란드, 체코슬로바키아, 프랑스 등에서도 운용되었다. 오프로드 기동성이 좋지 않아 1940년부터 운용을 중단했다. 사진은 복제 모형이다.

▽ AMD 파나르 모델 1935
Automitrailleuse de Découverte(AMD) Panhard modèle 1935

연도	1937년 **국가** 프랑스
무게	8.2톤(9.1미국톤)
엔진	파나르 ISK 4기통 가솔린, 105마력
주무장	25밀리미터 호치키스 SA 35 캐논포

정찰용으로 AMD 1935 장갑차가 1,100대 이상 만들어졌다. 후방 쪽을 담당하는 제2 조종수는 무전기 운용수의 역할도 겸한다. 오프로드 기동성이 좋지 않지만 조용하고 빨라서 인기가 있었다. 1940년 프랑스 항복 이후에도 계속 만들어졌으며, 1945년 전쟁이 끝난 후 생산되지 않는다.

△ 레이랜드 장갑차
Leyland Armored Car

연도	1937년 **국가** 아일랜드
무게	13.2톤(14.6미국톤)
엔진	포드 V8 타이프 317 가솔린, 155마력
주무장	20밀리미터 마드슨 캐논포

이 차량은 6x4 레이랜드 트럭 차대에 아일랜드의 피어레스 장갑차에서 재활용한 장갑을 덧붙이는 방식으로 만들어졌다. 포탑은 스웨덴의 란즈베크사(Landsverk)에서 공급했다. 4대가 제작되었으며, 동시에 스웨덴에서 유사한 형태의 L-180 8대가 사용되었다. 1956~1957년에 엔진을 교체하고 전면 장갑을 다시 제작했다.

후면 조종수와 기관총수의 위치

△ 판사빌 m/40(링스) 장갑차
Pansarbil m/40(Lynx)

연도	1939년
국가	스웨덴
무게	7.1톤(7.8미국톤)
엔진	볼보 6기통 가솔린, 135마력
주무장	20밀리미터 보포스 40구경장 캐논포

원래 덴마크를 위해 설계되었지만 최초의 18대 중 독일군이 1940년 침공하기 전 덴마크에 도착한 것은 단지 3대였다. 스웨덴은 나머지 15대를 확보한 후 30대를 추가 주문했다. 이 차량은 대칭형 구조였다. 전면 및 후면 조종사와 포수를 포함해 승무원은 6명이다. 이 차량의 앞, 뒤 바퀴는 방향을 바꿀 수 있고, 전진과 후진 속도는 동일하다.

▷ 크로슬리쉐보레 장갑차
Crossley-Chevrolet Armored Car

연도	1939년 **국가** 영국
무게	5.1톤(5.6미국톤)
엔진	쉐보레 6기통 가솔린, 78마력
주무장	2x비커스 303구경 기관총

인도 주둔 영국군, 특히 아프가니스탄과 국경을 접한 북서 변경주(邊境州)에서 장갑차를 대량 운용했다. 큐폴라를 갖춘 돔 방식의 포탑, 온도 조절용 석면 내장제 등 '인도 양식'으로 만들어졌다. 차량들이 낡아지자 1939년에 장갑 부분을 새로운 쉐보레 차대에 옮겨 부착했다.

경전차와 탱켓

대공황이 1930년대 동안 계속되었기 때문에 국방예산은 갈수록 억제되었다. 모리스-마르텔 차량에서 기원한 탱켓 개념은 장갑화된 화력을 대량으로 전장에 투입할 수 있는 상대적으로 저렴한 방법이었다. 일반적으로 보병 지원용으로 사용되었는데 갈수록 인기를 끌었다. 한편 경전차는 보다 크고 잘 방호되었는데, 중전차가 만든 돌파구를 선점하는 역할을 맡았다. 이 기간에 경전차는 대부분 기관총을 장착했으며, 대전차포는 1930년대 말에 가서야 등장했다.

▷ **카든-로이드 마크 VI**

Carden-Loyd Carrier Mark VI

연도 1928년 **국가** 영국
무게 1.5톤(1.7미국톤)
엔진 포드 모델 T 가솔린, 22.5마력
주무장 303구경 비커스 기관총

카든-로이드 사는 1, 2인승 탱켓을 1920년대 중반에 만들었다. 마크 VI는 가장 성공적(1935년에 450대 제조)이었다. 이 차량은 비커스 사에 인수되기 전 마지막 차량이었다. 설계는 세계 곳곳으로 팔려나가 많은 차량 개발에 영향을 주었다.

표면 경화 장갑

호스트만 현가장치

◁ **비커스 경전차 마크 IIA**

Vickers Light Tank Mark IIA

연도 1931년 **국가** 영국
무게 4.3톤(4.8미국톤)
엔진 롤스로이스 6기통 가솔린, 66마력
주무장 303구경 비커스 기관총

카든-로이드에서 유래한 비커스 경전차 시리즈는 원래 정찰용 장갑차의 대체용이었다. 매우 유사한 마크 II, IIA, IIB가 먼저 군에서 운용되었다. 승무원 2명과 개선된 호스트만 현수장치, 효과적인 새 장갑판을 갖췄다. 마크 II는 60대가 제작되었으며, 인도 양식으로 변형된 50여 대가 더 있었다.

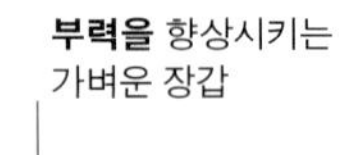
부력을 향상시키는
가벼운 장갑

◁ **T-37A**

T-37A

연도 1933년 **국가** 소련
무게 3.2톤(3.5미국톤)
엔진 GAZ-AA 가솔린, 40마력
주무장 7.62밀리미터 DT 기관총

T-37A 수륙 양용 전차는 1931년 소련에 판매된 비커스 A4E11로부터 개발되었다. 기동성 덕택에 정찰용이나 보병 지원용으로 운용되었다. 물에 띄우기 위해 장갑이 매우 약하게 되어 있어, 독일이 러시아를 침공했을 때 대량 손실되었다. 약 1,200대 생산되었다.

열려 있는 해치

△ **마몬-헤링턴 CTL-3**

Marmon-Herrington CTL-3

연도 1936년 **국가** 미국
무게 4.6톤(5미국톤)
엔진 링컨 V-12 가솔린, 110마력
주무장 2x30구경 브라우닝 M1919 기관총

CTL-3는 선박 탑재 운용 제한 때문에 5톤의 중량 제한이 부과된 미국 해병대용으로 생산되었다. 이것이 중요한 약점으로 드러나 1939년에는 미국 육군의 경전차가 더 우월하다고 판명되었으며 더 무거워도 감당할 수 있다는 것이 명백해졌다.

기관총을 위한 쌍 포탑

△ **M2A3 경전차**
Light Tank M2A3

연도	1936년 **국가** 미국
무게	9.7톤(10.6미국톤)
엔진	콘티넨털 R-670-9A 가솔린, 250마력
주무장	50구경 브라우닝 M2 기관총

M2 시리즈는 보병 지원을 위해 설계되었는데 보병들이 화력을 지원받을 수 있는 것은 기관총뿐이었다. M2A3은 50구경 기관총과 30구경 기관총을 탑재한 쌍 포탑을 가지고 있었다. 유럽에서의 전쟁 경험을 통해 좀 더 무기가 필요하다는 것이 드러나 M2A4는 37밀리미터 포를 탑재했다.

△ **M1 전투차**
Combat Car M1

연도	1937년 **국가** 미국
무게	9.9톤(10.9미국톤)
엔진	콘티넨털 R-670-9A 가솔린, 250마력
주무장	50구경 브라우닝 M2 기관총

1920년과 1940년 사이의 미국법에 따르면, 오직 미국 육군 보병 병과만 전차를 운용할 수 있었다. 그것이 기병 병과에서 운용한 이 차량을 전투차(combat car)로 부른 이유이다. M1과 M2 전투차는 수직 볼류트 현가장치(vertical volute suspension system, VVSS)와 콘티넨털 R-670 엔진을 비롯한 많은 새로운 특징적 요소들을 도입했고, 이들은 제2차 세계 대전 당시 미국 전차들에서도 사용되었다.

칼롯(calottes) 모자 모양의 돌출형 해치

기울어진 경사 판 장갑

적재 컨테이너

△ **UE 탱켓**
UE Tankette

연도	1937년 **국가** 프랑스
무게	3.3톤(3.6미국톤)
엔진	르노 4기통 가솔린, 38마력
주무장	없음

카든-로이드 수송차의 또 다른 발전형인 UE 탱켓은 보병들을 위한 경장갑 보급 수송차로 설계되었다. 승무원들 뒤쪽에 자동으로 기울어지는 적재 컨테이너(stowage container)가 있다. 박격포, 대전차포, 궤도 트레일러 등 다양한 종류의 장비를 견인할 수 있다. 약 5,000대가 만들어졌으며 무장은 없다.

▷ **비커스 경전차 마크 VIB**
Vickers Light Tank Mark VIB

연도	1937년 **국가** 영국
무게	5.3톤(5.8미국톤)
엔진	메도우 ESTB 6기통 가솔린, 88마력
주무장	50구경 비커스 기관총

50구경과 303구경으로 무장한 2인승 포탑은 비커스 경전차의 마크 V 버전에서 시작되었다. 마크 VI는 버슬(bustle)에 무전기를 추가했다. 거의 1,000대나 되었던 마크 VIB는 가장 흔한 파생형이다. 프랑스, 북아프리카, 그리스의 전투에서 보인 성능은 미흡했다.

마크 VIB 경전차

경전차 마크 VIB는 비커스암스트롱 사가 영국 육군을 위해 제조한 일련의 차량 중 하나이다. 이 전차는 상대적으로 저렴할 뿐만 아니라 제국의 치안 유지와 정찰 임무를 수행하는데 적합한 것으로 간주되어 1936년에 대량으로 주문되었다. 1939년 9월 전쟁이 발발했을 때 단지 150대의 중전차가 있었던 데 비해, 이 경전차는 1,000대가 영국군에서 운용 중이었다.

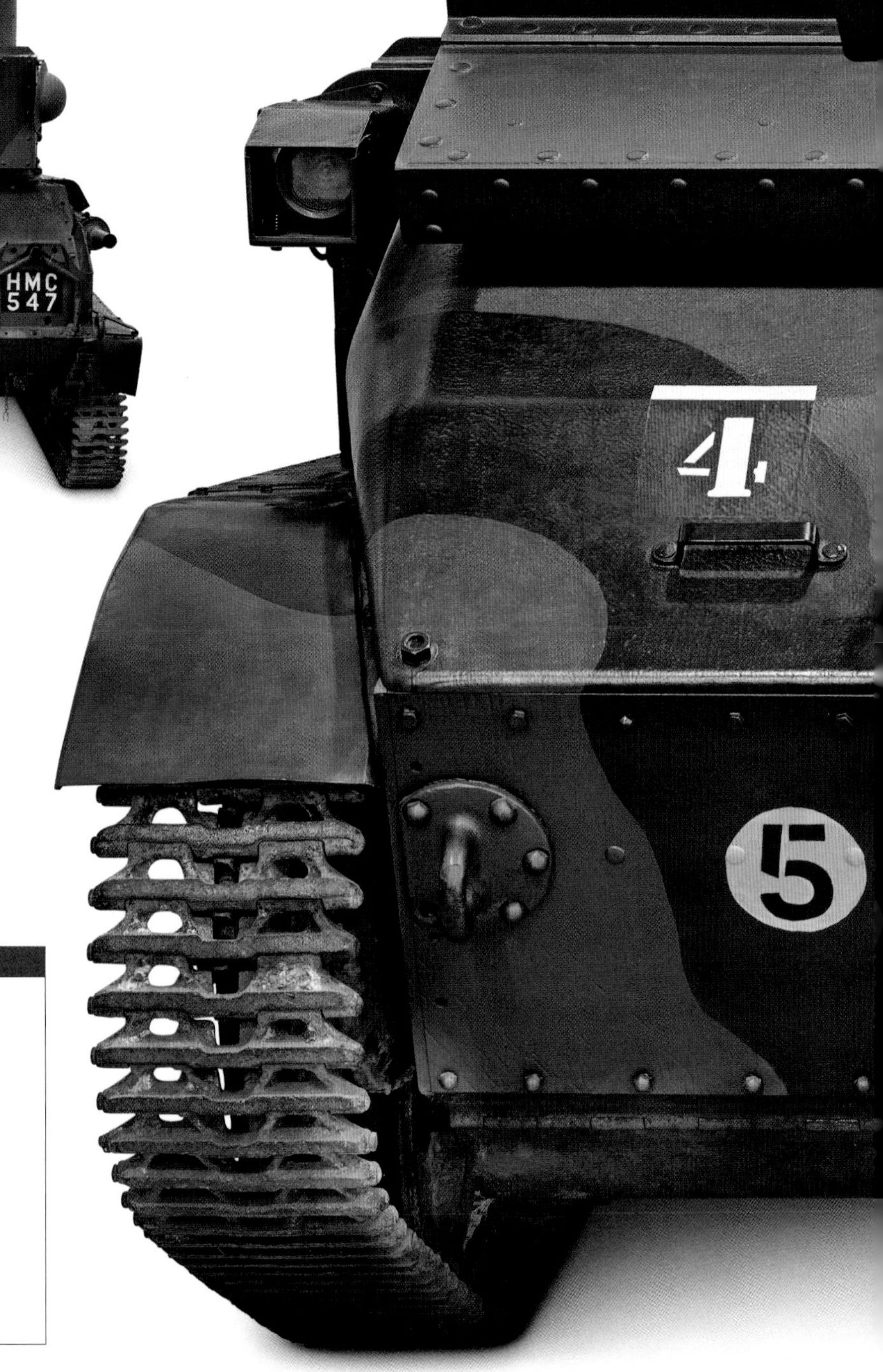

척후와 기갑 부대의 측방 경계용으로 사용된 마크 VIB 경전차는 당시 기준으로는 빠른 전차였으며, 호스트만 현가장치를 장착한 상태에서 속도가 시속 56킬로미터(시속 35마일)에 달했다. 장갑화된 2중 기관총 하우징을 갖춘 포탑에는 2정의 비커스 기관총(50구경과 303구경)이 장착되어 있었다. 전차의 장갑차의 장갑 두께는 가장 두꺼운 곳이 단지 13밀리미터(0.511인치)로 총알을 막는 데는 충분하지만 더 무거운 것을 막기에는 모자랐다.

HMC 547

후면

승무원은 3명인데, 전면 엔진 왼쪽에 앉는 조종수와 포수, 전차장으로 구성된다. 전차장은 무전기 운용수 역할도 수행한다. 전차 길이를 최소화시킨 탓에 전차가 거친 지면을 통과할 때는 상하로 요동치거나 진동이 생길 수 있어, 포탑과 전차장과 포수가 땅으로 떨어지지 않으려면 강하게 붙들고 있어야 했다. VIB 경전차는 1940년에 새롭게 창설된 영국 육군 왕립 기갑 군단 소속 7개 기병 연대에서 장비했다. 동시에 왕립 전차 연대에도 VIB 경전차가 얼마간 있었다. 1940년의 프랑스와 리비아, 1941년 그리스와 크레타를 포함한 제2차 세계대전 초기 전역에서 여러 차례 실전을 경험했다.

제원	
명칭	마크 VIB 경전차
연도	1936년
제조국	영국
생산량	1,682대
엔진	메도우 6기통 가솔린, 88마력
무게	5.3톤(5.8미국톤)
주무장	50구경 비커스
부무장	30구경 비커스
승무원	3명
장갑 두께	13밀리미터(0.5인치)

전차장
포수
조종수
엔진

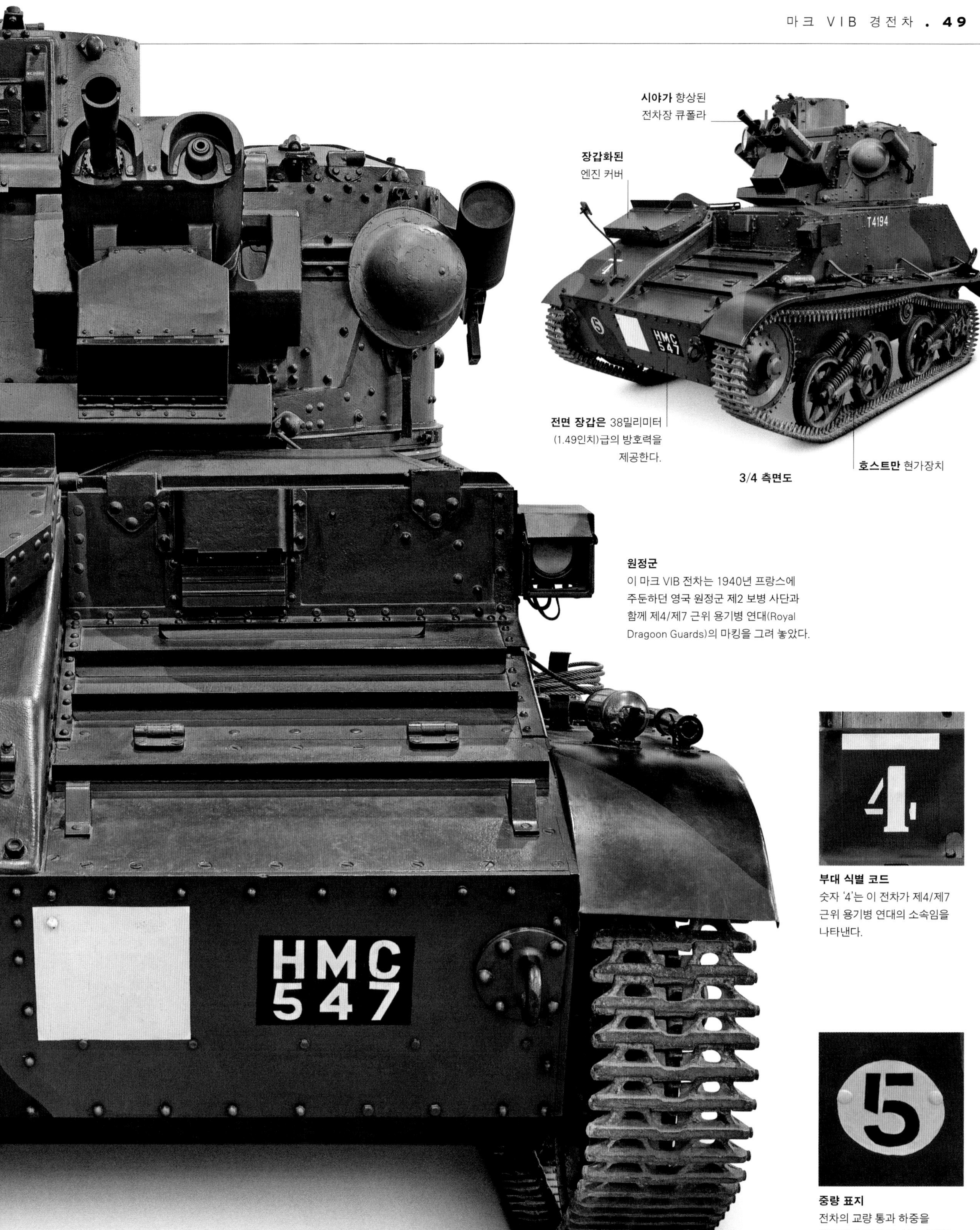

시야가 향상된 전차장 큐폴라

장갑화된 엔진 커버

전면 장갑은 38밀리미터(1.49인치)급의 방호력을 제공한다.

호스트만 현가장치

3/4 측면도

원정군

이 마크 VIB 전차는 1940년 프랑스에 주둔하던 영국 원정군 제2 보병 사단과 함께 제4/제7 근위 용기병 연대(Royal Dragoon Guards)의 마킹을 그려 놓았다.

부대 식별 코드

숫자 '4'는 이 전차가 제4/제7 근위 용기병 연대의 소속임을 나타낸다.

중량 표지

전차의 교량 통과 하중을 반올림해 가장 가까운 미터법 상의 톤을 기준으로 차체에 그려 넣는다.

외부

마크 VIB 경전차는 잠망경이 사용되기 이전에 만들어진 탓에 승무원들은 장갑을 씌운 관측창을 통해 직접 밖을 보아야 했다. 이 때문에 탄환 또는 포탄 파편으로 부상을 입을 위험이 증가했다. 전차 제조사의 상세 정보가 적혀 있는 황동판은 정으로 쪼아냈다. 전차가 적에게 노획될 경우 독일 폭격기의 주요 표적이었던 제조사의 주소가 노출되는 것을 막으려 한 것이다.

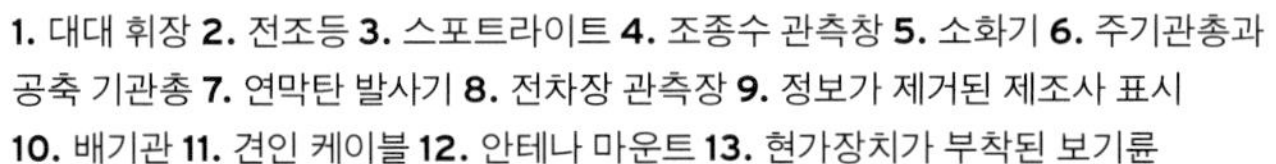

1. 대대 휘장 **2.** 전조등 **3.** 스포트라이트 **4.** 조종수 관측창 **5.** 소화기 **6.** 주기관총과 공축 기관총 **7.** 연막탄 발사기 **8.** 전차장 관측창 **9.** 정보가 제거된 제조사 표시 **10.** 배기관 **11.** 견인 케이블 **12.** 안테나 마운트 **13.** 현가장치가 부착된 보기륜

내부

현대적 생산 라인 제조 기술의 시대에 만들어졌음에도 불구하고 진정한 의미의 대량 생산으로 만들어지지는 않았다. 장갑판의 장착과 마감 과정에서 완성시키는 데 필요한 기술의 수준과 정교한 손기술이 그대로 드러났다.

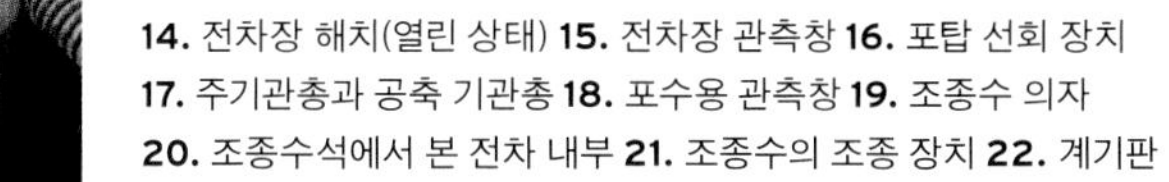

14. 전차장 해치(열린 상태) **15.** 전차장 관측창 **16.** 포탑 선회 장치 **17.** 주기관총과 공축 기관총 **18.** 포수용 관측창 **19.** 조종수 의자 **20.** 조종수석에서 본 전차 내부 **21.** 조종수의 조종 장치 **22.** 계기판

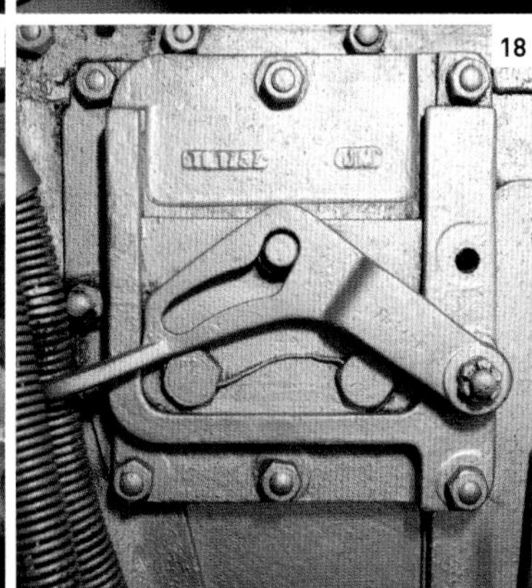

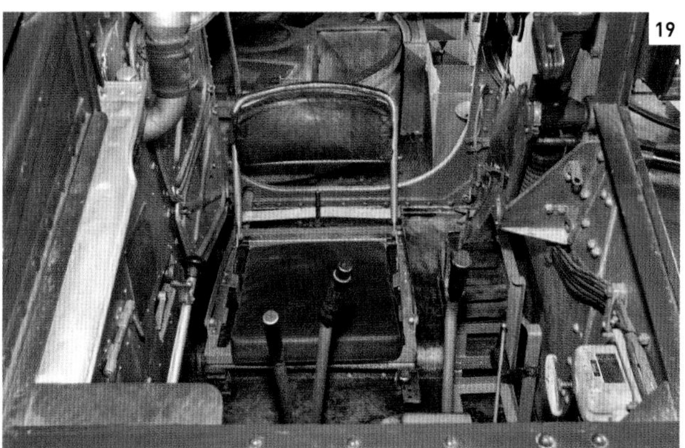

M1931 전차 안에 있는 미국 전차의 설계자 크리스티

위대한 설계자

존 월터 크리스티

존 월터 크리스티는 흔히 개성이 강한 설계자, 화를 잘 내고 시비를 잘 걸며 다루기 어려운 사람으로 기록되어 있다. 이러한 성격이 일련의 생산에서 설계 방식에 영향을 주었을 수 있는데 그의 발명 중 일부는 전차 발전에 큰 영향을 미쳤다.

시험 통과
크리스티 현가장치를 갖춘 T3E2 전차가 1936년 장애물 코스를 통과하고 있다. 각각의 휠은 자체적인 현가장치를 갖추고 있어, 곤란한 지형을 전차가 쉽게 통과할 수 있었다.

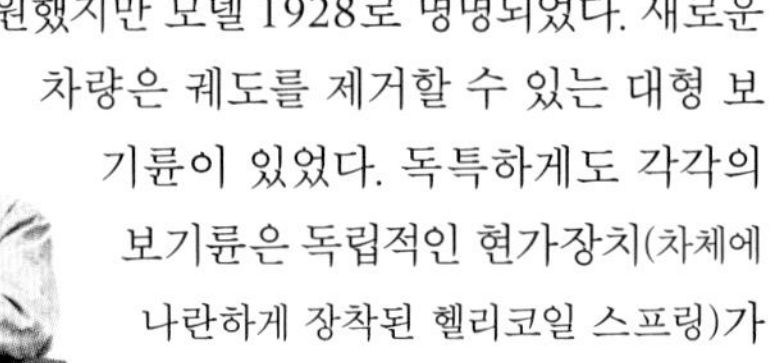

J. 월터 크리스티
(1865~1944년)

미국인이었던 크리스티는 증기선 컨설팅 기술자로 활약하다 카 레이싱으로 관심을 돌렸다. 그는 1907년 프랑스 그랑프리에서 전륜 구동 자동차를 설계하고 몰았으며 그해 얼마 뒤에 피츠버그 경주용 트랙에서 기록에 도전하다 심각한 사고를 당했다. 그가 설계한 크리스티 경주차는 훗날 인디애나폴리스 경주로에서 시속 161킬로미터(시속 100마일)에 도달했다.

크리스티는 또한 택시와 소방차도 설계했다. 제1차 세계 대전 중에 그는 미국 병기국(US Ordance Board)을 위해 포 운반차를 설계했는데, 의뢰인의 특별 주문 사항을 거절했다. 그의 완고함과 무례함 때문에 군사 당국자들의 미움을 받는 것이 하나의 패턴이 되었다. 그는 수륙 양용 경전차를 개발할 때 첫 실험을 위해 해안에 도달하는 데 고전하기는 했으나, 해병대가 잠재력이 있다고 생각한 수륙 양용 경전차 개발에 어느 정도 성공했다. 전차에 대한 관심도 발전시켜, 수년간의 실험과 대규모 재정 투자를 통해 1928년 10월 미국 군용으로 급진적으로 새로운 전차 차대를 선보였다. 크리스티는 그의 전차가 시대에 비해 20년 이상 앞서 있다고 생각했기 때문에 모델 1940으로 부르기를 원했지만 모델 1928로 명명되었다. 새로운 차량은 궤도를 제거할 수 있는 대형 보기륜이 있었다. 독특하게도 각각의 보기륜은 독립적인 현가장치(차체에 나란하게 장착된 헬리코일 스프링)가 있었는데, 각각의 보기륜은 장애물을 통과할 때마다 위로 올라가거나 내려가서 전차가 험한 지형을 통과할 때 고도의 기동성을 발휘하도록 했다. 상대적으로 둔중한 리프 스프링 현가장치를 사용한 통상적인 전차보다 더 빨리 움직일 수 있었다. 두터운 장갑을 갖춘 크리스티 전차의 무게를 줄이고 속도를 높이기 위해, 발사체들을 튕겨 낼 수 있는 전면 경사 장갑이 있었다. 크리스티는 그의 전차가 적의 거점을 돌파하고 적의 영토 안으로 깊숙이 빠른 속도로 움직일 수 있다고 예상했다. 전차의 무게는 8톤(9미국톤)이었는데, 궤도 장착 상태로 시속 68킬로미터(시속 42마일), 차륜 상태에서는 시속 112킬로미터(시속 70마일)로 주행할 수 있는 리버티 엔진을 장착하고 있었다.

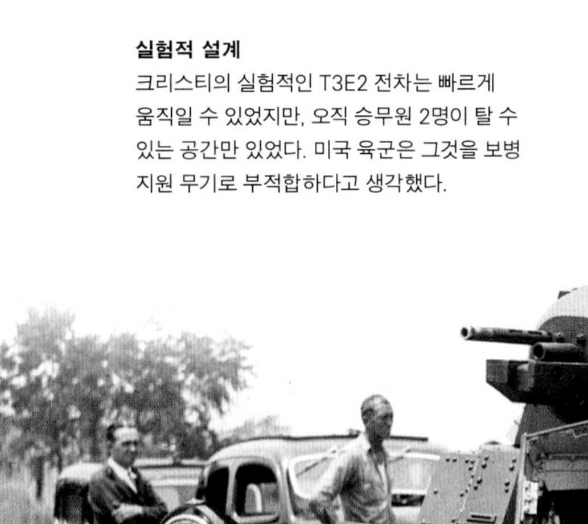

실험적 설계
크리스티의 실험적인 T3E2 전차는 빠르게 움직일 수 있었지만, 오직 승무원 2명이 탈 수 있는 공간만 있었다. 미국 육군은 그것을 보병 지원 무기로 부적합하다고 생각했다.

미국 육군 보병 전차국(US Army Infantry Tank Board)은 크리스티 전차의 두꺼운 장갑이 대단하다고 생각하지 않았다. 전차는 보병 지원 무기라고 본 그들은 크리스티를 당시 장갑차에 관심이 많았던 기병 병과에 보냈다. 미국 군사 당국이 전차 개발에 소요된 원가 보상을 거절하면서 크리스티는 더욱 좌절했다.

크리스티는 더욱 시비 걸기 좋아하고 적의를 품은 상태가 되어, 높은 가격을 제시하는 사람에게 그의

"크리스티 선생, 우리는 당신 전차에 관심 없습니다. 당신이 누구에게 팔건 상관없습니다."

크리스마스 소령, 미군 병기국

"소련 전차 승무원들에게 영광을"
크리스티 현가장치는 소련의 전설적인 T-34 전차의 핵심 요소가 되었다.

설계를 팔기로 결정했다. 결국 그는 몇몇 외국과 교섭하게 되었다. 폴란드는 전차를 주문했으나, 인도가 되지 않았기 때문에 돈을 돌려주어야 했다. 소련은 전차 2대와 다양한 계획들을 넘겨받았는데, 법을 위반해 농업용 트랙터 명목으로 인도되었다. 또한 영국이 구입한 전차는 농기계 명목으로 부품 상태로 수출되었다. 이들 수출 차량들은 러시아 BT 시리즈의 고속 전차들과 영국 A13 순항 전차에 영향력을 미쳤다. 많은 설계를 개발했음에도 불구하고, 크리스티는 미군의 호의를 얻지 못하고 좌절하고 냉소적인 상태로 죽었다.

비행 전차
아이디어가 본격화되지 않았음에도 불구하고, 크리스티는 날개 탈부착이 가능한 2인승 비행 전차를 설계했다. 전장으로 곧바로 날아갈 수 있게 하자는 개념으로 만들어졌다.

영국의 전차 공장
제2차 세계 대전 동안 이 영국 공장에서 조립된 전차들 다수는 크리스티 차륜과 현가장치 설계를 갖추고 있었다. 여기에는 커버넌터, 크루세이더, 코멧, 크롬웰, A13 순항 전차 등이 포함되어 있다.

비커스 사가 세계적인 전차를 만들다

비커스 마크 E(또는 6톤 전차) 전차는 1920년대 설계자인 존 밸런타인 카든(John Valentine Carden)과 비비언 로이드(Vivian Loyd)를 포함한 팀에 의해 1920년에 개인 투자 방식으로 설계되었다. 이 전차는 수출에 큰 성공을 거두었다. 이 전차는 2종의 핵심 파생형이 있었는데, 타입 A는 분리된 포탑에 비커스 기관총 2정을, 타입 B는 기관총과 3파운더 또는 47밀리미터 포의 획기적인 장착 하우징을 갖춘 단일 포탑이 있었다. 이 전차는 리벳 구조의 장갑판이 있었는데, 전면부 두께가 25밀리미터(1인치)였다. 이 전차의 현가장치는 2개의 세트를 연결하는 리프스프링을 갖춘 2중 보기(double bogies)를 지탱하는 2개의 차축으로 구성되어 있는데, 하나의 보기륜 세트가 올라가면 다음에는 스프링이 밀어냈다. 암스트롱-시덜리 엔진은 도로에서 최고 속도 시속 35킬로미터(시속 22마일)를 냈다. 비커스 사는 150대가 넘는 마크 E 전차를 수출했는데, 다수가 라이선스로 생산되었으며, 몇몇의 경우 라이선스 국가가 전차 생산의 첫 시동을 걸었다. 소련은 타입 A 15대를 구입했고, 소련 자체 버전인 T-26을 대량으로 제조했다. 마크 E 전차를 사용한 17개국 중 많은 나라들이 자신의 요구 사항에 맞게 설계를 변경했다. 1933년 볼리비아와 파라과이 간 차코 전쟁(Chaco War)을 시작으로 스페인 내전, 핀란드와 소련 사이의 전투, 중국, 폴란드, 태국 등 전 세계적으로 실전에 참가했다.

비커스 마크 E 전차가 군중이 지켜보는 가운데 1930년대 폴란드 바르샤바에서 시범을 보이고 있다.

중형 전차와 중전차

속도는 느리지만 더 강력한 중형 전차와 중전차는 적의 기갑 부대와 방어 시설을 제거하고, 보다 빠른 차량들이 활용할 수 있는 돌파구를 만들 목적으로 제조되었다. 일반적으로 기동성보다는 장갑 방호와 화력이 강조되었다. 비커스 인디펜던트 경전차의 다중 포탑도 이런 여러 전차들에 영향을 미쳤다. 월터 크리스티의 현가장치도 인기를 얻었다. 많은 국가들이 비커스 마크 E 중형 전차를 구입했는데, 소련 등 일부 국가들은 그것을 자체적인 설계의 전차를 개발하는 출발점으로 삼았다.

◁ **비커스 마크 II* 중형 전차**
Vickers Medium Mark II*

연도 1926년 **국가** 영국
무게 13.7톤(15.1미국톤)
엔진 암스트롱-시덜리 V8 가솔린, 90마력
주무장 QF 3파운더 포

매우 유사한 마크 I과 마크 II 중형 전차는 1923년부터 1938년까지 왕립 전차대(Royal Tank Corps)에서 운용되었다. 이 전차는 영국군에서 처음으로 (전형적인 양식의) 포탑을 갖춘 전차였다. 실전에 참가한 적은 없었지만 이 전차는 전간기의 전차 설계에 큰 영향을 미쳤다. 모두 166대가 제작되었다.

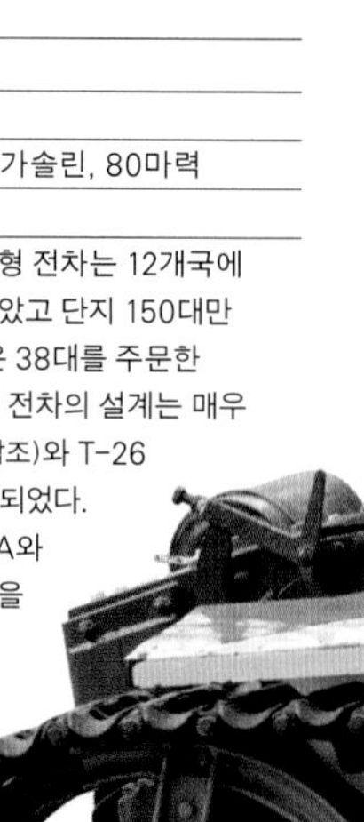

▷ **비커스 마크 E(6톤 전차)**
Vickers Mark E, 6 Ton

연도 1928년 **국가** 영국
무게 7.5톤(8.3미국톤)
엔진 암스트롱-시덜리 4기통 가솔린, 80마력
주무장 QF-3 파운더 포

성공적인 상업 설계로 비커스 중형 전차는 12개국에 판매되었다. 대량 생산되지는 않았고 단지 150대만 제작되었다. 가장 큰 단일 주문은 38대를 주문한 폴란드로부터 나왔다. 그러나 이 전차의 설계는 매우 큰 영향을 미쳐, 7TP(70~71쪽 참조)와 T-26 전차가 이 전차를 바탕으로 개발되었다. 2개의 기관총 포탑을 가진 타입 A와 오른쪽 사진에서 보는 단일 포탑을 가진 타입 B 등 두 가지 변형이 있었다.

△ **T-26**
T-26

연도 1931년 **국가** 소련
무게 9.4톤(10.4미국톤)
엔진 T-26 4기통 가솔린, 91마력
주무장 45밀리미터 20K 모델 1934 46구경장 포

T-26은 이 시기에 가장 많이 생산된 전차였다. 2,000대의 쌍 포탑 차량과 1,700대의 파생형을 포함해 모두 1만 2000대가 제작되었다. 이 전차는 스페인 내전에서 사용되었는데, 곧 약점이 드러나서 업그레이드를 했음에도 불구하고 1939년에는 두드러지게 뒤쳐졌다. 극동에서는 일부가 1945년까지 살아남았다.

▽ **T-28**
T-28

연도 1933년 **국가** 소련
무게 29톤(31.9미국톤)
엔진 미쿠린 M17T 가솔린, 500마력
주무장 76.2밀리미터 KT-28 26구경장 곡사포

다중 포탑 설계의 T-28은 보병 지원용으로 만들어졌다. 그래서 대전차포가 아닌 곡사포로 무장했다. 약 500대 만들어졌다. 폴란드와 핀란드에서 얻은 교훈 때문에 몇몇 차량에서는 장갑이 추가되었다.

◁ BT-7
BT-7

연도 1935년	**국가** 소련
무게 13.8톤(15.2미국톤)	
엔진 미쿠린 M17T 가솔린, 450마력	
주무장 45밀리미터 20K 모델 1934 46구경장 포	

크리스티 M1931(40~41쪽 참조) 전차에 바탕을 둔 BT-7 전차는 BT-2, BT-5를 계승했다. 모두 3종의 파생형이 총 8,122대 만들어졌다. 빠르고 잘 무장했지만 장갑은 매우 약했다. 이 전차는 스페인, 극동, 폴란드, 핀란드에서 사용되었다. 1941년 독일 침공 시에 수천 대를 잃었다. 그럼에도 T-26처럼 전쟁 중 극동에서는 남아 있었다.

△ T-35
T-35

연도	1936년
국가	소련
무게	45.7톤(50.4미국톤)
엔진	미쿠린 M17T 가솔린, 650마력
주무장	76.2밀리미터 모델 1927/32 포

중전차 T-35는 생산 간소화를 위해 많은 요소들을 T-28과 공유했음에도 단지 61대만 만들어졌다. 이 전차는 5개의 포탑을 가지고 있는데, 하나는 구경 76.2밀리미터 포를 장착했고, 2개는 45밀리미터 20K 포, 2개는 DT 기관총을 장착했다. 대부분은 독일 침공 시에 상실했다.

▷ 중형 전차 M2A1
Medium Tank M2A1

연도 1939년	**국가** 미국
무게 23.4톤(25.8미국톤)	
엔진 라이트-콘티넨털 R-975 가솔린, 400마력	
주무장 37밀리미터 M3 56.6구경장 포	

M2는 생산 기준으로 미국 최초의 중형 전차였다. 보병 지원을 위해 만들어졌기 때문에, 360도 사격이 가능한 30구경 기관총 6정으로 무장했다. M2는 1940년 기준으로 명백하게 구식이었지만, VVSS 현가장치(46~47쪽 참조)와 R-975 엔진은 그렇지 않았다. 그 둘은 M3과 M4에 재활용되었다.

◁ Strv m/40L
Strv m/40L

연도 1940년	**국가** 스웨덴
무게 9.1톤(10.1미국톤)	
엔진 스카니아-바비스 1664 가솔린, 142마력	
주무장 37밀리미터 보포스 38구경장 포	

란즈베크 L-60에 바탕을 둔 Strv m/40L는 모두 100대가 만들어졌다. 전간기의 스웨덴 전차들은 매우 성능이 좋았지만, 제2차 세계 대전 중 중립국 스웨덴은 급속한 전차 발전에 따르지 못하고 뒤쳐진 상태로 남아 있었다. 1956년 도미니카 공화국에 20대가 판매되었는데 1965년 미국과의 전투에 참가한 것은 오직 m/40L 전차뿐이었다.

비커스 중형 전차 마크 II

1923년 도입된 비커스 중형 전차는 영국군에서 운용한 전차 중 처음으로 스프링 현가장치와 회전 포탑을 갖추고 있었다. 성공적인 설계 덕에 이 중형 전차는 1923~1935년 영국의 주력 전차였다.

기동 중에도 전투할 수 있는 이 중형 전차의 시속 48킬로미터(시속 30마일)에 달하는 빠른 속도는 전차의 전반부에 탑재된 공랭식 암스트롱-시덜리 엔진으로부터 나왔다. 이 전차에는 7개의 변형이 있었다. 첫째는 마크 I 중형 전차로 포탑의 3파운더 포와 차체 각 측면의 비커스 기관총, 포탑의 호치키스 경기관총을 탑재했다. 이 주포는 당시 전차를 상대하는 데는 충분했지만, 야전축성이나 대전차포에는 소용이 없었기 때문에, 근접 지원 버전이 만들어졌다. 마크 II 전차는 호치키스 기관총 대신 공축 기관총으로 비커스 기관총을 탑재했다. 포 탑재 전차에 추가해 지휘소와 교량 가설용 버전도 생산되었다.

후면

비커스 중형 전차는 1928년 기계화 실험 부대의 주축을 형성했다. 이 같은 혁명적인 전투 부대는 솔즈베리 평원에서 기계화 부대의 잠재력을 보여 주는 기동을 선보였다. 덕분에 영국 육군의 기계화는 1930년 내내 지속되었다.

제원	
명칭	중형 전차 마크 II*
연도	1923년
제조국	영국
생산량	100대
엔진	암스트롱-시덜리 V8 가솔린, 90마력
무게	13.7톤(15.1미국톤)
주무장	3파운더
부무장	3x비커스 303구경 기관총
승무원	3명
장갑 두께	6.25~8밀리미터(0.25~0.3인치)

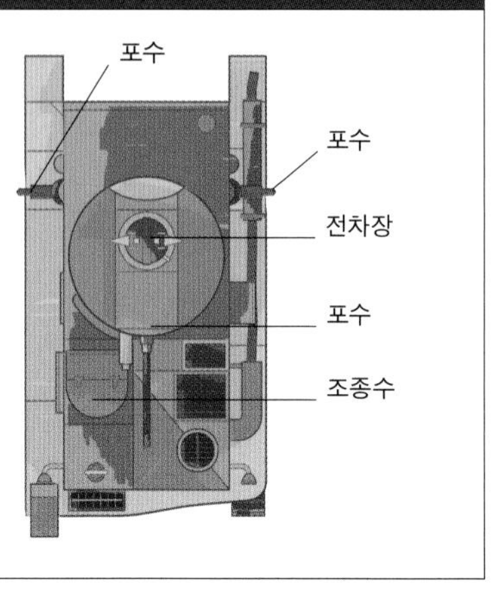

기계화 기병
마크 II 중형 전차가 포함된 1940년의 선전 포스터는 제1차 세계 대전 이후 영국군이 얼마나 변화했는지 그 정도를 묘사하고 있다. 1941년 모든 기병 연대들이 기계화되었다.

차량 식별판
이 특별한 비커스 마크 I 중형 전차는 훈련용으로 사용되었는데, 차체 측면에 그려진 휘장에 표시되어 있다.

탁월했던 수출
비커스 중형 전차는 기갑 부대의 잠재력을 증명했기 때문만이 아니라, 동시에 널리 수출되었기 때문에 영향력이 컸다. 15대의 전차가 러시아에 판매되었고, 1대는 일본에 판매되어 89식 전차 설계를 이끌어 내었다.

외부

비커스 중형 전차는 리벳 접합 구조의 장갑판으로 제작되었는데, 전면부 두께가 6.25밀리미터(0.25인치)로 총알과 그보다 작은 것들만 막을 수 있었다. 하지만 1923년 창설된 영국 전차대는 기동 중 3파운더 포를 사격하는 데 숙련되어 있었다. 이런 성취로 인해 기동성이 유지되었고 적 포수가 명중시키기 어려운 표적이 되었다.

1. 지휘소를 의미하는 전차 전술 부호 **2.** 라이트 슈라우드(경보호판) **3.** 전조등 **4.** 엔진 공기 흡입구 **5.** 조종수 해치 **6.** 공축 비커스 기관총 마운트 **7.** 차체의 볼 마운트 **8.** 주무장 조준기용 애퍼처 **9.** 포탑 관측창 **10.** '주교관(mitre)' 형식의 전차장 해치 **11.** 궤도 텐셔너 **12.** 궤도 지지 롤러 **13.** 기동륜 **14.** 배기장치

내부

중형 전차는 놀랍도록 내부 공간이 넓었다. 승무원 5명 중 조종수는 전반부의 엔진 옆에 앉고 전차장과 포수는 포탑에 앉는다. 2명의 포수는 각 차체 측면의 비커스 303구경 기관총을 조작한다.

15. 후방 도어를 통해 본 모습 **16.** 전투 구획의 내부 **17.** 3파운더 포의 포미
18. 포 고저(高低) 조절용 휠 **19.** 포탑 회전용 휠 **20.** 공축 비커스 기관총 **21.** 소화기
22. 차체 기관총 위치 **23.** 비커스 303구경 기관총 **24.** 위에서 본 조종수석
25. 조종수의 조종 장치 **26.** 엔진 오일 게이지 **27.** 제조일자 판

1939~1945년

제2차 세계 대전

"KEEP 'EM ROLLING"

THE RAILROADS ARE THE FIRST LINE OF DEFENSE

제2차 세계 대전

제2차 세계 대전 기간 중 전천후로 전 지형에서 전차가 운용되는 시대가 왔다. 전차 부대의 기동성 덕택에 1939~1940년 독일 공격이 성공했다. 독일군 전차들 각각은 연합군 차량에 비해 성능이 낙후되었지만, 전차를 포병과 항공력의 지원을 받는 더 큰 부대로 집중시켜 적들을 압도했다. 반대로 프랑스와 영국의 전차들은 전선에서 지나치게 소규모로 분산되곤 했고, 많은 경우 대전차전용으로는 장갑이 너무 약했다.

북아프리카에서 영국은 이탈리아를 상대로 성공을 거두었지만, 일단 독일군이 도착하자 양측의 공세와 역습은 양방향 모두 전선을 수백 킬로미터씩 이동시켰다. 독일이 침공해 왔을 때 소련은 약 2만 2600대의 전차를 보유했다. 그중 다수는 시대에 뒤떨어졌고, 1941년에만 약 2만 500대를 상실했다. 침공 때문에 소련은 모든 공장을 수백 킬로미터 동쪽으로 이동시켜야 했는데, 그곳에서 일찍이 볼 수 없는 규모로 전차와 장비를 생산하기 시작했다.

△ **독일의 전쟁 포스터**
독일의 전쟁 포스터가 네덜란드에 명령하고 있다. "당신의 명예와 양심을 위해! 볼셰비즘과 싸우자! SS 친위대가 당신을 부른다!"

유럽에서 1944~1945년 연합군의 진격은 전차 부대의 기동력 덕택에 가능했다. 전차는 이탈리아에서도 전투를 치뤘지만, 지형 때문에 기동성이 떨어졌다. 극동에서는 일본군을 상대한 오래된 연합국의 경전차들이 살아남았다.

연합국들은 전쟁 기간 중 모두 18만 대의 전차들을 제작했다. 그중 다수가 분쟁 기간 중의 경험을 반영한 설계를 갖춘 새로운 차량들과 나란히 수십 년 동안 세계 각지에서 계속 운용되었다.

"**니콜라예프와 그의 탄약수 체르노프가 불타고 있는 기계 속으로 뛰어 들어가 정확히 티거 전차를 향해 몰았다. 두 전차는 충돌해서 폭발했다.**"

쿠르스크 전투에 관한 러시아 국방부 문서

◁ **미국의 전시 생산국 포스터가** 전쟁 기간 중 제조업자들에게 우선순위를 상기시키고 있다.

주요 사건

▷ **1939년 9월 1일** 독일군이 폴란드를 침공했다. 9월 17일 소련이 침공하고 폴란드는 10월 6일 패배했다.

▷ **1940년 5월** 아라스(Arras) 전투. 불가해한 영국 전차들을 상대해 본 경험이 독일로 하여금 티거 전차를 개발하는 데 박차를 가하게 했다.

▷ **1941년 4월** 디트로이트 전차 조병창이 2만 5059대의 전차 중 첫 번째 전차를 미국 육군에 인도했다.

▷ **1941년 6월** 독일은 소련을 침공한 바로 다음날 처음으로 T-34 전차와 조우했다.

▷ **1941년 11월** 소련에 제공된 1만 2000대의 영국과 미국 전차 중 첫 번째 전차가 실전에 참가했다.

▷ **1943년 7~8월** 쿠르스크 전투가 벌어졌다. 소련은 독일보다 많은 전차를 잃었지만, 전략적 주도권을 획득했다.

▷ **1944년 6월** 사이판에서 태평양 전쟁 중 최대의 일본군 전차 공격이 시작되었다. 전차 44대가 참전해 12대가 살아남았다.

△ **쿠르스크 전투**
소련 보병들이 1943년 쿠르스크 인근의 독일 진지로 진격하고 있다. 궁극적인 승리로 동부 전선에서 '독일 야망의 종말'이 시작되었다.

▷ **1945년 4월** 오키나와 침공이 시작되었다. 800대가 넘는 미군 전차가 참전해 태평양에서 전차가 얼마나 유용했는지를 반영했다.

독일 전차: 1939~1940년

1919년 베르사유 조약에 따라 독일의 전차 보유가 금지되었지만 독일군은 1920년대 소련에서 기갑전을 실험했다. 히틀러가 등장해 1933년 권력을 잡은 이후, 독일군은 공개적으로 기갑 부대 건설을 시작했다. 최초의 전차는 훈련용 판처 I과 판처 II로, 스페인 내전에서 약점이 여럿 드러났다. 이를 보완한 판처 III과 판처 IV는 1939년까지는 수량이 많지 않았다. 판처 II가 이 시기 가장 보편적인 독일 전차였다.

△ 판처 I A형
Panzer I Ausf A

연도	1934년 **국가** 독일
무게	5.5톤(6미국톤)
엔진	크룹 M305 가솔린, 57마력
주무장	2x7.92밀리미터 MG13 기관총

판처 I은 훈련용으로만 제작되었다. 그러나 전차 수량 부족으로 2인승 판처 I은 스페인, 폴란드, 프랑스, 덴마크, 노르웨이, 러시아, 북아프리카에서 혹독한 전투를 치렀다. 엔진의 파워를 낮춘 A 변형은 실전에서 생존력이 없었을 뿐만 아니라 훈련용으로도 가치가 없었다.

관측창

◁ 판처 I 지휘 전차
Panzer I Command Tank

연도	1935년 **국가** 독일
무게	6톤(6.6미국톤)
엔진	마이바흐 NL38TR 가솔린, 100마력
주무장	7.92밀리미터 MG34 기관총

판처 I 표준형은 오직 무전기 수신기를 탑재할 공간만 있었지만, 부대 지휘관은 동시에 무전기 송신기도 필요했다. 판처 I 지휘 전차는 송신기를 탑재했고, 무전기 운용수를 위한 제3의 좌석도 있다. 1935년부터 1942년 후반까지 운용되다가 개선된 차량으로 교체되었다.

▷ 판처 II
Panzer II

연도	1937년 **국가** 독일
무게	9.7톤(10.6미국톤)
엔진	마이바흐 HL62TR 가솔린, 140마력
주무장	2센티미터 KwK 30 55구경장 캐논포

판처 I보다 중무장하고 중장갑을 채용했지만, 판처 II도 주로 훈련용으로 만들어진 것이다. 현대적 차량의 부족 때문에, 1939~1940년 독일군 주력 전차로 활약해야 했다. 훗날 이 전차는 경전차나 정찰용으로 효과적임이 증명되어 1943년까지 운용되었다.

▽ **판처 III E형**
Panzer III Ausf E

연도 1937년	**국가** 독일
무게 20.1톤(22.2미국톤)	
엔진 마이바흐 HL120TRM 가솔린, 300마력	
주무장 3.7센티미터 KwK 36 46.5구경장 포	

전쟁이 발발했을 때, 판처 III 전차는 독일군 주력 대전차 차량으로 간주되었다. 3인승 포탑은 독일 승무원들이 적을 상대할 때 뚜렷한 이점을 제공했다. 판처 III은 폴란드와 프랑스에서 성능이 충분하다는 점이 입증되었다. 그러나 좀 더 강력한 화력의 필요성이 대두되었다.

보기륜

△ **판처 IV F형**
Panzer IV Ausf F

연도 1937년	**국가** 독일
무게 20.3톤(22.4미국톤)	
엔진 마이바흐 120TRM 가솔린,마력	
주무장 7.5센티미터 KwK 37 24구경장 포	

판처 IV 전차는 원래 판처 III 전차를 지원해 단포신(短砲身) 포로 대전차포나 진지 같은 장갑이 없는 표적을 공격하는 용도로 만들어졌다. 곧 보다 큰 구경의 포와 중장갑을 달 수 있다는 것이 명백했다. 새로운 위협을 상대하기 위해서도 두 가지는 모두 필요했다.

▷ **판처 35(t)**
Panzer 35(t)

연도 1935년	**국가** 체코슬로바키아
무게 10.7톤(11.8미국톤)	
엔진 스코다 T11/0 가솔린, 120마력	
주무장 3.7센티미터 KwK 34(t) 40구경장 포	

판처 35(t) 전차는 장치들로 인해 신뢰성이 떨어지는데도 불구하고 시대를 앞선 전차였다. 독일이 1939년 체코슬로바키아를 점령하면서 모두 219대의 전차들을 압류했다. 이 전차는 폴란드, 프랑스, 소련에서 사용되었다. 1941년 후반기까지 예비 부품의 부족과 낮은 신뢰성, 혹한 기후에서 운용하기가 어려웠던 점이 이 전차의 퇴역을 이끌었다.

전차장 큐폴라

△ **판처 38(t) E형**
Panzer 38(t) Ausf E

연도 1938년	**국가** 체코슬로바키아
무게 10톤(11미국톤)	
엔진 프라하 EPA 가솔린, 125마력	
주무장 3.7센티미터 KwK 38(t) 47.8 구경장 포	

체코슬로바키아 합병 이후에도 독일이 계속 판처 38(t) 전차의 생산한 것은 판처 I, II보다 강력하고 신뢰할 수 있었기 때문이다. 1,400대 넘게 생산되어 프랑스, 폴란드, 소련에서 1942년까지 사용되었다. 차대 중 다수는 구축 전차(tank destroyers)에 재활용되었다.

Herren-
Richard Zob

전쟁 전야의 독일 전차

베르사유 조약의 금지 조항에 따라 독일의 전차 제작이 금지되었다. 그러나 독일의 참모 장교들은 소련과의 협조를 통해 장갑 궤도 차량의 개발과 시험을 진행하는 방식으로 궤도 차량의 비밀 실험을 시작했다. 동시에 자동차 차대 위에 올린 모의 차량을 만들어 훈련에 사용했다. 오스발트 루츠(Oswald Lutz) 장군과 그의 참모장인 하인츠 구데리안(Heinz Guderian) 중령은 전차를 모아서 기갑 사단으로 운용하는 아이디어를 제안했다. 구데리안은 요새를 강타할 수 있는 거대한 돌파 전차(breakthrough tank), 보병과 함께 공격하는 보병 전차(infantry tank), 일단 돌파구가 형성되면 적군 전선 후방으로 진격하는 순항 전차(cruiser tank) 등 세 종류의 전차가 필수적이라고 생각했다. 히틀러가 권력을 잡은 1933년, 그는 전차의 선전 가치를 보고 발전을 지원했다. 구데리안은 생각을 바꿔 보병 지원용 전차(판처 IV가 됨)와 다목적 순항 전차(판처 III) 등 2종류의 전차로 요구사항을 단순화시켰다. 독일 산업계는 몇 가지 어려움 속에서 판처 III, IV 전차 설계를 발전시켰다. 판처 I도 독일군 훈련용으로 기획되어 생산에 들어갔다. 초기 수년 동안 가장 보편적인 전차 중 하나인 판처 II로 대체되었다.

독일 기갑 연대가 1936년 작센 주 카멘츠에서 열린 집회에서 판처 I 전차를 과시하고 있다.

연합국 전차: 1939~1940년

1939년 9월 1일 독일이 폴란드를 침공한 이후, 폴란드군은 용감하게 싸웠지만 독일과 그 동맹 소련에 압도당했다. 1940년 5월 프랑스와 영국은 서유럽에서 독일 침략에 직면해 적보다 더 많은 전차를 보유했고 서류상으로도 많은 것이 우세했다. 그러나 대부대로 집중되기보다는 소규모로 분산되어 있었다. 독일 침략의 충격에 미흡한 전술이 맞물려 연합국 지휘관들은 강한 심리적 충격을 받았다. 결과적으로 1940년에 전투에 참가한 대부분의 연합국 전차는 잡히거나 버려졌다.

날렵하게 각 진 차체

△ 7TP
7TP

연도 1937년 **국가** 폴란드
무게 9.6톤(10.5미국톤)
엔진 사우러 VLDBb 디젤, 110마력
주무장 37밀리미터 보포스 wz.37 45구경장 포

7TP 전차는 폴란드가 비커스 마크 E 전차를 발전시킨 것이다. 일부 TP7 전차만 쌍 포탑을 가지고 있으며, 전차 150여 대 중 대부분은 37밀리미터 포로 무장한 단일 포탑이 있었다. 7TP 전차는 1939년에 대부분의 독일 전차보다 성능이 우세했다. 그러나 침략에 맞서 전과를 내기에는 수량이 너무 적었다.

△ 소무아 S35
SOMUA S35

연도 1935년 **국가** 프랑스
무게 19.5톤(21.5미국톤)
엔진 소무아 V-8 가솔린, 190마력
주무장 47밀리미터 SA 35 포

S35는 주조제 강철로 만들어져, 리벳 구조의 금속판보다 장갑 방호 능력이 더 우세했다. 3인승이지만 포탑에는 1명만 있었기 때문에, 전차장은 전차의 지휘는 물론이고 포의 장전, 조준, 사격을 혼자서 해내야 했다.

△ 샤르 모델 1935R 경전차
Char léger Modéle 1935 R

연도 1935년 **국가** 프랑스
무게 11톤(12.1미국톤)
엔진 르노 V-4 가솔린, 85마력
주무장 37밀리미터 퓌토 SA 18 21구경장 포

일반적으로 르노 R35로 알려진 이 전차는 2인승의 보병 전차로 장갑이 두꺼웠으며 적 전차를 격파하기보다는 방어 시설을 파괴하고 적 보병을 제거할 목적으로 만들어진 포가 있었다. 보병과 나란히 작전하기 위해 설계되었기 때문에 속도는 시속 20킬로미터(시속 12.5마일)에 불과했다.

▷ 샤르 B1 bis 전차
Char B1 bis

연도 1936년 **국가** 프랑스
무게 31.5톤(34.7미국톤)
엔진 르노 V12 가솔린, 307마력
주무장 1x75밀리미터 ABS 1929 SA 35 17.1 구경장 곡사포, 1x47밀리미터 SA 35포

1940년에 가장 강력했던 프랑스 전차였던 B1 bis 전차는 차체에 구경 75밀리미터 보병 지원포, 통상적인 1인승 포탑에는 구경 47밀리미터 대전차포로 무장하고 있다. 상당한 중장갑으로, 느린 속도와 제한된 항속 거리로 고통받았다. 1920년대에 이루어진 발전의 결과물이었기 때문에, 준비되자마자 이미 다른 기종들에게 추월당했다.

△ **샤르 모델 1936 FCM 경전차**
Char léger Modéle 1936 FCM

연도	1936년 **국가** 프랑스
무게	12.4톤(13.7미국톤)
엔진	베를리에 4기통 디젤, 91마력
주무장	37밀리미터 퓌토 SA 18 구경장 포

통상적으로 FCM 36으로 알려진 이 2인승 전차는 용접 접합 구조의 장갑을 사용한 최초의 전차 중 하나다. 이런 장갑은 방호에 매우 뛰어나다. 그러나 전차에 달린 SA 18 포는 적 장갑을 상대하기에 미흡해 독일군을 상대하는 데 소용없었다. 오직 100대만 생산되었다.

△ **A9 순항 전차**
A9 Cruiser

연도	1937년 **국가** 영국
무게	12.2톤(13.4미국톤)
엔진	AEC Type 179 가솔린, 150마력
주무장	QF 2파운더 포

A9는 보병 지원보다는 독립 작전을 하는 영국 개념에 따라 만든 최초의 순항 전차였다. 그래서 속도는 빠르지만 경장갑만 갖추고 있었다. A9는 유용한 현가장치와 아마 당시 가장 강력한 대전차포인 2파운더 포로 무장했다.

△ **샤르 모델 1939H 경전차**
Char léger Modèle 1939 H

연도	1935년 **국가** 프랑스
무게	12톤(13.2미국톤)
엔진	호치키스 6기통 가솔린, 120마력
주무장	37밀리미터 퓌토 SA 38 33구경장 포

H39는 H35의 업그레이드 버전으로, 2인승 경전차이다. H35 경전차는 보병과 함께 작전할 개념으로 만들어졌으나, 나쁜 야지 횡단 성능 때문에 (보병 병과로부터) 거절당하고 기병으로 인계되었다. H39 경전차는 이 문제를 해결하고 화력을 개선했다. 두 버전을 합쳐 약 1,200대 생산되었으며 1940년 프랑스 항복 이후 독일에서 수백 대가 사용되었다.

△ **마크 IIA A12 보병 전차**
Infantry Tank Mark IIA A12

연도	1939년 **국가** 영국
무게	26.9톤(29.7미국톤)
엔진	2xAEC 6기통 디젤, 각 95마력
주무장	QF 2파운더 포

일반적으로 마틸다 II로 알려진 이 보병 전차는 선행 차량들보다 훨씬 능력이 뛰어났고 중장갑과 2파운더 포를 장착했다. 1940년 후반과 1941년 전반 북아프리카 전장을 지배한 '사막의 여왕'이다. 더 이후에 나온 독일 전차에 뒤쳐졌을 때는 오스트레일리아 군에 소속되어, 일본을 상대로 싸웠다. 제2차 세계 대전 전 기간 동안 운용된 유일한 영국 전차이다.

▽ **A13 순항 전차 MARK III**
A13 Cruiser Mark III

연도	1939년 **국가** 영국
무게	14.4톤(15.9미국톤)
엔진	너필드 리버티 V12 가솔린, 240마력
주무장	QF 2파운더 포

마크 III형의 A13 순항 전차는 크리스티 현가장치(52~53쪽 참조)를 사용한 최초의 영국 전차이다. 이 현가장치와 마크 III형의 강력한 엔진은 탁월한 기동성을 부여했다. 그러나 장갑이 가장 두꺼운 곳도 단지 14밀리미터(0.55인치)에 불과했다. 마크 III형은 IV형을 제외한 더 좋은 장갑을 가진 차량들과 1940년 프랑스와 1941년 서부 전선 사막에서 운용되었다.

주축국 전차: 1941~1945년

1940년 시작된 북아프리카 전역(North African Campaign)에 이어 1941년 독일의 소련 침공과 일본의 진주만 공격이 뒤따랐다. 전투가 격렬해짐에 따라 전차의 기술도 발전해 전쟁이 끝날 무렵의 전차들은 1939년의 전차들은 꿈도 꾸지 못하던 화력, 방호력, 신뢰성을 갖추게 되었다. 그러나 기술이 만능은 아니었다. 독일은 가공할 만한 차량들을 만들었지만 기계적 고장이 잦았고 승무원의 숙련도가 떨어지는 문제가 있었다. 전차들은 이탈리아와 또 다른 주축국 일본에서도 생산되었지만 덜 진보적이었고, 점점 더 연합국보다 뒤떨어졌다.

▽ 95식 하-고
Type 95 Ha-Go

연도 1936년 **국가** 일본
무게 7.5톤(8.3미국톤)
엔진 미쓰비시 6기통 디젤, 110마력
주무장 37밀리미터 98식 포

95식 전차는 제2차 세계 대전 전 기간 동안 승무원들과 전선의 일본군에게 인기 있었다. 1930년대 후반 중국군을 성공적으로 상대할 때나, 1942년 일본군 초기 승리에서는 성공적이었지만, 연합군 전차들이 전투에 투입되기 시작하자 곧 상대가 되지 않았다. 엔진은 크기에 비해 강력했으며 무게가 가벼워 까다로운 지형에서 유용했다.

◁ 97식 치-하
Type 97 Chi-Ha

연도 1937년 **국가** 일본
무게 15.2톤(16.8미국톤)
엔진 미쓰비시 97식 디젤, 170마력
주무장 47밀리미터 1식 포

97식 중형 전차는 95식과 설계가 유사했지만, 보병 지원에 최적화된 57밀리미터 포가 특징적이었다. 그러나 1939년 할힌골 전투에서 화력의 부족이 드러났다. 일본은 성능을 개선한 신호토 치-하 전차에 47밀리미터 대전차포를 탑재하는 것으로 대응했다.

△ 판처 III L형
Panzer III Ausf L

연도 1937년
국가 독일
무게 23.1톤(25.4미국톤)
엔진 마이바흐 HL120TRM 가솔린, 300마력
주무장 5센티미터 KwK 39 60구경장 포

판처 III의 장갑과 포는 프랑스에서 전투를 경험한 이후 모두 업그레이드되었다. L형은 두께 50밀리미터 장갑과 구경 5센티미터 포를 갖췄다. 소련과 북아프리카에서 싸웠으나 1942년 판처 IV 전차로 대체했다. 최종형 판처 III 전차는 최초의 판처 IV와 같은 구경 7.5센티미터 곡사포를 장착했다.

▷ 판처 IV H형
Panzer IV Ausf H

연도 1937년 **국가** 독일
무게 25.4톤(28미국톤)
엔진 마이바흐 120TRM 가솔린, 300마력
주무장 7.5센티미터 KwK 40 48구경장 포

1937년에 처음으로 생산된 판처 IV 전차는 1942년에 업그레이드되었다. 장포신의 구경 7.5센티미터 포를 추가해 독일의 주력 대전차 차량의 원래 역할인 지원 전차 기능을 향상시키려 했다. 대형 부가 스커트와 포탑 장갑을 포함한 장갑 방호력도 개선되었다. 대략 8,500대가 만들어져, 제2차 세계 대전에서 가장 널리 사용된 독일 전차가 되었다.

▷ M14/41
M14/41

연도 1940년 **국가** 이탈리아
무게 14.5톤(16미국톤)
엔진 SPA 15T M41 디젤, 145마력
주무장 47밀리미터 M35 32구경장 포

이탈리아는 스페인 내전에 전차를 보내서 교훈을 얻었다. 새로운 차량은 그 경험의 결과에 따라 설계되었는데, 북아프리카에서 1940년 처음으로 운용되었다. M14/41은 사막에 최적화된 M13/40의 업그레이드 버전이었다. 장갑은 잘 되어 있었지만 연합국의 2파운더 포를 상대할 수 없었다.

◁ **티거**
Tiger

연도	1942년 **국가** 독일
무게	57.9톤(63.8미국톤)
엔진	마이바흐 HL210P45 가솔린, 650마력(75쪽 참조)
주무장	8.8센티미터 KwK 36 56구경장 포

티거 전차는 독일의 1940년 프랑스 전투 경험을 바탕으로 생산되었다. 중장갑과 강력한 구경 8.8센티미터 포로 무장하고 있는 티거는 상대편 연합국 전차 승무원들에게 가공할 존재라는 것을 증명했다. 그러나 티거는 너무 비쌌고, 기계적으로 복잡해 기술적 문제로 이어졌으며 단지 1,347대가 만들어졌다.

교차 배치형(interleaved) 보기륜

◁ **판터**
Panther

연도	1943년 **국가** 독일
무게	46.2톤(51미국톤)
엔진	마이바흐 HL230P30, 700마력
주무장	7.5센티미터 KwK 42 70구경장 포

소련 T-34에 대한 대응으로 설계된 판터 전차는 더 중장갑을 갖추고 훨씬 더 강력한 화력을 자랑했다. 1943년 7월 쿠르스크에서 처음으로 사용되었는데 속도가 빠르고 조종성이 좋았으며 강력한 전면 장갑에 포는 매우 정확하고 강력했다. 그러나 티거 I과 마찬가지로 보통 신뢰성이 없었으며, 엔진 화재는 일상적이었다.

▷ **티거 II(킹 타이거)**
Tiger II(King Tiger)

연도	1944년 **국가** 독일
무게	69.1톤(76.2미국톤)
엔진	HL230P30 가솔린, 700마력
주무장	8.8센티미터 KwK 43 71 구경장

티거 II는 제2차 세계 대전에서 가장 가공할 전차일 것이다. 전면 장갑은 모든 연합국 대전차 무기에 버틸 수 있으며, 구경 8.8센티미터 포는 장거리에서조차 위협적이었다. 엔진은 신뢰성이 낮았고, 단지 498대만 생산되어 전쟁의 결과에 영향을 미치기에는 너무 수량이 적었다.

티거 I

제2차 세계 대전의 모든 전차 중에서 티거와 같은 가공할 만한 평판을 얻은 전차는 없었다. 구경 88밀리미터 포와 두터운 전면 장갑, 광폭 궤도, 더할 나위 없는 크기를 갖춘 티거는 전장에서 연합국 군대를 강타하는 파괴적 무기였다. 그러나 기술적 문제가 끈질기게 발생하면서 전술적 효과가 제한되었다.

후면

히틀러는 독일 무기들이 마틸다 2와 샤르(Char) B 전차의 장갑을 관통하는 데 실패한 이후, 1941년 5월 중전차의 생산을 명령했다. 티거의 박스 형태 외형과 레이아웃은 이른 시기의 독일 전차들과 유사하지만, 무게에서 판처 IV보다 2배에 달할 만큼 거대한 크기였다. 중전차는 정밀한 88밀리미터 구경 KwK 36 포에 안정적인 플랫폼이 되었으며, 92발의 전차탄을 탑재할 수 있었다. 엔진은 생산 도중에 650마력에서 700마력으로 업그레이드되었는데, 그럼에도 불구하고 엔진과 변속장치는 계획 당시 50톤(55미국톤)에서 57.9톤(63.8미국톤)으로 늘어난 차량 무게에 대처하기 힘겨웠다.

티거는 군으로 급하게 투입되자마자 폭증하는 문제로 어려움을 겪었다. 전선을 돌파하기 위해 펀치를 날리기보다는 주로 방어적으로 운용되었다. 생산 비용 문제와 숙련된 승무원 부족 때문에 전장에서 원래 기대했던 충격을 주는 데 실패했다. 그러나 적에게 엄청난 심리적 영향을 주었으며 가장 신화화된 전차로 남았다.

제원	
명칭	PzKpfw VI 티거 E형
연도	1942년
제조국	독일
생산량	1,347대
엔진	마이바흐 HL210P45 V-12 가솔린, 650마력
무게	57.9톤(63.8미국톤)
주무장	8.8센티미터 KwK 36
부무장	7.92밀리미터 MG 34
승무원	5명
장갑 두께	최대 120밀리미터(4.75인치)

라디오 운용수
조종수
탄약수
전차장
포수

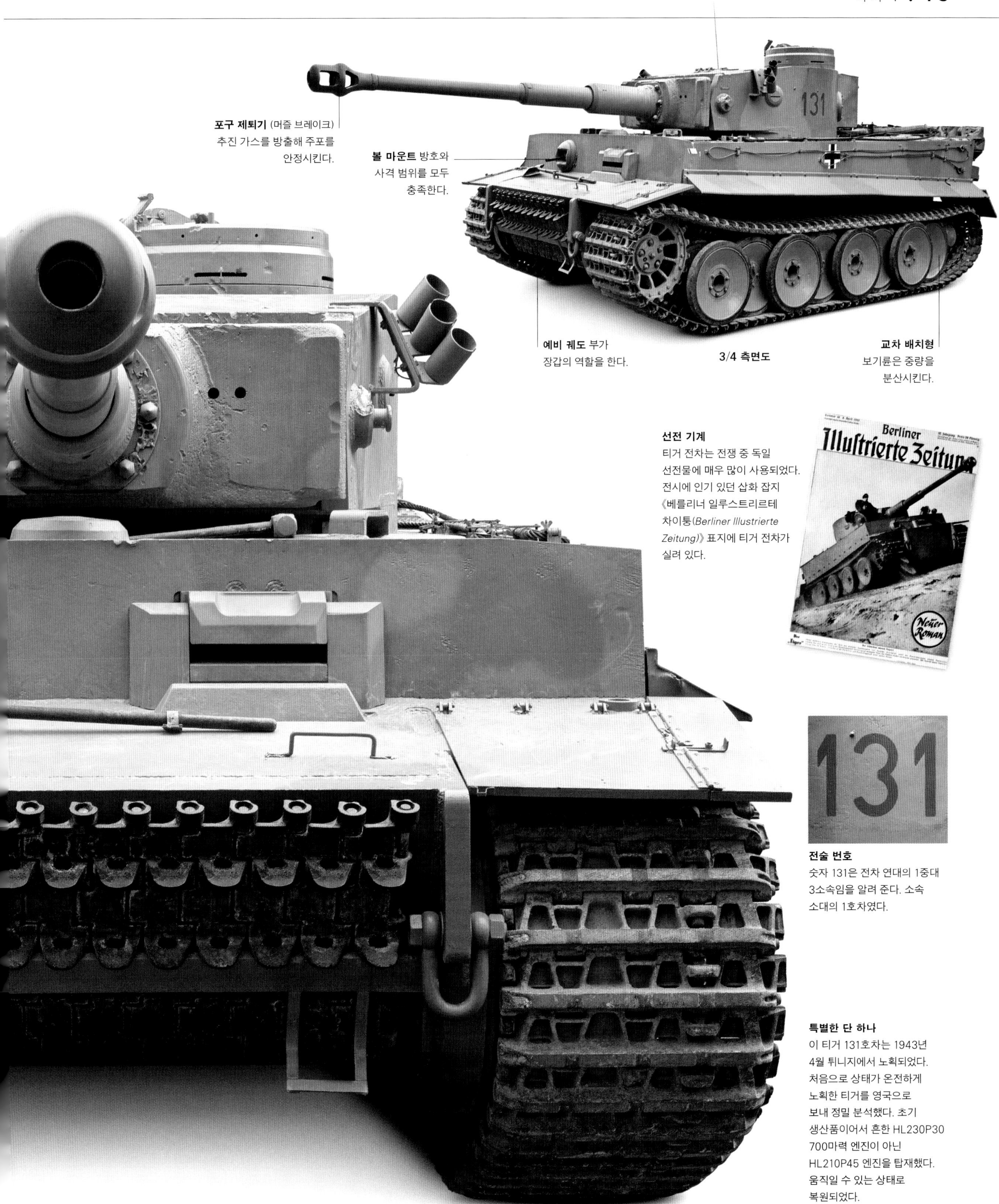

포구 제퇴기 (머즐 브레이크) 추진 가스를 방출해 주포를 안정시킨다.

볼 마운트 방호와 사격 범위를 모두 충족한다.

예비 궤도 부가 장갑의 역할을 한다.

3/4 측면도

교차 배치형 보기륜은 중량을 분산시킨다.

선전 기계
티거 전차는 전쟁 중 독일 선전물에 매우 많이 사용되었다. 전시에 인기 있던 삽화 잡지 《베를리너 일루스트리르테 차이퉁(*Berliner Illustrierte Zeitung*)》 표지에 티거 전차가 실려 있다.

전술 번호
숫자 131은 전차 연대의 1중대 3소속임을 알려 준다. 소속 소대의 1호차였다.

특별한 단 하나
이 티거 131호차는 1943년 4월 튀니지에서 노획되었다. 처음으로 상태가 온전하게 노획한 티거를 영국으로 보내 정밀 분석했다. 초기 생산품이어서 흔한 HL230P30 700마력 엔진이 아닌 HL210P45 엔진을 탑재했다. 움직일 수 있는 상태로 복원되었다.

외부

전차의 큰 중량을 분산시키기 위해 보기륜은 초창기 독일 반궤도(half-track) 차량 설계에서 차용한 교차 구조(interleaved system)로 설치되어 있다. 16개의 토션 바가 현가장치의 역할을 하는데, 각 측면에 8개의 암(arm)이 있고, 각각의 암은 3개의 보기륜을 잡고 있다. 즉 단지 하나의 내부 보기륜을 교체하기 위해 9개의 보기륜을 제거해야 한다는 것을 의미한다. 전차의 크기 때문에 철도를 이용해 옮길 때에는 외부 보기륜을 제거하고 폭이 좁은 수송용 궤도를 장착하는 등 개선이 이루어졌다. 131호 차의 외부에는 노획되던 날의 외부 전투 손상이 여전히 보인다.

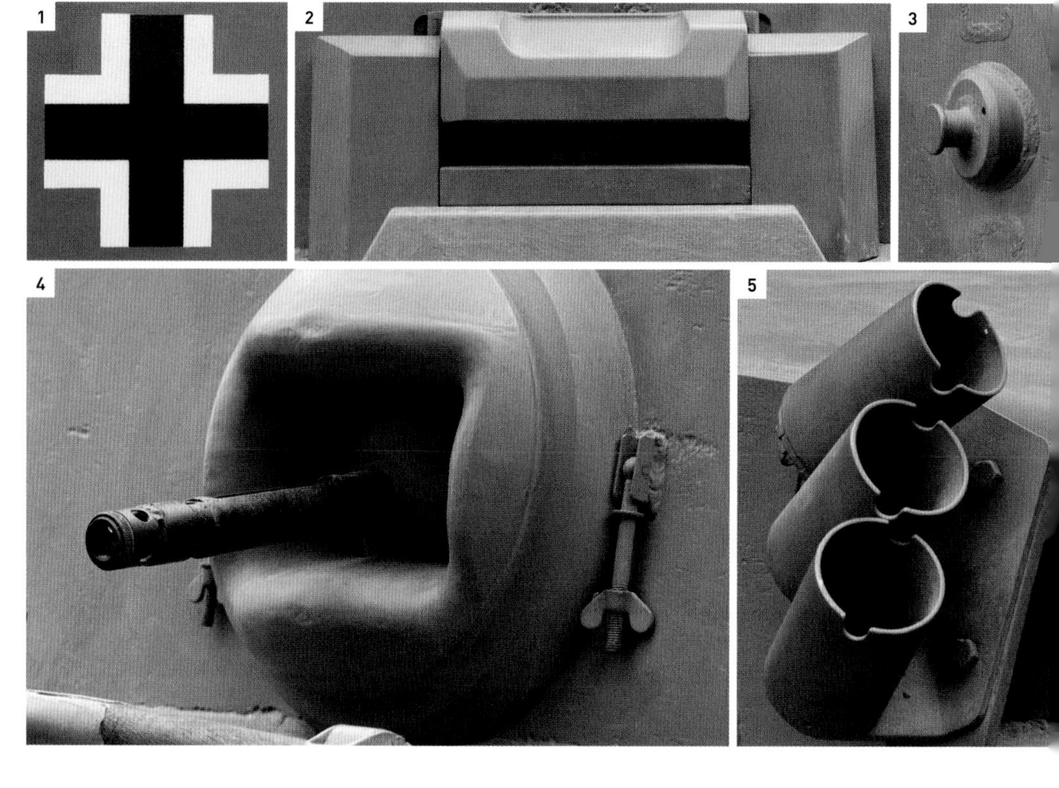

1. 국적 식별 상징 **2.** 조종수 관측창 **3.** 포탑 인양 고리 **4.** 무전기 운용수용 기관총 **5.** 연막탄 발사기 **6.** 기동륜과 내부 보기륜 **7.** 전차장 해치 **8.** 포탑 권총 포트 **9.** 차체에 부착된 견인 케이블과 와이어 절단기 **10.** 파이펠 공기 필터 튜브 **11.** 궤도 공구 상자

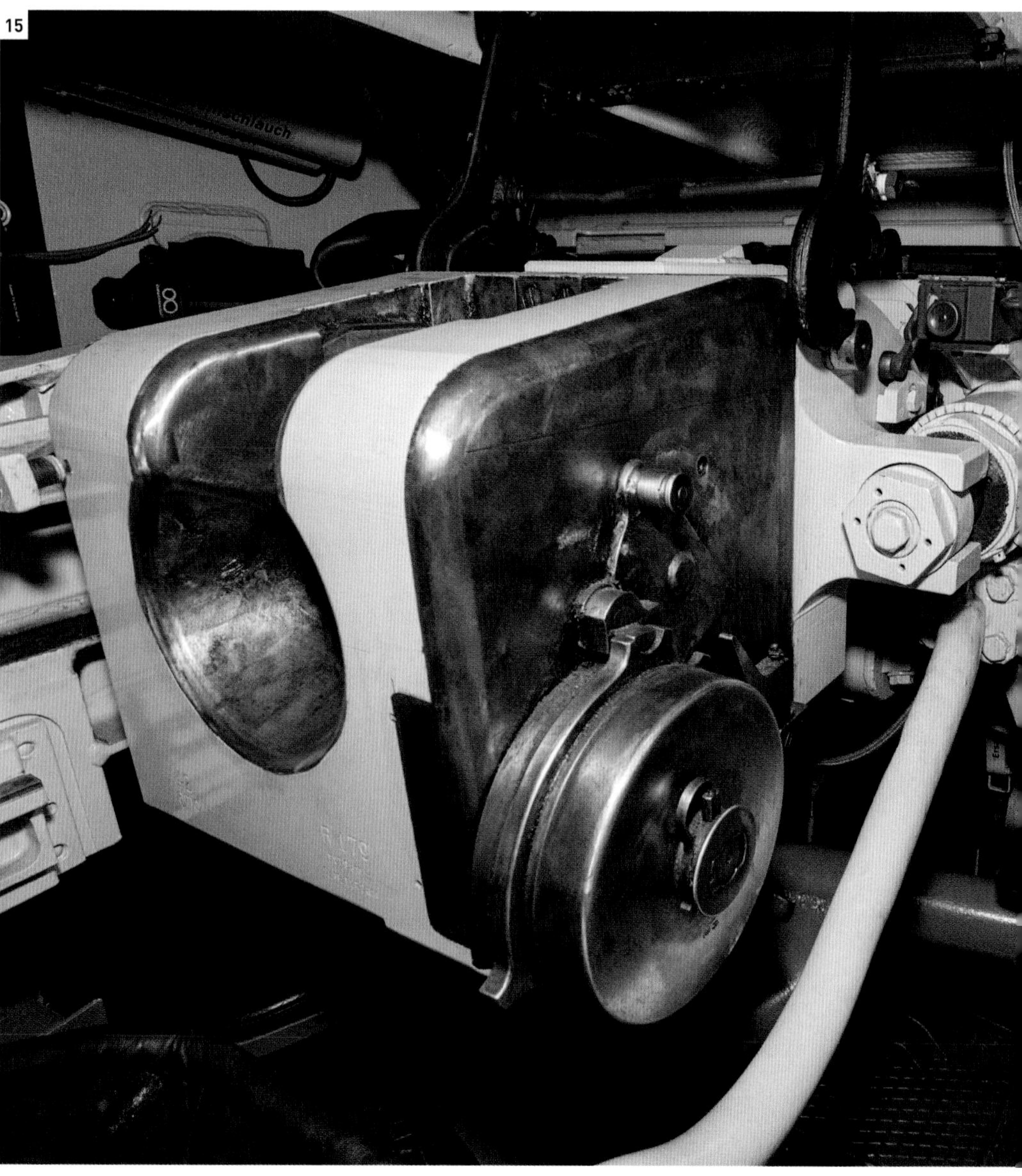

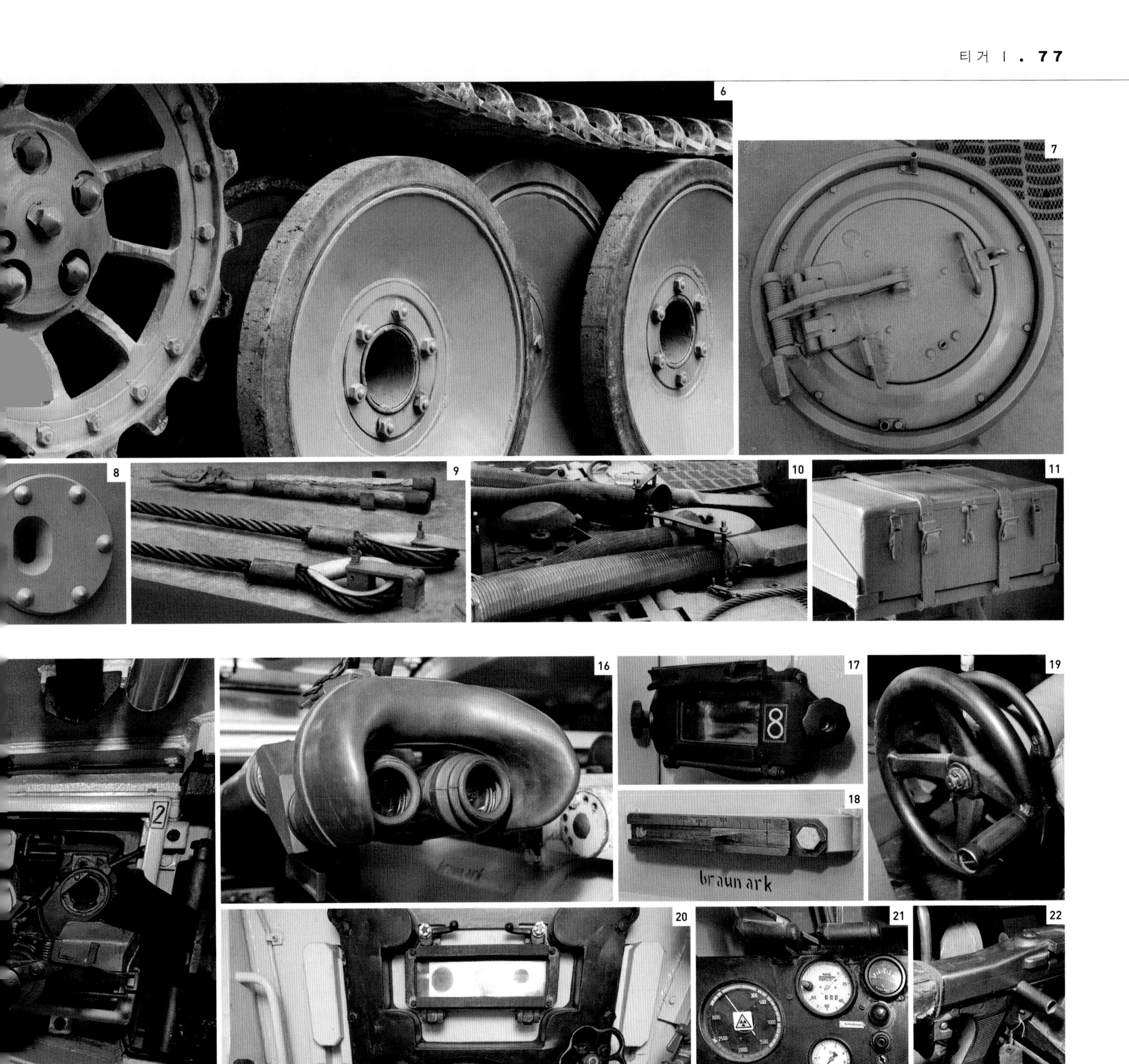

내부

전차장과 포수는 포탑의 왼쪽에 앉는데, 그중 전차장이 뒤쪽에 앉는다. 동시에 탄약수(loader)는 오른쪽 공간에 위치하고 있다. 조종수와 무전기 운용수는 주 차체(main hull)의 앞쪽에 앉는데, 후자가 볼 마운트 기관총을 운용한다.

12. 전차장 해치(열린 상태) **13.** 전차장 잠망경 **14.** 포탑 선회용 휠(가로 전륜기) **15.** 탄약수의 위치와 주포 포미 **16.** 양안식(兩眼式) 사격 조준기 **17.** 포탑 측면 관측창 **18.** 주포 복좌 스프링 게이지 **19.** 포신 고저 조종 휠(세로 전륜기) **20.** 조종수의 조종 기구와 관측창 **21.** 조종수 계기판 **22.** 부조종수 기관총

디데이의 '비행 전차'

전차를 하늘로 옮기는 아이디어가 나온 시기는 1930년대 초반으로 거슬러 올라간다. 그러나 이 생각은 1944년 디데이(D-Day)까지 현실화되지 않았다. 6월 6일 아침 테트라크 경전차(92쪽 참조) 몇 대가 비행체에 실려 영국 남부 비행장에서 날아올라 오른(Orne) 강 어귀 근처 프랑스 해안에 착륙했다. 하밀카르(Hamilcar) 글라이더는 당시 기준 대형 비행체로 날개 길이가 34미터(110피트), 무게가 6.3톤(7.0미국톤)이었다. 거의 전 부분을 나무로 만들었고, 승무원 2명이 필요했다. 하밀카르는 이륙 후 이착륙용 장치(undercarriage)를 떼어버리고 몸체로 미끄러지듯이 착륙했다. 글라이더가 멈추자마자 전차는 시동을 걸고 앞으로 나올 수 있도록 기수 도어를 여는 로프를 작동시켰다. 디데이 때 각 헤밀카르는 유니버설 캐리어(122쪽 참조) 2대 혹은 테트라크 1대를 탑재했다. 헤밀카르는 1945년 3월 라인 강 도하 때 다시 사용되며 로커스트(Locust) 경전차를 운반했다. 테트라크를 대체하기 위해 미국에서 만든 로커스트는 문제점이 많았고 유럽에 도착했을 때 대량 사용하기에는 너무 약했다. 8대의 전차들이 라인 강 도하에 사용되었는데, 그 중 1대는 비행 중 글라이더가 파손되어 손실되었다. 3대는 착륙 중 손상되었고, 나머지는 독일 돌격포에 순식간에 제압되었다.

로커스트 경전차가 1944년 하밀카르 글라이더의 꺾여 있는 기수로부터 나오고 있다.

M3 스튜어트

제2차 세계 대전이 임박했을 때, 미군은 시대에 뒤떨어진 M2 경전차를 새롭고 더 좋은 장갑을 갖춘 버전으로 교체하기 시작했다. M3은 5정의 기관총으로부터 지원받는 37밀리미터 M6 주포로 무장하고 있었는데, 훗날 기관총이 2정으로 줄었다. 장갑과 무기는 대부분의 전차를 상대할 수 없었으나, 속도와 기계적 성능이 잘 결합되어 있었다.

영국군과 미군이 모두 사용한 M3 전차는 남부 연합의 J. E. B 스튜어트 장군의 이름을 따서 명명되었는데, 미국에서 만든 전차는 미국 장군의 이름을 붙이는 영국 군사 전통에 따른 것이다. 훗날 영국군 병사들은 신뢰성에 대한 경의를 담아 '허니(Honey)'라는 별칭을 만들었다. M3에 장착된 콘티넨털 공랭식 레이디얼(radial) 엔진은 너무 많은 연료를 소모했다. 이것이 전차의 작전 범위에 영향을 미쳐 겨우 120킬로미터(75마일)마다 반드시 재급유가 필요했다. 그러나 영국군 병사들은 많은 스튜어트 전차가 북아프리카 사막의 초기 조우전에서 녹아웃되었음에도 불구하고 신뢰했다. 주로 전술적 운용에서 미흡했기 때문이고, 차량 자체의 특별한 결함 때문은 아니었다.

후면

M3의 개량형인 M5는 차체를 재설계하고, 캐딜락 V-8 엔진을 달았다. M5는 1943년부터 M3의 초기 모델을 대체하기 시작했다. (84쪽 참조) 그러나 이 시기에도 37밀리미터 포는 유럽에서 사용되는 중차량을 상대하는 대전차포로는 부적합했다. M3과 M5는 영국군에서 정찰용으로 사용되었으며, 때때로 속도를 위해 포탑을 제거했다. 방호력이 부족한 태평양 전구의 일본 기갑 차량들을 여전히 상대할 수 있었다.

제원	
이름	M3A1 스튜어트
연도	1941년
제조국	미국
생산량	2만 2700대
엔진	콘티넨털 R-670 7기통 가솔린, 250마력
무게	12.9톤(14.2미국톤)
주무장	37밀리미터 M6
부무장	30구경 브라우닝 M1919
승무원	4명
장갑두께	최대 51밀리미터(2인치)

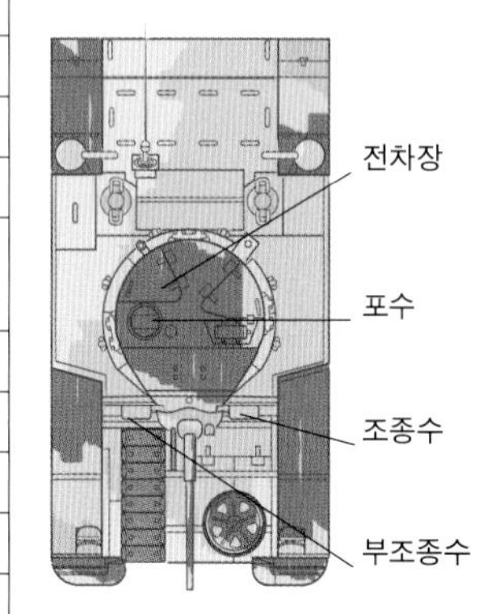

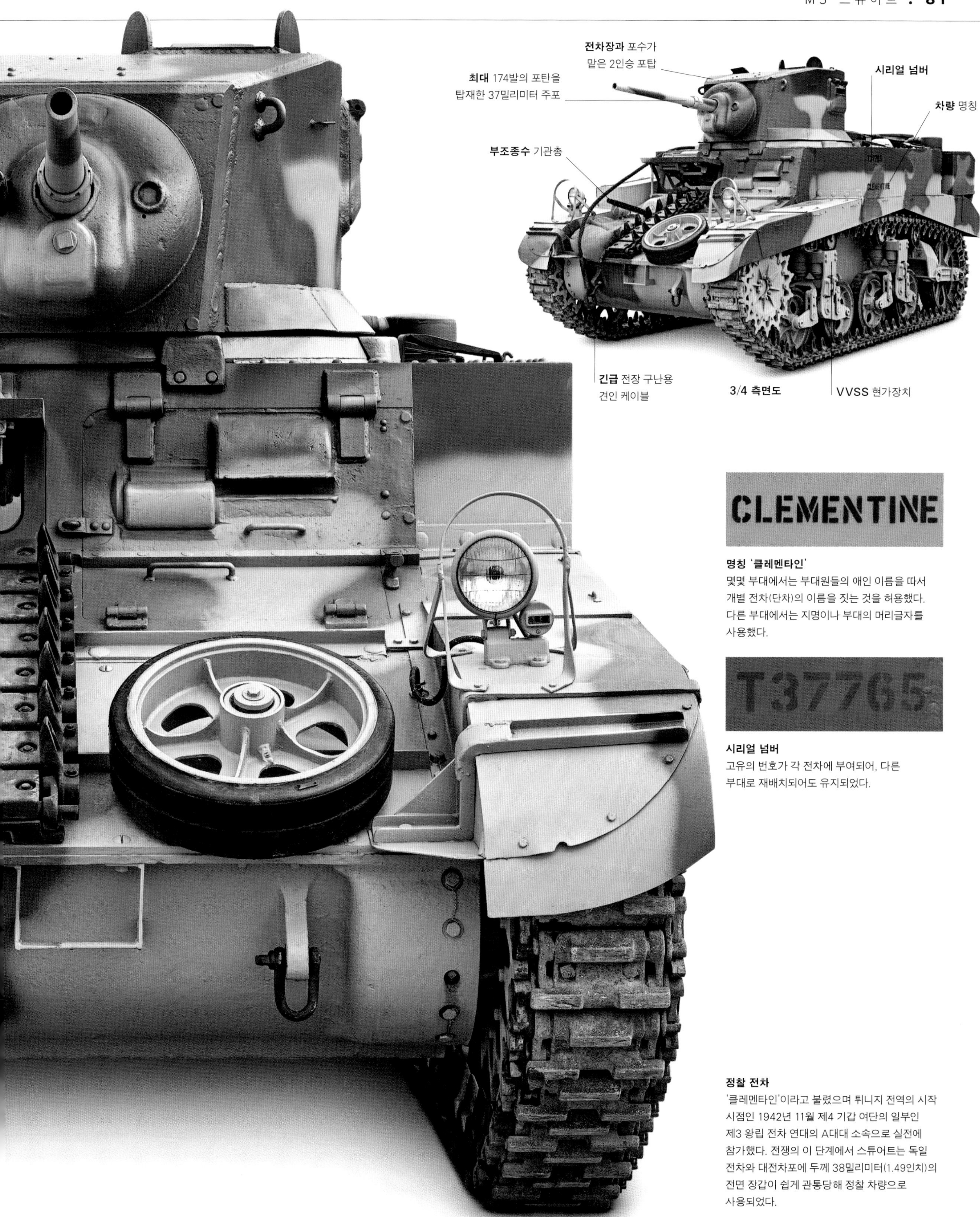

명칭 '클레멘타인'
몇몇 부대에서는 부대원들의 애인 이름을 따서 개별 전차(단차)의 이름을 짓는 것을 허용했다. 다른 부대에서는 지명이나 부대의 머리글자를 사용했다.

시리얼 넘버
고유의 번호가 각 전차에 부여되어, 다른 부대로 재배치되어도 유지되었다.

정찰 전차
'클레멘타인'이라고 불렸으며 튀니지 전역의 시작 시점인 1942년 11월 제4 기갑 여단의 일부인 제3 왕립 전차 연대의 A대대 소속으로 실전에 참가했다. 전쟁의 이 단계에서 스튜어트는 독일 전차와 대전차포에 두께 38밀리미터(1.49인치)의 전면 장갑이 쉽게 관통당해 정찰 차량으로 사용되었다.

외부

M3의 컴팩트한 2인승 포탑은 얇은 형상이었지만 전차장과 포수에게 매우 작은 공간만을 제공했다. 탄약수가 없어서, 전차장은 끊임없이 적의 위치와 제일 좋은 사격 방향에 주목하는 동시에 주포를 장전해야 했다. 후기의 모델들은 개선된 시야를 제공하는 전차장 큐폴라를 장착했다. 이 버전은 잠망경과 포탑 주변의 권총 포트에 의존해야만 했다. 동시에 조종수의 시야도 차량 전면의 장갑을 씌운 하나의 창(窓, port)으로 제한되었다.

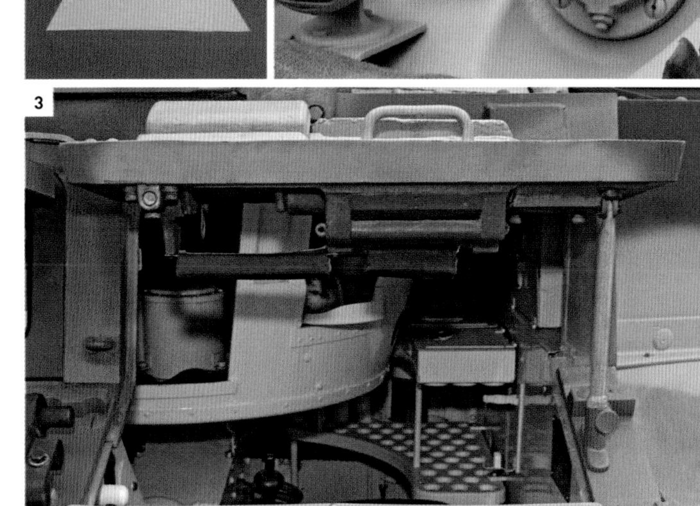

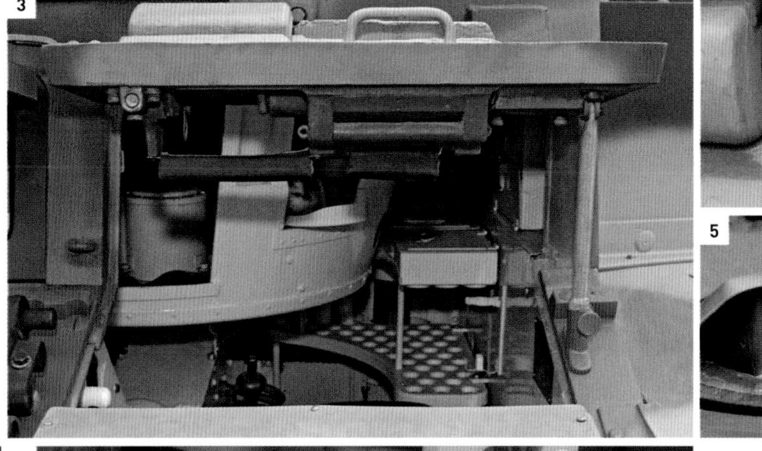

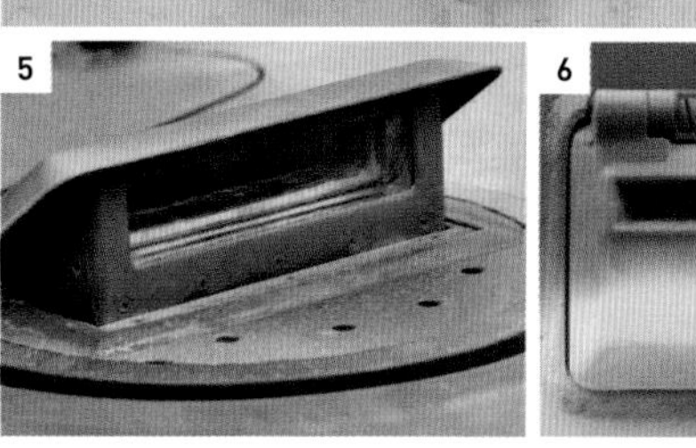

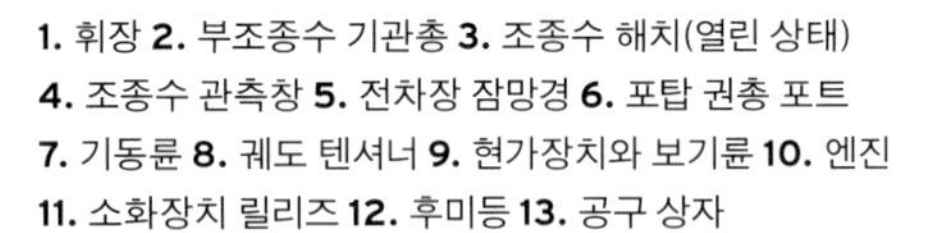

1. 휘장 **2.** 부조종수 기관총 **3.** 조종수 해치(열린 상태) **4.** 조종수 관측창 **5.** 전차장 잠망경 **6.** 포탑 권총 포트 **7.** 기동륜 **8.** 궤도 텐셔너 **9.** 현가장치와 보기륜 **10.** 엔진 **11.** 소화장치 릴리즈 **12.** 후미등 **13.** 공구 상자

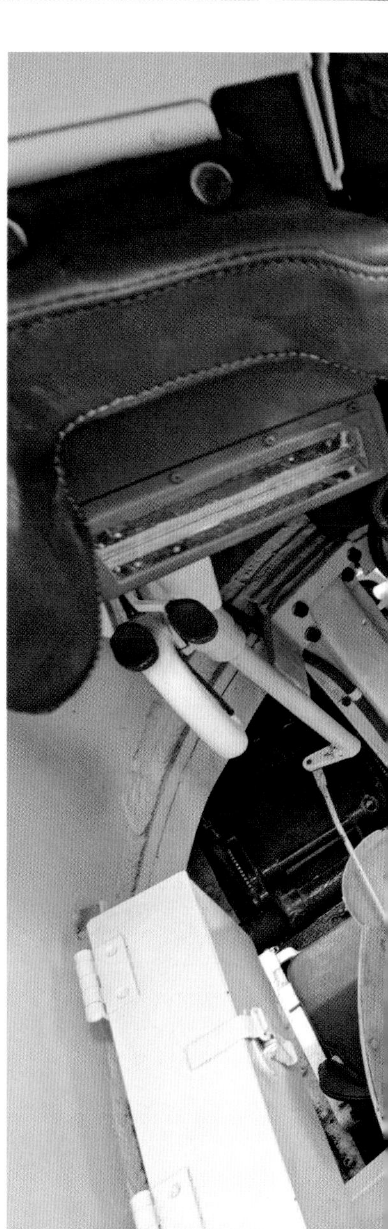

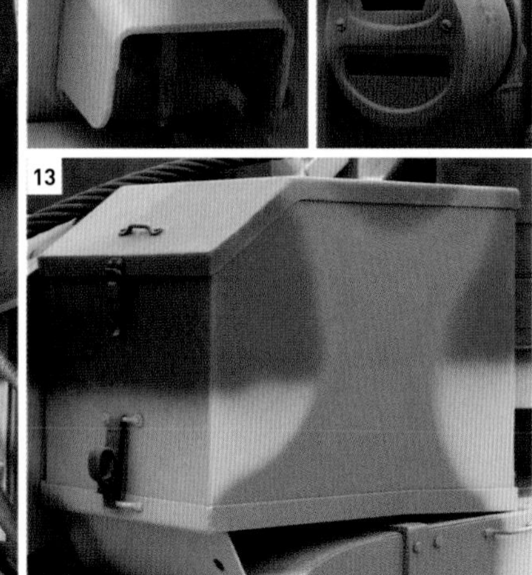

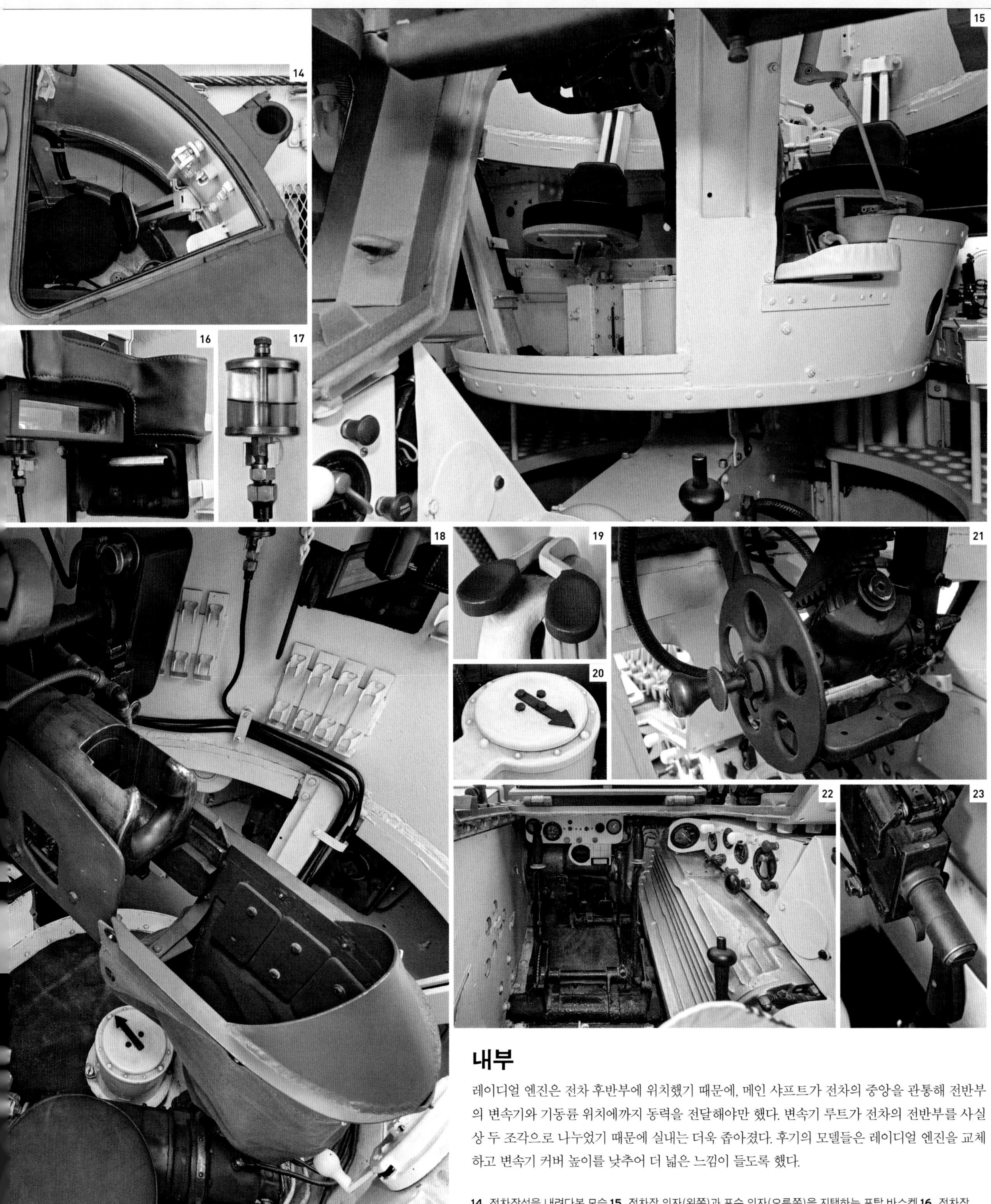

내부

레이디얼 엔진은 전차 후반부에 위치했기 때문에, 메인 샤프트가 전차의 중앙을 관통해 전반부의 변속기와 기동륜 위치에까지 동력을 전달해야만 했다. 변속기 루트가 전차의 전반부를 사실상 두 조각으로 나누었기 때문에 실내는 더욱 좁아졌다. 후기의 모델들은 레이디얼 엔진을 교체하고 변속기 커버 높이를 낮추어 더 넓은 느낌이 들도록 했다.

14. 전차장석을 내려다본 모습 **15.** 전차장 의자(왼쪽)과 포수 의자(오른쪽)을 지탱하는 포탑 바스켓 **16.** 전차장 잠망경 **17.** 유압 오일 **18.** 포수석 **19.** 자동 포탑 선회 장치 **20.** 주행 방향 지시계 **21.** 수동식 포신 고저 조종 휠 **22.** 조종수석 **23.** 부조종수 기관총

미국 전차: 1941~1945년

1940년 미국은 현대적 전차를 350대가량 보유하고 있었다. 발전한 미국의 자동차 산업은 전차 제조에도 손을 뻗어 대대적으로 확장되었다. 1945년에 6만 대의 차량을 제작해 모든 연합국들에게 공급했다. 생산을 용이하게 하기 위해 성공적인 설계 요소들이 한 모델에서 다른 모델로 계속 유지되었다. M4 셔먼은 특히 광범위하게 업그레이드할 수 있는 능력이 있음이 입증되었다. 미국 전차들은 견고했으며 잘 만들어졌고 강력했다. 서류상 독일 전차의 설계가 더 강력할 때도 있었지만 승무원들의 훌륭한 전술, 군수, 훈련에 힘입어 미국 전차가 승리를 거두었다.

△ **M3A1(스튜어트)**
M3A1(Stuart)

연도	1940년 **국가** 미국
무게	12.9톤(14.2미국톤)
엔진	콘티넨털 R-670-9A 가솔린, 250마력
주무장	37밀리미터 M6 56.6 구경장 포

스튜어트 전차는 37밀리미터 무장형 M2A4의 개량 버전이었다. 대량 생산 기술은 신뢰할 수 있고, 수리하기 쉽다는 장점이 있었다. 전쟁의 모든 전구에서 모든 연합국이 사용했다. 1944년에 전차로서는 쓰이지 않게 되었지만 정찰용으로 군에 남았다.

△ **M3(그랜트)**
M3(Grant)

연도	1941년 **국가** 미국
무게	27.2톤(30미국톤)
엔진	라이트-콘티넨털 R-975 가솔린, 340마력
주무장	1x 75밀리미터 M2 31구경장, 1x37밀리미터 M5 56.5 구경장

M3 전차는 적합한 포탑이 준비되기 전, 구경 75밀리미터 포를 급하게 배치해야 하는 긴급 상황에서 출발했다. 이 포는 차체의 돌출 측면 포탑에 장착했고 야전 사격은 제한적이었다. M3은 M2 중형 전차의 성공적인 엔진과 VVSS 현가장치는 그대로 유지했다. 영국의 M3은 수정된 형태의 포탑을 '그랜트'라고 명명했는데 오리지널 버전의 이름은 '리(Lee)'이다.

▷ **M4A1(셔먼)**
M4A1(Sherman)

연도	1942년 **국가** 미국
무게	30.2톤(33.3미국톤)
엔진	라이트-콘티넨털 R-975 가솔린, 400마력
주무장	75밀리미터 M3 40구경장 포

셔먼 전차는 M3의 차대에 75밀리미터 포를 위한 포탑을 결합시켰다. 셔먼에는 사용 엔진에 따라 5종의 파생형이 있었다. M4A1은 용접 접합 구조 대신 주물 제작법을 사용했다. 거의 5만 대가 생산되었다. 두 번째로 많이 생산되었으며 가장 오래된 생존자였다.

△ **M5A1(스튜어트)**
M5A1(Stuart)

연도	1942년 **국가** 미국
무게	15.3톤(16.9미국톤)
엔진	2x캐딜락 시리즈42 가솔린, 148마력
주무장	37밀리미터 M6 56.6 구경장 포

M5는 M3 전차에 항공기용 R-670 엔진을 장착해 개발했다. 차체 또한 재설계되어 방호력이 개선되었다. 새로운 엔진 덕분에 승무원들의 내부 공간은 더 넓어지고 더 조용해졌다. M3과 달리 M5는 소련에서는 사용되지 않았다. 그러나 영국과 미국 군대에서는 모두 같은 역할로 운용되었다.

▷ **M4A3E8(76)(셔먼)**

M4A3E8(76)(Sherman)

연도 1944년	**국가** 미국
무게 32.3톤(35.6미국톤)	
엔진 포드 GAA V8 가솔린, 500마력	
주무장 76밀리미터 M1A2 52구경장 포	

M4A3 중 가장 후기 모델인 '이지(Easy) 8' 셔먼은 새로운 T23 포탑에 보다 강력한 구경 76밀리미터 포로 무장했다. 전면 장갑은 47도로 경사져 있어 방호력이 향상되었다. 새로운 HVSS 현가장치와 광폭 궤도는 전차의 기동성을 향상시켰다. 사진의 전차는 2014년 영화 「퓨리(Fury)」에 나왔다.

◁ **M24(채피)**

M24(Chaffee)

연도 1944년	**국가** 미국
무게 18.3톤(20.2미국톤)	
엔진 2x캐딜락 Type 44T24 가솔린 ,110마력	
주무장 75밀리미터 M6 39구경장 포	

M24 전차는 스튜어트 전차에 비해 기동력과 화력이 우월하게 설계되었다. 그러나 생산 지연으로 전쟁이 끝날 때까지 스튜어트를 완전히 대체하지 못했다. 미국 전차 중 최초로 VVSS 현가장치 대신에 토션 바를 사용했다.

△ **M26(퍼싱)**

M26(Pershing)

연도 1945년	**국가** 미국
무게 41.7톤(45.9미국톤)	
엔진 포드 GAF V8 가솔린, 500마력	
주무장 90밀리미터 M3 53구경장	

매우 오랜 개발을 거친 후에도 생산이 추가로 지연되어, 오직 20대만이 유럽에 도착해 전투에 참가했다. 강력한 구경 90밀리미터 포는 판터와 티거에 대항할 능력이 있었다. 채피와 같이 토션 바 현가장치가 있다. 퍼싱은 M4A3와 같은 엔진을 사용했는데, 더 무거웠기 때문에 출력이 부족했다.

M4 셔먼

T-34와 티거처럼 셔먼의 이야기도 흔히 신화와 잘못된 정보 속에 희미하게 가려져 있다. 미국은 1940년 말 현대적 전차를 단지 365대 보유했지만, 전쟁이 끝났을 때 셔먼 전차만 4만 9234대를 보유할 만큼 놀라운 성취를 거뒀다. 셔먼과 전쟁 후기의 독일 전차들을 1대 1대의 조건으로 비교하는 잘못을 간과해서는 안 된다.

1940년 미군의 전차 운용 교리(doctrine)는 "기갑기병(armored cavalry)은 돌파구 형성 후 앞으로 쇄도하여 적 전선 후방에서 혼란을 불러 일으킬 수 있다."라고 규정할 정도로 '전과 확대 무기(weapons of exploitation)'에 전차 역할의 중점을 두고 있었다. 과도기적 모델인 M3 리 중형 전차의 후속 전차로 1940년에 설계된 셔먼은 이 기준에 완벽하게 들어맞았다. 빠르고 장갑을 둘렀으며 훌륭한 이중 목적 포가 있었다. 또한 정비가 간편했고 안정적이었으며 튼튼했다. 대부분 전차 제조 경험이 없었던 미국 전역의 11개 공장에서 생산되었다.

후면

셔먼 전차는 곧 제2차 세계 대전의 소요에 적합함을 증명했고 하위 파생형(sub-variants)들도 얼마간 만들어졌다. 그 정도의 규모(파생형을 포함해 6만 3181대)로 생산되었기 때문에 미국, 영국과 영연방, 러시아, 다른 연합국 군대를 무장시킬 수 있었다. 셔먼은 제2차 세계 대전 이후에도 많은 국가의 군대에서 운용되었으며, 파라과이에서는 2016년까지 군에서 운용했다.

제원	
명칭	M4A1 셔먼
연도	1940년
제조국	미국
생산량	4만 9234대
엔진	라이트-콘티넨털 R-975 레이디얼 가솔린, 400마력
무게	30.2톤(33.3미국톤)
주무장	75밀리미터 M3
부무장	30구경 M1919 기관총
승무원	5명
장갑 두께	118밀리미터(4.6인치)

탄약수
전차장
포수
조종수
부조종수

3/4 측면도

장갑 강화 모델
이 M4A1 셔먼 전차는 차체 측면의 탄약고를 방호하기 위한 부가 장갑을 주조제 차체에 용접으로 접합시켰다. 승무원들의 증언과 달리 보고서에 따르면 엔진보다는 탄약고의 탄약이 더 많이 화재를 일으켰다. 그래서 탄약을 보호하기 위한 추가적인 장갑과 훗날의 습식 탄약고('wet' ammunition stowage)는 필수적이었다.

'해벅(Havoc)'
미국 제2 기갑 사단 제66 기갑 연대 H중대의 차량이라는 표시가 있다. H중대의 전차(단차) 명칭은 H라는 글자로 시작한다.

전차 시리얼 넘버
전차의 소속 부대가 바뀌거나 재조립되거나 예속이 변경되면 마크가 바뀌지만, 고유의 시리얼 넘버는 각 차량을 영구적으로 식별하기 위해 그대로 남겨 둔다.

외부

전쟁이 진전됨에 따라 더 두터워진 장갑, 광폭 궤도, 업그레이드된 구경 76밀리미터 신형 포 등 셔먼의 설계는 계속 변경되었다. 서로 다른 11개의 공장에서 생산된 이 전차는 엔진 종류만 대략 4종이고, 모델 사이의 변형들은 더 많을 수 있다. 이 버전은 1943년 오하이오 주의 리마 전차 공장에서 생산되어 장갑을 업그레이드하고 제2차 세계 대전 종전 후 훈련용 차량으로 프랑스군에게 제공되었다.

1. 연합군 식별 상징 **2.** 견인 고리 **3.** 전조등 **4.** 전면 기동륜 **5.** 부조종수 기관총 **6.** 장갑을 씌운 루프 팬 커버 **7.** 조종수 잠망경 **8.**조종수용 해치(닫힌 상태) **9.** 한 쌍의 보기륜 **10.** 에어 필터 **11.** 스포트라이트 **12.** 포탑 해치와 전차장 큐폴라 **13.** 엔진 베이

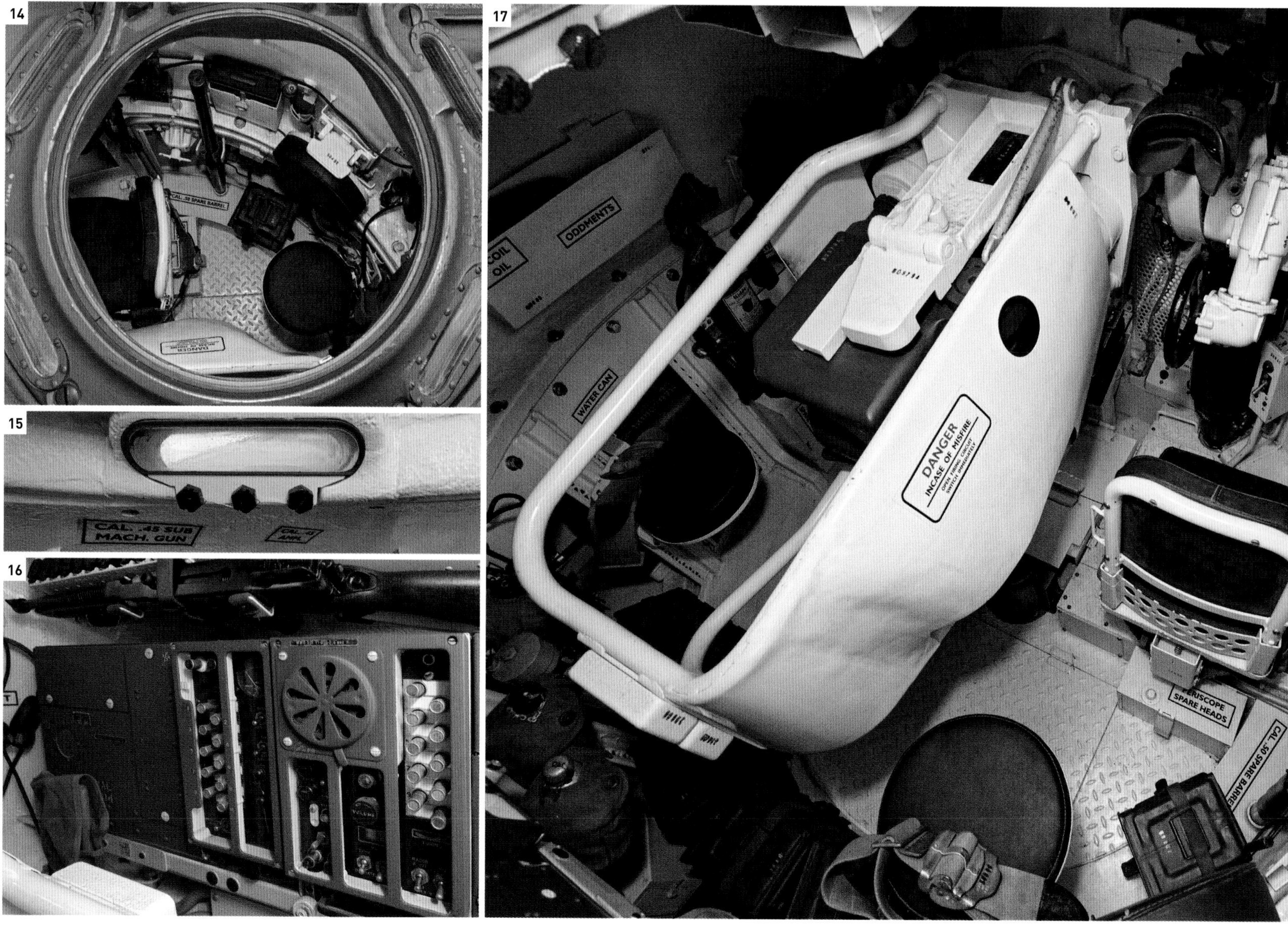

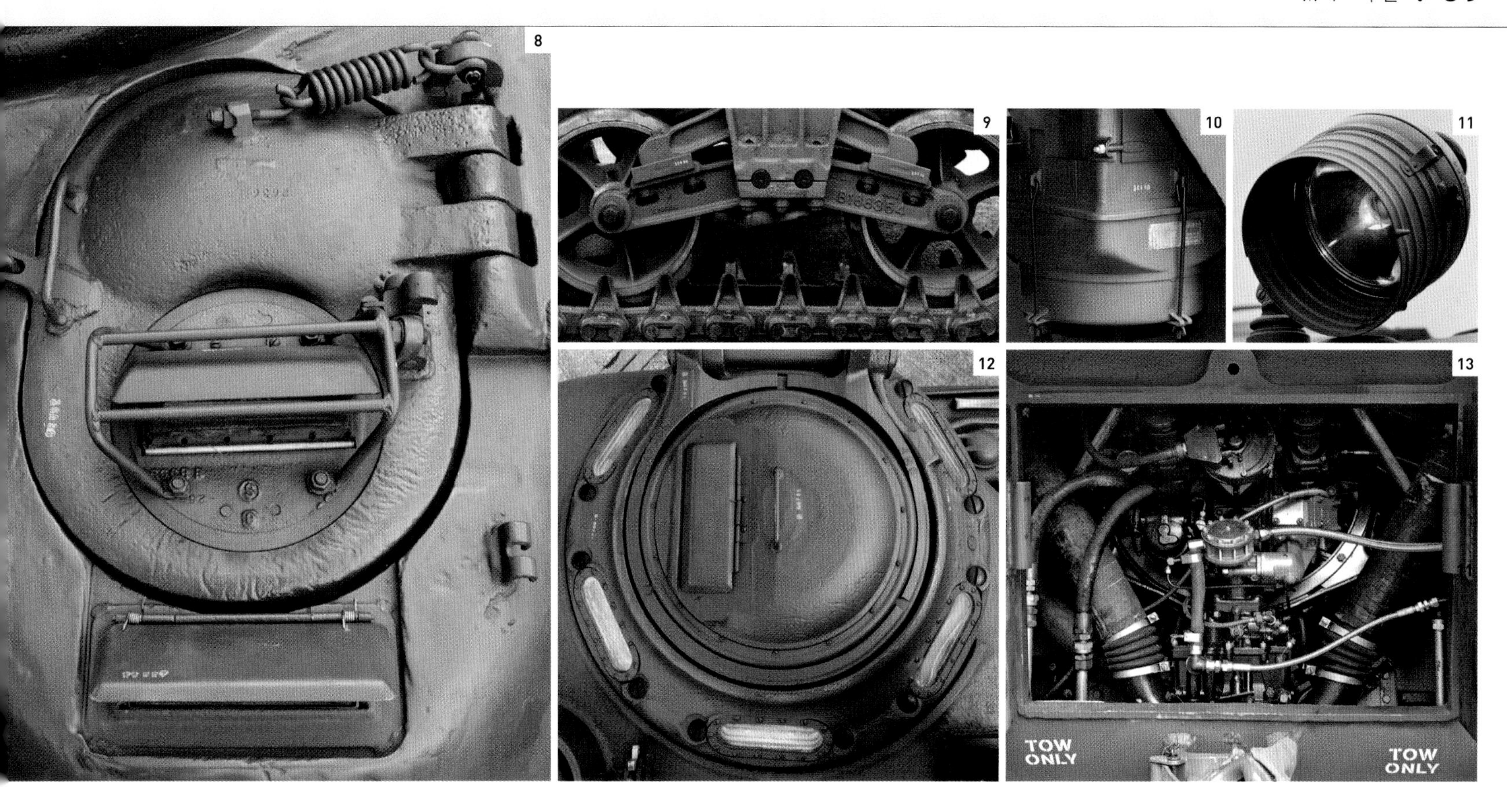

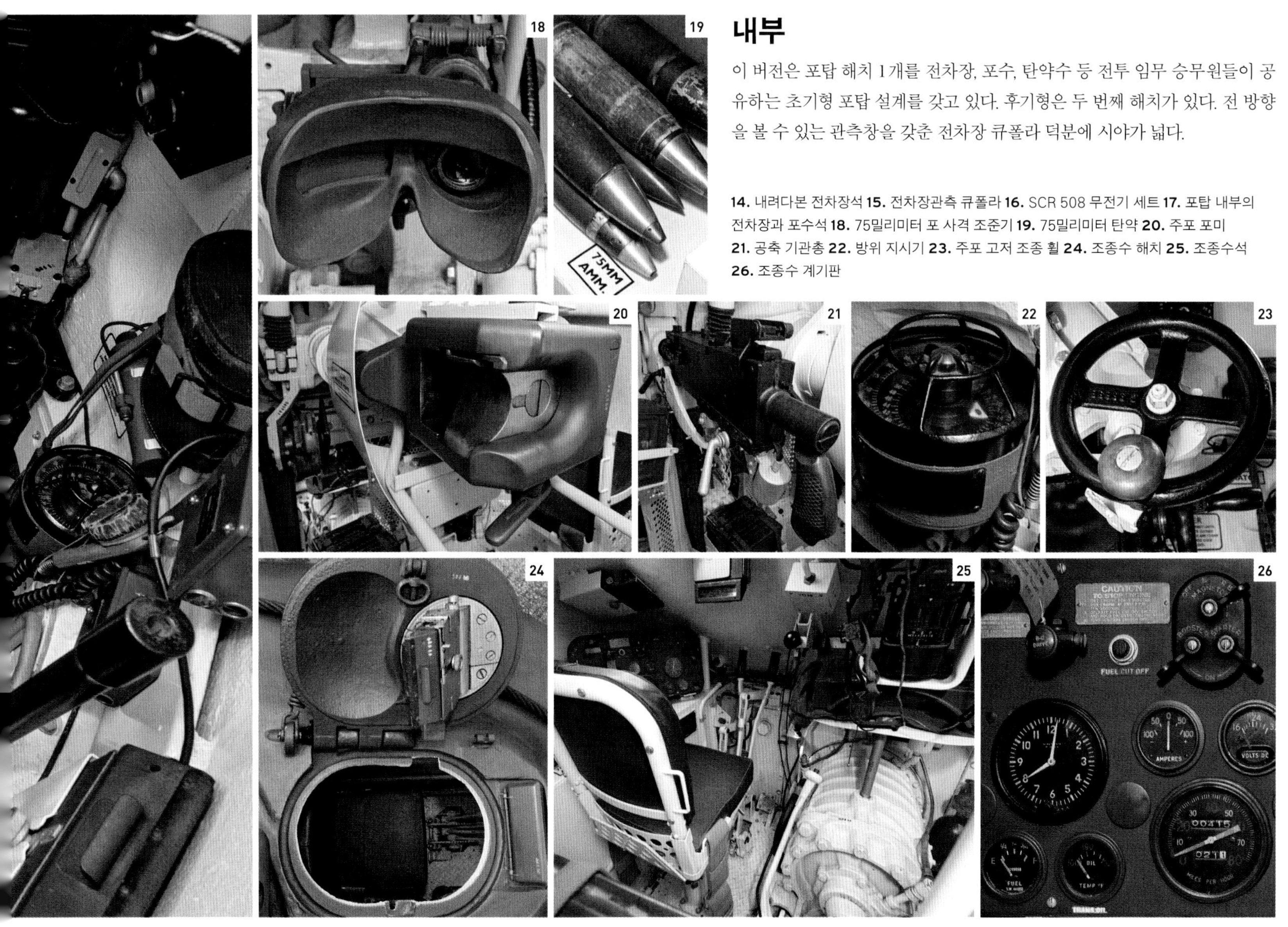

내부

이 버전은 포탑 해치 1개를 전차장, 포수, 탄약수 등 전투 임무 승무원들이 공유하는 초기형 포탑 설계를 갖고 있다. 후기형은 두 번째 해치가 있다. 전 방향을 볼 수 있는 관측창을 갖춘 전차장 큐폴라 덕분에 시야가 넓다.

14. 내려다본 전차장석 **15.** 전차장관측 큐폴라 **16.** SCR 508 무전기 세트 **17.** 포탑 내부의 전차장과 포수석 **18.** 75밀리미터 포 사격 조준기 **19.** 75밀리미터 탄약 **20.** 주포 포미 **21.** 공축 기관총 **22.** 방위 지시기 **23.** 주포 고저 조종 휠 **24.** 조종수 해치 **25.** 조종수석 **26.** 조종수 계기판

USA
2-0

적 전선 후방에서의 엔진 교체

미국 제2 기갑 사단 제66기갑 연대 H중대 소속 셔먼 전차 허리케인 호는 1944년 6월 9일 유타 해안에 도착했다. 8월 16일, 이 전차는 프랑스 노르망디 지방 띠열(Teilleul)의 전선 뒤에서 새로운 엔진이 필요했다. 신형 콘티넨털 R-975-C4 엔진을 준비해 레커차로 전차의 차체 속으로 집어넣었다.

압력을 받고 가혹한 환경에서 운용되었기 때문에 전차 부품이 빠르게 마모되었다. 기후와 지형도 명백한 영향을 끼쳤다. 더운 기후에서 엔진으로 들어간 흙먼지들은 모래와 자갈을 섞은 연마제처럼 기능했다. 혹한 기후에서 금속은 잘 부서졌고, 전차 내부의 액체는 얼어붙어 손상을 일으켰다. 경험과 훈련이 부족한 승무원들이 차량 손상을 일으켰다. 전투의 속성상 항상 적절하게 정비할 수는 없었기 때문에, 작동 중단이나 부품 고장을 불러왔다.

영국군이 1941년 처음으로 미국 전차를 인도받았을 때, 미국 차량이 통상적인 영국 설계보다 정비하기 쉽다는 데 의견이 일치했다. 야전의 전차 승무원들에게 '쉬운 정비'는 정비하는 데 들어가는 시간이 줄어들어 밤에 잘 수 있는 가능성이 높아지게 됨을 의미했다.

M4 셔먼 전차 허리케인 호가 프랑스 노르망디에서 1944년 엔진을 교체하고 있다. 셔먼의 야전 교범은 16쪽 분량을 엔진 정비 설명에 할애하고 있다.

영국과 영연방의 전차 1

프랑스에서 철수한 이후 영국이 이용 가능한 전차의 수량은 매우 적었고, 독일의 본토 침략이 임박한 것으로 믿어졌다. 이런 위험 때문에 새로운 차량을 설계하고 공장을 개조하는 데 따르는 생산 지연을 감수하기보다는 성능이 떨어지는 구형을 계속 생산하기로 결정했다. 게다가 전차를 철도로 수용하기 위해 크기와 무게를 제한했기 때문에 전쟁의 전 기간 동안 영국 전차는 거의 언제나 적보다 장갑이 약했다.

△ **커버넌터**
Covenanter

연도 1940년	**국가** 영국
무게	18.3톤(20.2미국톤)
엔진	메도우 플랫 12 가솔린, 300마력
주무장	QF 2파운더 포

A13 커버넌터 전차는 초기형 A13들과 크리스티 현가장치만 공유했다. 엔진 라디에이터가 차체 전면에 부착되어 있어 냉각에 문제가 있었다. 알루미늄 대신 강철제 휠을 사용해 무게가 증가하고 현가장치에 충격이 갔다. 대부분 훈련용으로 사용되었다.

▷ **밸런타인 마크 II**
Valentine Mark II

연도 1940년	**국가** 영국
무게	16.3톤(17.9미국톤)
엔진	AEC 타입 190 디젤, 131마력
주무장	QF 2파운더 포

밸런타인 전차는 A10 순항 전차의 부품을 사용했기 때문에 마틸다(71쪽 참조)보다 저렴했다. 이 전차는 또 장갑이 적게 들어갔고, 만들기 쉬웠다. 마크 II 같은 초기 파생형들은 2인용 포탑에 2파운더 포를 탑재하고 있다. 3인승 포탑도 뒤에 개발되었으며, 2인승에 더 대형의 6파운더 포를 탑재한 버전도 그러했다.

◁ **테트라크(근접 지원)**
Tetrarch(Close Support)

연도 1940년	**국가** 영국
무게	7.6톤(8.4미국톤)
엔진	메도우 12기통 가솔린, 165마력
주무장	3인치 곡사포

전쟁 전의 설계대로 2파운더 포를 탑재한 테트라크 전차는 영국 경전차의 화력을 향상시킬 의도로 만들어졌다. 그러나 프랑스 전투에서 취약함이 드러났다. 소량의 테트라크 전차가 생산되어 공수 부대로 보내졌으며, 1944년 6월의 디데이 상륙에 일부가 사용되고 8월에 철수했다.

기동륜

◁ 크루세이더 III
Crusader III

연도	1941년 **국가** 영국
무게	20.1톤(22.1미국톤)
엔진	너필드 리버티 마크 III V12 가솔린, 340마력
주무장	QF 6파운더 포

약 5,300대 생산된 크루세이더 전차는 북아프리카에서 주요 역할을 수행했다. 마크 I과 II는 가벼운 장갑과 오래된 2파운더 포를 장비했다. 이 버전의 크루세이더 III는 방호력이 향상되었고, 6파운더 포를 운용했다. 엔진과 크리스티 현가장치는 매우 빠른 속도를 낼 수 있었지만 사막에서 신뢰할 수 없음이 입증되었다.

▷ 처칠 마크 I
Churchill Mark I

연도	1941년 **국가** 영국
무게	39.1톤(43.1미국톤)
엔진	베드포드 12기통 가솔린, 350마력
주무장	1xQF 2파운더 포, 1x3인치 곡사포

마크 I은 대전차 작전을 위한 2파운더 포와 보병 지원을 위해 고폭탄(high explosive rounds)을 갖춘 3인치 곡사포로 무장했다. 곡사포는 후기 버전에서 제거되었다. 생산을 서둘렀기 때문에 초기형 처칠 전차는 많은 결함이 있었다. 마크 I이 실전에서 사용된 것은 1942년 8월의 디에프(Dieppe)뿐이었다.

3륜 보기(bogies)

궤도

장갑을 씌운 기관총

HVSS 현가장치

◁ 센티넬
Sentinel

연도	1942년 **국가** 오스트레일리아
무게	28.4톤(31.4미국톤)
엔진	3x캐딜락 V8 41-75, 117마력
주무장	QF 2 파운더 포

1940년, 영국은 연합국에 제공할 수 없는 어떤 전차의 재고도 없어 오스트레일리아가 센티넬을 설계하고 제작했다. 포탑과 차체가 컸으며 주물(鑄物) 구조가 복잡했다. 미국이 참전한 이후 좀 더 많은 전차를 이용할 수 있게 되자, 65대의 센티넬은 오직 훈련용으로만 사용되었다.

▷ 캐벌리어
Cavalier

연도	1940년 **국가** 영국
무게	26.9톤(29.7미국톤)
엔진	너필드 리버티 가솔린, 410마력
주무장	QF 6파운더 포

크루세이더 전차를 대체하기 위해 설계된 3종의 유사한 순항 전차 중 첫 번째 전차인 캐벌리어는 크루세이더의 리버티 엔진을 사용한 잠정적 모델이었다. 미티어 엔진이 이 차량을 위해 만들어졌으나 아직 이용할 수 없었다. 전투에서 사용되지 못했다.

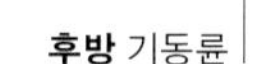

◁ 센토 IV(근접 지원)
Centaur IV(Close Support)

연도	1942년 **국가** 영국
무게	27.9톤(30.8미국톤)
엔진	너필드 리버티 가솔린, 395마력
주무장	95밀리미터 곡사포

크루세이더 전차를 대체하기 위한 두 번째 전차인 센토(그리스 신화에 나오는 켄타우로스의 영어식 이름—옮긴이)는 리버티 엔진을 사용했으나, 변형을 최소화해 미티어 엔진도 장착할 수 있도록 개조되었다. 대부분의 버전은 6파운더 혹은 구경 75밀리미터 포를 사용한다. 실전에 참가한 유일한 버전은 근접 지원용 구경 95밀리미터 곡사포를 탑재한 변형이었으며, 디데이에서 운용되었다.

영국과 영연방의 전차 2

영국의 전차 교리는 1930년대 중반부터 두 종류의 전차를 필요로 했다. 독립 작전과 빠른 속도가 필요할 경우를 위해 만들어진 크롬웰 같은 순항 전차는 장착할 수 있는 장갑에 제한이 있었다. 반면 도보로 이동하는 병사들과 나란히 동행하며 작전하는 밸런타인 같은 보병 전차는 느렸지만 장갑이 두꺼웠다. 영국은 또한 미국 전차들을 사용했는데 일부는 개조되었다.

◁ **밸런타인 마크 IX**
Valentine Mark IX

연도 1942년 **국가** 영국
무게 17.3톤(19미국톤)
엔진 제너럴 모터스 6004 디젤, 138마력
주무장 QF 6파운더 포

제2차 세계 대전에서 가장 많이 생산된 영국 전차인 밸런타인은 북아프리카, 태평양, 동유럽에서 사용되었다. 이 다목적 전차는 교량 가설, 수륙 양용 전차(duplex drive amphibious tank), 화염 방사 등 많은 전문화된 변형의 기반이 되었다.

◁ **램**
Ram

연도 1943년 **국가** 캐나다
무게 29.5톤(32.5미국톤)
엔진 라이트-콘티넨털 R975-C4 가솔린, 400마력
주무장 QF 6파운더 포

캐나다는 1940년 전차 생산을 시작했는데, 1,400대의 밸런타인을 제작한 후, 램 전차를 위한 작업을 개시했다. 램 전차는 캐나다 설계의 차체, 포탑과 함께 M3 중형 전차의 특징들도 많이 사용했다. 거의 2,000대가 만들어져 대부분 전차 승무원들을 훈련시키기 위해 사용되었다.

▽ **처칠 마크 VI**
Churchill Mark VI

연도 1943년 **국가** 영국
무게 40.6톤(44.8미국톤)
엔진 베드포드 12기통 가솔린, 350마력
주무장 QF 75밀리미터 포

좀 더 신뢰성을 높이기 위해 광범위한 업그레이드 후, 처칠 마크 VI 전차는 마크 I 전차(92~93쪽 참조)와 매우 달라졌다. 6파운더 또는 구경 75밀리미터 포로 무장하고 있고, 장갑 방호력도 대대적으로 향상되었다. 언뜻 보기에 오르기 불가능한 언덕에도 올라갈 수 있는 점이나, 대전차 사격을 무시할 수 있는 것으로 유명해졌다.

△ **해리 홉킨스**
Harry Hopkins

연도 1943년 **국가** 영국
무게 8.6톤(9.5미국톤)
엔진 메도우 가솔린, 148마력
주무장 QF 2파운더 포

해리 홉킨스 전차는 테트라크(78~79쪽 참조)의 더 커지고 더 잘 장갑화된 변형으로 알려졌다. 테트라크와 동일하지만 일반적이지 않은 현가장치 기술을 사용하고 있는데, 보기륜이 측면으로 움직여서 궤도가 뒤틀리게 된다. 테트라크와 달리 비행기로 수송하기에는 너무 무거워서 군에서 운용할 수 없었다.

△ 크롬웰 IV
Cromwell IV

연도 1944년 **국가** 영국
무게 27.9톤(30.8미국톤)
엔진 롤스로이스 미티어 마크 IB 가솔린, 600마력
주무장 QF 75밀리미터 건

멀린(Merlin) 항공기용 동력 장치를 사용한 미티어 엔진은 크롬웰을 세계에서 가장 빠른 전차 중 하나로 만들었다. 또한 높이가 낮아 북서 유럽 기갑 정찰 연대에서 인기 있었다. 그러나 육중한 독일 전차들에게는 큰 차이로 뒤처졌다. 여기서 살펴본 크롬웰 IV가 가장 보편적인 변형이다.

△ 코멧
Comet

연도 1944년 **국가** 영국
무게 33톤(36.4미국톤)
엔진 롤스로이스 미티어 마크 III 가솔린, 600마력
주무장 QF 77밀리미터 HV 포

전쟁 중 최고의 영국 전차임에 틀림없는 코멧은 1945년 초 전선에 일부 도착했다. 좀 더 중장갑을 하고 있지만 더 강해진 현가장치를 이용해 더 무게가 가벼운 크롬웰과 유사한 수준의 기동성을 발휘한다. 보다 작아진 포탑에 맞는 구경 77밀리미터 포를 장착했지만, 17파운더 포보다는 약간 위력이 떨어진다.

위장그물

△ 챌린저 A30
Challenger A30

연도 1944년 **국가** 영국
무게 32톤(35.3미국톤)
엔진 롤스로이스 미티어 가솔린, 600마력
주무장 QF 17파운더 포

챌린저 전차의 17파운더 포는 이전의 영국 무기보다는 유용했지만 크기가 너무 컸다. 전차의 차체는 크롬웰에 바탕을 두고 있지만, 더 넓고 더 높아진 포탑을 지탱하기 위해 길이가 길어졌다. 단지 200대만 생산되었다. 크롬웰을 운용하는 부대에 장거리 대전차 지원을 위해 사용되었다.

▷ 셔먼 파이어플라이
Sherman Firefly

연도 1944년 **국가** 영국
무게 34.9톤(38.4미국톤)
엔진 크라이슬러 A57 멀티 뱅크 가솔린, 400마력
주무장 QF 17파운더 건

영국은 셔먼 전차의 포를 17파운더 포로 업그레이드했다. 17파운더 포는 비장갑 표적(non-armored targets)을 상대할 때는 다소 효과가 떨어져서 파이어플라이 전차는 구경 75밀리미터 포로 무장한 셔먼을 완전히 대체하지 못했다. 독일군의 표적이 되는 것을 피하고자 승무원들은 긴 포신에 위장을 했다. 사진의 전차는 엔진 크기 때문에 차체가 길어진 M4A4의 변형이다.

소련 전차: 1941~1945년

독일이 침공한 처음 몇 달 동안 소련은 막대한 숫자의 병사들과 전차들을 잃었다. 소련 전차 공장들은 우랄 산맥 동쪽으로 재배치되었다. 공장들이 완전히 운영을 재개하기까지 영국과 미국 전차도 사용되었다. 전쟁이 계속됨에 따라 물량 증대를 위해 가능한 한 생산도 표준화되었다. 경험이 부족하고 훈련을 덜 받은 미숙련 승무원들을 감안해 전차 구조는 간단했다.

△ 클리멘트 보로실로프-1(KV-1)
Kliment Voroshilov-1(KV-1)

연도	1939년 **국가** 소련
무게	48.3톤(53.2미국톤)
엔진	하르코프 모델 V-2K 디젤, 500마력
주무장	76.2밀리미터 ZiS-5 41.5구경장 포

중전차 KV-1은 1941년 독일의 대전차 무기에 사실상 거의 영향을 받지 않았다. 소련 공장들이 재배치된 후 생산이 계속된 소수의 전차들 중 하나로, T-34와 같은 엔진과 포를 사용했지만 너무 무거워 기동성은 나빴다. 1943년 4월 생산이 중단될 때까지 약 4,700대 제조되었다.

높고 큰 포탑

구경 152밀리미터 곡사포

토션 바 현가장치

◁ 클리멘트 보로실로프-2(KV-2)
Kliment Voroshilov-2(KV-2)

연도	1939년 **국가** 소련
무게	53.9톤(59.4미국톤)
엔진	하르코프 모델 V-2K 디젤, 550마력
주무장	152밀리미터 M~10T L/20 곡사포

1939~1940년 정교하게 축조된 핀란드 벙커를 상대한 이후 소련은 포병용 포로 무장한 전차가 필수적이라고 확신했다. 첫 대처로 나온 KV-2 전차는 개념은 훌륭했지만 실제 효과는 없었다. 높은 포탑으로 인해 무겁고 느려진 전차는 쉽게 표적이 되었다. 334대만 만들어졌으며, 독일이 러시아를 침공한 1941년 생산이 끝났다.

▷ T-34
T-34

연도	1941년 **국가** 소련
무게	31.4톤(34.6미국톤)
엔진	하르코프 모델 V-2-34 디젤, 500마력
주무장	76.2밀리미터 F-34 41구경장 포

역사상 가장 중요한 전차 중 하나인 T-34는 1938년 초반에 개발이 시작되었다. 전시였으므로 겉치레는 고려 대상이 아니었고 생산 비용과 생산 속도에 초점이 맞춰졌다.

▽ T-60
T-60

연도	1941년 **국가** 소련
무게	5.8톤(6.4미국톤)
엔진	GAZ-202 6기통 디젤, 70마력
주무장	20밀리미터 TNSh 캐논포

전쟁 전의 경전차들을 대체하기 위해 만들어진 2인승 T-60 전차는 정찰 차량으로 사용되었다. 독일과의 초반기 조우전은 이 전차의 화력이 부족하고 장갑이 너무 가볍다는 것을 보여 주었다. 두꺼운 장갑을 부착하는 것은 이 전차의 기동성을 감소시킬 것이고, 보다 큰 포를 달기에는 포탑이 너무 작았다. 이 전차는 인기가 없었고, T-70 전차로 대체되었다.

△ T-70
T-70

연도	1942년 **국가** 소련
무게	9.2톤(10.1미국톤)
엔진	2xGAZ-202 6기통 디젤, 각 70마력
주무장	45밀리미터 ZiS-19BM 포

선행 전차(T-60)보다 무장과 장갑을 강화했음에도 불구하고 T-70 전차는 여전히 진격해 오는 독일 전차들보다 성능이 떨어졌다. 1943년 소련은 전장에 경전차가 있을 곳은 없다는 것을 인식했고, 부차적인 임무를 수행하도록 강등시켰다. Su-76 돌격포(110~111쪽 참조)가 T-70의 차대를 이용해 개발되었다.

▷ T-34/85
T-34/85

연도	1944년 **국가** 소련
무게	32톤(35.3미국톤)
엔진	하르코프 모델 V-2-34 디젤, 500마력
주무장	85밀리미터 ZiS S-53 55구경장 포

초반의 성공에도 불구하고 1943년 T-34 전차의 단점은 명백해졌다. 2인승 포탑은 승무원들이 효율적으로 일하기에는 너무 비좁았고, 포는 더 이상 충분히 강력하지 않았다. T-34/85는 이 두 가지 이슈에 대한 해결책이었다. 이 전차는 소련과 그 종속국(client state)에서 전후에도 오랫동안 운용되었으며, 2015년에 예멘에서 1대가 운용되었다.

◁ 이오시프 스탈린-2(IS-2)
Iosif Stalin-2(IS-2)

연도	1944년 **국가** 소련
무게	44.7톤(49.3미국톤)
엔진	하르코프 모델 V-2IS 디젤, 520마력
주무장	122밀리미터 D-25T 45구경장 포

독일의 판터와 티거 전차의 위협에 맞서야 하는 필요성 때문에 소련의 중전차 생산이 재활성화되었다. IS 시리즈는 새로운 차체와 변속기를 갖춘 KV-1의 발전형이었다. 군에서 운용을 시작했을 때, IS-2는 IS-1과 구경 85밀리미터로 무장한 KV-85 두 전차 모두를 대체해 독립 중전차 연대들에 편성되었다. 이들은 독일 진지를 공격하는 선봉부대(spearhead)로 운용되었다.

▷ 이오시프 스탈린-3M (IS-3M)
Iosif Stalin-3M (IS-3M)

연도	1945년 **국가** 소련
무게	46.5톤(51.3미국톤)
엔진	하르코프 모델 V-2IS 디젤, 600마력
주무장	122밀리미터 D-25T 45구경장 포

IS-2의 속도와 장갑의 제한 때문에 IS-3 전차가 개발되었다. IS-3은 급하게 군에 투입되었음에도 불구하고, 제2차 세계 대전에 운용하기에는 너무 늦었다. 처음에는 기계적 문제가 여럿 있었지만, 개선된 IS-3M 모델에서 해결되었다. IS-3의 경사가 진 측면은 장갑 방호 능력을 좋게 했으며, 전후 소련 전차 설계의 특징이 되었다.

T-34/85

독일 장군 파울 루트비히 에발트 폰 클라이스트(Paul Ludwig Ewald von Kleist)는 그의 부대들이 1941년 여름 처음으로 T-34와 조우했을 때 T-34를 '세계 최고의 전차'로 묘사했다. 이 전차의 성공 요인은 설계와 막대한 운용 수량에 있는데 덕분에 기술적으로 더 우세한 적 전차들을 물리칠 수 있었다.

후면

T-34 전차는 강력하게 무장하고 잘 방호된 중형 전차로, 미하일 코시킨(Mikhail Koshkin)이 1930년대 말(102~103쪽 참조)에 설계해 초기의 BT 시리즈의 고속 전차들을 대체했다. 이 전차의 획기적인 설계는 1939년 할힌골에서 일본과 전투했을 때의 경험으로 습득한 지식의 영향을 받았다. 이 전차는 선행 차량보다 두꺼운 장갑과 더 큰 포, 디젤 엔진을 갖고 있었다. 디젤 엔진은 초창기 가솔린 엔진보다 화재 위험이 적은 것으로 여겨졌다. 가솔린 엔진은 가연성 포탄에 취약했다.

1940년 봄 새로운 전차를 시험 중 폐렴에 걸린 코시킨은 9월 사망했고 같은 달 첫 번째로 생산된 전차가 공장에서 출고되었다. 설계 개선은 전쟁 기간 중 계속되었는데 그중 많은 것은 생산 비용과 시간을 줄이려는 의도를 담고 있었다. T-34의 생산 가격은 26만 9500루블에서 13만 5000루블로 떨어졌다. 독일군의 진격 때문에 생산 시설을 우랄 산맥 뒤쪽의 새로운 지역으로 이동시키는 과정에서 생산의 단순화가 이루어진 측면도 일부 있다. T-34는 폴란드와 체코슬로바키아에서도 생산되었으며, 그중 1만 대 이상이 세계 각국 군대에서 운용되었다. 이 버전의 T-34/85는 전차장, 포수, 탄약수를 수용하기 위해 포탑의 크기를 키웠다. 명칭은 업그레이드된 구경 85밀리미터 포에서 나온 것이다.

제원	
명칭	T-34/85
연도	1940년
제조국	소련
생산량	8만 4700대
엔진 모델	V-2-34 V12 디젤, 500마력
무게	32톤(35.3미국톤)
주무장	85밀리미터 ZiS S-53
부무장	2x7.62밀리미터 DT 기관총
승무원	5명
장갑 두께	최대 60밀리미터(2.4인치)

포수
탄약수
엔진
전차장
조종수

후기 모델에 추가된 전차장 큐폴라

보다 강력한 구경 85밀리미터 주포

부조종수가 운용하는 공축 기관총

전면에 장착된 유동륜

3/4 측면도

고무 테를 두른 보기륜

대대 휘장

1대대의 2중대에 배치된 1소대의 지휘 전차(숫자 11)였다. 오른쪽의 작은 키릴 문자(영어로는 I)는 1대대 지휘관 이바노프(Ivanov)의 첫 글자이다.

영향력 있는 설계

제2차 세계 대전에서 T-34가 처음으로 군에서 운용되었을 때 장갑과 화력은 획기적이었다. 그러나 효과적으로 운용할 수 있을 만큼 승무원들이 항상 충분히 훈련받지는 못했다.

외부

초창기 T-34 모델의 마감은 훌륭했다. 그러나 독일의 침공으로 공장들이 러시아의 더 동쪽으로 급하게 이전한 후 생산 수준이 떨어졌다. 적군(赤軍)은 포탑의 가공이 덜 된 주물 흔적들이 전차의 전투 능력에 아무런 차이를 만들지 않는다는 것을 알고서는 그 흔적들을 제거하는 데 시간을 낭비하지 않았다. T-34의 장갑은 균질 압연 니켈 합금 강철로 만들어졌다.

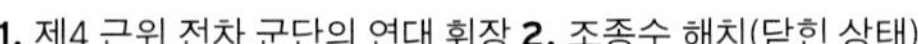

1. 제4 근위 전차 군단의 연대 휘장 **2.** 조종수 해치(닫힌 상태) **3.** 부조종수 기관총 **4.** 보기륜 **5.** 예비 궤도 링크 **6.** 엑슬 조인트 **7.** 연료 캡 **8.** 전차장(오른쪽)과 포수(왼쪽)용 해치 **9.** 전차장 잠망경 **10.** 연료 드럼 **11.** 배기장치 **12.** 엔진 베이

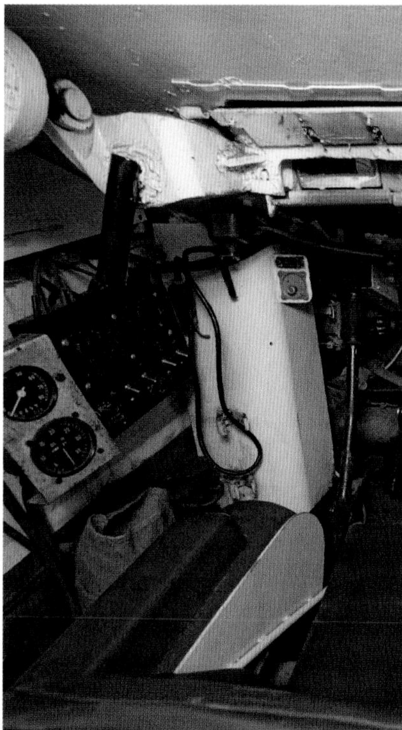

내부

T-34 전차의 승무원 환경은 매우 간단했지만 기능적이었다. 이것은 전차를 수류탄이나 포탄 같은 일회용의 군수품(disposable munition)으로 보는 소련의 전쟁 철학에서 부분적으로 기인했다. 이에 상응하게 전시에 전차들의 수명은 겨우 몇 달에 불과했고, 승무원들의 안락함은 우선 순위가 아니었다. 그러나 T-34/85의 확장된 포탑 덕분에 초기 변형들보다 승무원들 공간이 약간 넓어졌다.

13. 위에서 내려다본 전차장석 **14.** 예비탄 **15.** 포수용 잠망경 **16.** 무전기 **17.** 전차장석에서 본 포미 **18.** 공축 기관총 **19.** 주포 포미 약실(개방 상태) **20.** 포신 고저 조종 핸들 **21.** 포탑 선회용 핸들 **22.** 소화기 릴리즈 **23.** 조종수석 **24.** 계기판 **25.** 탈출 해치 **26.** 계기 다이얼 **27.** 압력 펌프 **28.** 기어 시프트

소련 공장에서 제작 중인 T-34 전차

위 대 한 설 계 자

미하일 코시킨

우크라이나에 있는 하라코프 전차 공장의 설계팀 책임자였던 미하일 코시킨의 가장 큰 유산은 T-34 중형 전차였다. 제2차 세계 대전(98~101쪽 참조)의 흐름을 바꾼 이 전차의 밑바탕은 소련 전차 설계의 역사에 뿌리를 두고 있다.

스탈린의 휘하에서 소련은 전차를 단지 중요한 무기 자산으로만 보지 않고, 필수적인 힘의 상징으로 보았다. 히틀러와 마찬가지로 또 다른 유럽의 주요 독재자였던 스탈린은 개인적 흥미를 가지고 자국 내 전차 설계와 생산에 영향을 미쳤다.

미하일 코시킨
(1898~1940년)

러시아, 그리고 훗날의 소련은 비교적 늦게 전차 제작을 시작했다. 제1차 세계 대전 중에는 러시아에서 전차 설계가 나오지 않다가 전후 기간 동안 프랑스 르노 FT-17 같은 노획 차량을 러시아 공장에서 본떠서 만들었다. 다른 유럽 국가에서 1920년대와 1930년대는 기갑 차량 설계의 실험 시대였지만 소련의 공업은 중차량(heavy vehicle)에 대한 경험이 거의 없었다. 공산주의자들이 권력을 잡고 있는 소련의 유일한 국제적 공업 협력 대상 후보는 유럽에서 버림받은 또 다른 나라인 독일뿐이었고, 독일은 비밀리에 카잔에 있는 소련 시험 센터에서 기갑 차량을 시험했다. 소련의 5개년 계획으로 공업 경험과 생산 능력은 성장했고, 복제를 하기 위해 새로운 전차를 수입하거나 라이선스 생산을 했다. 여기에는 영국으로부터 수입한 비커스 마크 E, 카든-로이드 탱켓, 미국으로부터 도입한 크리스티의 M1931 차륜 겸 궤도 차량 등이 포함된다. 후자는 궤도를 제거할 수 있도록 설계했는데, 도로 위에서 차륜(wheel)만으로 속도를 내서 달릴 수 있었다. 이 전차는 소련에서 생산한 주요 전차의 기반이 되었으며, T-26, BT-2, T-27의 설계를 이끌었다.

기동 중인 소련의 T-34 전차
T-34의 광폭 궤도와 효과적인 현수장치는 진흙과 눈이 많은 조건에서 운행할 수 있는 능력을 부여했다.

변변치 않은 집안 출신의 코시킨은 1916년 군에 선발되어 여러 전선으로 보내졌다. 그는 뒤에 대학에서 공부를 하고 기술 전문 대학에 적을 두고서 레닌그라드에 있는 키로프 공장의 T-29, T-111 시제형 작업을 마무리했다. 1937년 무렵 소련군은 BT 시리즈를 교체하기 위한 새로운 전차 개발을 필요로 했다. 하르코프 전차 공장 설계 책임자로 진급한 코시킨은 차륜 겸 궤도 차량을 포기하고, 새로 제안된 차량의 장갑 방호를 두텁게 하고 화력을 증가시키자고 주장했다.

라이벌 공장 팀과의 내부 논쟁과 적군(赤軍)의 지지 부족에도 불구하고 코시킨은 그의 설계를 곧 바로 스탈린에게 보내 승인받았다. 이것이 유명한 T-34가 되었다. T-34가 제식화되면서 기계적, 설계적 문제가 많았으나 기동성, 장갑 방호력, 화력을 성공적으로 결합시켰다. 공장 제조가 비교적 간단해 대량으로 생산되었으며, 1941년 침략해 온 독일군(Wehrmacht)에게 두려움을 선사했다. 그러나 T-34가 이 시기 개발된 유일한 전차는 아니었다. 경쟁 설계 팀을 이끌던 코틴(S. J. Kotin)은 새로운 중전차인 KV(국방 인민 위원 클리멘트 보로실로프의 이름을 따 명명)를 설계했는데, 중장갑을 갖추고 T-34와 같은 구경 76밀리미터 포를 보유했다. 코시킨처럼 코틴과 그의 설계팀도 보다 이른 시기에 유행했던 다포탑 전차(multiple turreted tank)를 버려야 한다고 주장했다.

레닌그라드에서 조립되고 있는 KV-1 전차
코시킨이 설계한 T-34의 라이벌이었던 KV-1 전차는 중장갑 덕택에 가공할 만한 위력을 가진 무기가 되었다. 하지만 비용이 많이 들어 생산이 중단되었다.

KV는 T-34에 제안된 것과 동일한 디젤 엔진을 달아 화재 위험을 줄였다. KV의 변형들이 T-34보다 적은 수량만 생산되었지만, 훗날 IS(이오시프 스탈린) 중전차 시리즈를 포함한 다른 전차의 기반이 되었다.

아마도 소련 전차 제조업이 거둔 가장 큰 성취는 역경 속에 그토록 많은 차량을 생산한 것이 될 것이다. 독일의 침공으로 수많은 전차만 상실한 것이 아니라, 상대적으로 안전한 우랄 산맥 후방으로 공장도 옮겨야 했다. 간소화된 신규 생산 수단은 필수적이 되었다. 노동자들은 공장의 가장 기초적인 시설을 활용해 전선에서 사용될 전차를 생산했다. 생산 비용은 계속 내려가고 제조 속도는 향상되었다. 놀랍게도 11만 2000대에 달하는 서로 다른 종류의 전차들이 1940~1945년 만들어졌다. 코시킨 자신은 계약 이후 T-34 시제형으로 국

"수량이 그 자체로 품질이다."

이오시프 스탈린에 대한 헌정

토를 가로지르는 기나긴 시험 운전 중 폐렴으로 사망했다. 그의 공헌은 오직 형식적으로만 기억되고 있지만, 그의 T-34는 독일을 최종적으로 패배시키는 데 필수적이었다.

소련 전시 채권와 우표에 등장한 T-34
코시킨의 설계는 소련의 군사적 우월성을 보여 주는 아이콘이 되었다. 코시킨은 사후에 수많은 국가 훈장을 받았는데, 그중 마지막은 1990년에 수여되었다.

소련 전차 공장
노동자들이 1943년 IS-2 중전차를 조립하고 있다. IS-2의 설계는 의도적으로 코시킨의 T-34보다 큰 포를 사용했다. T-34의 효과는 독일과 소련 간 전차 설계 경쟁을 불러 일으켰다.

전투 준비

전차의 제원과 질이 어떠했든 간에 전차는 안에 승무원이 있을 때만 효과가 있었다. 복잡한 기계 제조 관련된 뛰어난 기술자와 설계의 작업, 막대한 비용, 그리고 여기에 추가되는 실험과 장비 지급은 승무원들이 전차를 효과적으로 작동시킬 수 없는 경우 모두 낭비되었다. 역사는 경험과 의욕이 있고 잘 훈련된 승무원들이 운용하는 성능이 떨어지는 전차가, 보다 경험이 적고 덜 의욕적인 승무원들이 운용하는 더 우세한 전차를 상대로 승리한다는 것을 보여 준다. 전투의 다른 많은 영역에서 동기, 사기, 신념의 효과는 비록 계량화하기는 힘들지만 전차 승무원들에게 아주 중요했으며, 전투의 성과에도 막대한 영향을 끼쳤다. 예를 들어 1944년 후반과 1945년 전반의 미국 승무원들은 극도로 우세한 독일 전차들을 상대하면서, 싸울 길을 스스로 찾을 수 있었다. 후대의 분석가들은 이 시기에 기술적 우월성에도 불구하고 독일 전차 승무원들이 사실 충분히 훈련받지 못했음을 밝혀냈다. 연구는 또한 전투 스트레스가 흔히 사람들을 종교적인 도움과 안내, 편안함을 찾도록 이끈다는 것도 보여 주었다. 통계에 따르면 전투 강도가 높아짐에 따라 기도에 의존하는 장병수의 수가 32퍼센트에서 74퍼센트로 높아졌다.

미국의 군목 조지 다음(George F. Daum) 소령이 1945년 독일에서 진격하기에 앞서 전차 승무원들의 기도를 이끌고 있다.

독일 구축 전차 1

초창기 독일 구축 전차(tank destroyer, 전차를 공격할 수 있는 장갑 차량들을 포괄하는 의미로 사용되고 있다.—옮긴이)들은 노획하거나 쓸모없어진 경전차 차체 위에 대전차포를 부착하는 방식으로 운용되었다. 통상적으로 오픈-탑(open-topped, 포탑에 루프, 혹은 덮개가 없는 구조—옮긴이) 구조였으며, 판처예거 혹은 대전차 포병에게 지급되어, 견인포를 대체함으로써 기동성을 향상시켰다. 이에 비해 돌격포 차량은 원래 전차 파괴용으로 최적화된 게 아니라 포병에 의해 보병 지원용 차량으로 운용되었으며, 저속포(low-velocity gun)로 무장하고 있었다. 전투에 참가할수록 적응할 수밖에 없었는데 곧 대전차포로 업그레이드되었다.

▷ III호 돌격포
StuG III

연도 1940년 **국가** 독일
무게 24.3톤(26.8미국톤)
엔진 마이바흐 HL120TRM 가솔린, 300마력
주무장 7.5센티미터 Stuk 40 48구경장 포

최초의 돌격포(Sturmgeschütz, StuG)는 초기형 판처 IV와 같은 단포신의 구경 7.5센티미터 24구경장 포로 무장하고 있었다. 돌격포들은 낮은 높이와 장갑 덕분에 구축 전차로 활약했으며 이에 최적화된 장포신의 48구경장 포를 1942년 부착했다. 1만 1000대 넘게 생산되어 독일에서 가장 많이 생산된 장갑 차량이었다.

◁ 판처예거 I
Panzerjäger I

연도 1940년 **국가** 독일
무게 6.5톤(7.2미국톤)
엔진 마이바흐 NL38TR 가솔린, 100마력
주무장 4.7센티미터 PaK(t) 43.4구경장 포

부대에 기동화된 대전차 화력을 제공하고자 했던 최초의 시도였던 판처예거 I는 노획한 체코의 포를 판처 I 차체에 결합시킨 것이다. 전차로서는 쓸모가 없었으나, 견인포에 비하면 기동성 측면에서 대단히 우수했다. 모두 202대가 만들어져 프랑스와 북아프리카에서 사용되었다.

▷ 마르더 I
Marder I

연도 1942년 **국가** 독일
무게 8.4톤(9.3미국톤)
엔진 들라이에 103TT 가솔린, 70마력
주무장 7.5센티미터 PaK 40 46구경장 포

1941년 독일의 대전차포들은 중장갑화된 소련 전차를 상대로 효과가 없음이 입증되었다. 마르더 차량은 새로운 PaK 40 견인포에 궤도 차량을 부착해 보다 큰 기동성을 부여하려는 독일군의 요구에 긴급하게 대응한 결과물이었다. 마르더 I은 프랑스 로렌(Lorraine) 37L 보급 트랙터의 차대를 사용했다.

구경 7.62센티미터 PaK 36(r) 포

▷ 마르더 III
Marder III

연도 1942년 **국가** 독일
무게 10.9톤(12미국톤)
엔진 프라하 EPA/2 가솔린, 140마력
주무장 7.62센티미터 PaK 36(r) 51.5구경장 포

마르더 III 시리즈는 체코 판처 38(t)(66~67쪽 참조)에 기초를 두고 있다. 이 버전은 Sd kfz 132 마르더 II와 마찬가지로 개조한 러시아 F-22포를 사용하고 있다. 변형은 모두 344대가 만들어졌다. 주로 소련에서 사용되었는데, 66대는 북아프리카로도 보내졌다.

△ 마르더 II
Marder II

연도 1942년 **국가** 독일
무게 11톤(12.1미국톤)
엔진 마이바흐 HL62TRM 가솔린, 140마력
주무장 7.5센티미터 PaK 40/2 48구경장 포

마르더 II는 쓸모없어진 판처 II의 차대를 사용했다. 모두 650대가 만들어졌고, PaK 40 포로 무장하고 있다. Sd kfz 132로 불리는 나머지 200대는 노획한 소련제 구경 76.2밀리미터 F-22 야포로 무장하고 있었다. 이 야포는 독일에 의해 대전차포로 바뀌었다.

▷ **마르더 III H형**
Marder III Ausf H

연도	1942년 **국가** 독일
무게	11톤(12.1미국톤)
엔진	프라하 EPA/2 디젤, 140마력
주무장	7.5센티미터 PaK 40/3 46구경장 포

이 마르더 III의 변형은 더 가볍고 승무원을 보호할 수 있는 상부 구조(superstructure)를 갖추고 있다. 약 410대가 원형을 개조하는 방식으로 만들어졌다. 마르더 III는 주로 소련에서 방어와 장거리 화력 지원 임무를 수행했다.

◁ **마르더 III M형**
Marder III Ausf M

연도	1943년 **국가** 독일
무게	10.7톤(11.8미국톤)
엔진	프라하 AC 가솔린, 140마력
주무장	7.5센티미터 PaK 40/3 46구경장 포

M형은 개조한 판처 38(t)의 차대를 사용했으며, 자주포(self-propelled guns)로 사용하기 위해 설계되었다. 포를 후방으로 옮기기 위해 엔진이 중앙부로 옮겨졌다. 다른 모든 마르더 차량과 마찬가지로 오픈-탑 구조이다. 모두 975대가 만들어졌다.

▷ **브룸바**
Brummbar

연도	1943년 **국가** 독일
무게	28.7톤(31.6미국톤)
엔진	마이바흐 HL120TRM 가솔린, 300마력
주무장	15센티미터 StuH 43 12구경장 곡사포

StuG가 시간이 흐를수록 구축 전차로 사용됨에 따라, 특히 튼튼하게 지어진 도시 건물에 대처하기 위해 고폭탄을 사격할 수 있는 장갑 보병 지원 차량이 필요했다. 이러한 역할은 StuH 42로부터 유래한 III호 돌격포와 판처 IV에 바탕을 둔 브룸바가 맡았다.

독일 구축 전차 2

구축 전차는 복잡하고 값비싼 포탑이 없었기 때문에 통상적인 전차보다 더 빠르고 더 저렴했다. 통상적으로 같은 차체에 더 강력한 포를 탑재할 수 있었던 것은 독일이 연합국의 수와 화력에 압도당해서 후퇴할 때 뚜렷한 이점이 되었다. 후기의 야크트판처는 완전히 장갑을 씌우고 중전차 차체에 바탕을 두고 있었다. 전쟁의 마지막 몇 달 동안 구축 전차는 점점 더 실제 전차의 자리를 차지하기 시작했다.

▷ **나스호른(호르니스)**
Nashorn(Hornisse)

연도	1943년 **국가** 독일
무게	24.4톤(26.9미국톤)
엔진	마이바흐 HL120TRM, 가솔린, 300마력
주무장	8.8센티미터 PaK 43/1 71구경장 포

판처 IV로부터 개발한 차대를 사용한 과도기적인 설계를 사용한 나스호른은 훗날 호르니스로 이름을 바꾸었다. 고도로 효과적인 Pak 43 포를 탑재한 최초의 독일 구축 전차로 그 포는 사거리가 매우 길어 차량을 적으로부터 멀리 떨어진 곳에 둘 수 있었다.

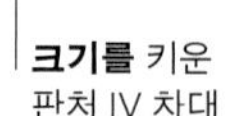

크기를 키운 판처 IV 차대

구경 7.5센티미터 StuK 40 포

개조한 PaK 43 포

△ **IV호 돌격포**
StuG IV

연도	1944년 **국가** 독일
무게	23.4톤(25.8미국톤)
엔진	마이바흐 HL120TRM 가솔린, 300마력
주무장	7.5센티미터 StuK 40 48구경장

StuG III의 수요가 많았기 때문에, 공장이 폭격을 받은 이후에도 생산을 유지하기 위해 독일의 판처 IV 차대를 설계에 적용했다. 약 1,140대의 StuG IV가 제조되었다. 두 변형은 모두 방어적인 대전차 무기로 매우 효과적이었다.

△ **페르디난트**
Ferdinand

연도	1943년 **국가** 독일
무게	66톤(72.8미국톤)
엔진	2x마이바흐 HL 120TRM 가솔린, 각 300마력
주무장	8.8센티미터 PaK 43/2 71구경장 포

티거 전차를 위해 설계된 페르디난트 차체는 성공적이지 못했다. 모두 90대가 제작되었다. 완전히 밀폐되고 매우 무거운 장갑화된 상부 구조에 PaK 43 포를 장비했다. 화력과 장갑은 대전차 플랫폼으로 쓸 수 있도록 만들었지만, 거대한 크기와 무기 때문에 기동성이 제한되었다.

구경 7.5센티미터 PaK 42 포

판처 38(t)에 바탕을 둔 차체

후면 유동륜

△ **야크트판처 IV/70**
Jagdpanzer IV/70

연도	1944년 **국가** 독일
무게	24.4톤(26.9미국톤)
엔진	마이바흐 HL120TRM 가솔린, 300마력
주무장	7.5센티미터 PaK 42 70구경장 포

StuG IV와 마찬가지로 야크트판처 IV도 판처 IV 전차 차대에 바탕을 두고 있다. 원형은 모두 769대가 생산되었고 PaK 39 48구경장 포로 무장한 전문적인 전차 사냥꾼이었다. 이 버전은 더 길어지고 더 강력해진 PaK 42 70구경장 포를 장비했고 1944년부터 초기형 차량을 대체했으며 약 1,200대가 만들어졌다.

구경 8.8센티미터 PaK 43/3 포

교차 배치형 보기륜

◁ **야크트판터**
Jagdpanther

연도	1944년 **국가** 독일
무게	46.7톤(51.5미국톤)
엔진	마이바흐 HL230P30 가솔린, 700마력
주무장	8.8센티미터 PaK 43/3 71구경장 포

야크트판터는 판터(72~73쪽 참조) 차대에 바탕을 두고 있는데, 장갑이 잘 되어 있고 기동성 있으며 화력이 강력했다. 유용한 무기였으며 특히 매복이나 방어 진지에서 사용되었다. 그러나 오직 392대만 만들어졌는데 정비 불량과 미숙련 승무원 문제로 전쟁의 흐름에 영향을 미치기에는 너무 부족했다.

구경 12.8센티미터 PaK 44 포

길이 10.65미터(34피트 11인치), 포 포함.

토션 바 현가장치

▽ **야크트판처 38(t) 헤처**
Jagdpanzer 38(t) Hetzer

연도	1944년 **국가** 독일
무게	16톤(17.6미국톤)
엔진	프라하 AC/2 가솔린, 150마력
주무장	7.5센티미터 PaK 39 48구경장 포

판처 38(t) 전차에 기초를 둔 차체를 사용한 헤처는 다른 전쟁 후기의 야크트판처보다는 더 작고, 더 가볍고, 저렴했다. 크기가 작아 은폐하기 쉬워 적군에게 매복 공격을 가할 수 있었다. 그러나 극도로 비좁고 실내 배치가 좋지 않았기 때문에 승무원들에게 인기가 없었다. 2,584대 만들어졌다.

△ **야크트티거**
Jagdtiger

연도	1944년 **국가** 독일
무게	71.1톤(78.4미국톤)
엔진	마이바흐 HL230P30 가솔린, 700마력
주무장	12.8센티미터 PaK 44 55구경장 포

야크트티거는 제2차 세계 대전에서 가장 육중한 장갑 차량이었다. 티거 II 전차(72~73쪽 참조)와 동일한 현가장치를 사용했으나, 자체가 더 길었다. 포는 어떤 연합국 전차도 원거리에서 물리칠 수 있었다. 고장으로 여러 대 손실되었고, 몇몇은 승무원들에 의해 파괴되었다.

구경 7.5센티미터 PaK 39포

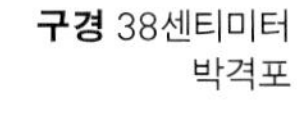

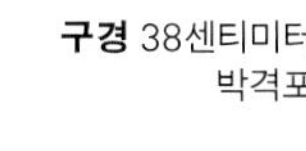

구경 38센티미터 박격포

전면 기동륜

△ **슈투름티거**
Sturmtiger

연도	1944년 **국가** 독일
무게	66톤(72.8미국톤)
엔진	마이바흐 HL230P45 가솔린, 700마력
주무장	38센티미터 Stu M RW61 5.4구경장 박격포

티거 차대에 기초한 돌격포인 슈투름티거는 근거리 시가전에서 살아남기 위해 중장갑을 하고 있었다. 이 돌격포의 강력한 로켓 보조 박격포는 대단히 파괴적인 화력을 제공했다. 그러나 포탄의 거대한 크기 때문에 오직 14발의 포탄만 휴대할 수 있었다. 단지 18대 만들어졌다.

연합국 구축 전차

소련과 미국의 구축 전차와 돌격포 사이에는 설계에서 명백한 차이가 있었다. 소련은 독일과 같은 이유로 포탑이 없는 차량을 선호했는데 보다 빠르고, 저렴하게 만들 수 있었으며, 바탕이 되는 전차보다 더 큰 포와 두터운 장갑을 장착할 수 있기 때문이다. 한편 미국의 구축 전차는 적 전차의 허를 찌르는 역습 용도로 사용할 의도로 만들어졌으며 방호보다 기동성을 강조했고, 다재다능한 포탑을 유지했다. 실제로는 두 국가 모두 보병을 지원하기 위한 포병 장비로 사용했다.

▷ M10

M10

연도 1942년 **국가** 미국
무게 29.5톤(32.5미국톤)
엔진 제너럴 모터스 6046 디젤, 375마력
주무장 3인치 M7 40구경장 포

M10은 M4A2 셔먼 차대에 기초를 두고 있고, M10A1은 가솔린 엔진을 장착한 M4A3 이스팅 로지스틱스를 사용했다. 둘 다 장갑은 가벼웠으며 기동성과 상황 인식 능력을 높이기 위해 오픈-탑 구조의 포탑이 있었다. 약 6,500대가 생산되었다. 많은 차량들이 영국에 공급되었으며, 영국은 뒤에 17파운더 포로 바꾼 후 이름을 아킬레스(Achilles)로 변경했다.

수직 볼류트 현가장치

주포 포구제퇴기

고무테를 두른 보기륜

△ SU-76M

SU-76M

연도 1943년 **국가** 소련
무게 10.4톤(11.4미국톤)
엔진 2xGAZ-203 6기통 디젤, 각 85마력
주무장 76.2밀리미터 ZiS-3Sh 42.6구경장 포

1만 2600대가 만들어진 Su-76M은 그 전쟁에서 소련에서 두 번째로 많이 만들어진 장갑 차량이다. 크기를 키운 T-70 경전차 차대에 기초를 두고 있는 이 차량은 경돌격포와 이동식 포병 장비로 사용되었으며, 독일의 경전차를 격파할 능력을 가지고 있었다. 보병들에게 인기가 있었지만, 가벼운 장갑과 오픈-탑 구조 때문에 승무원들이 노출되었다.

구경 122밀리미터 곡사포

◁ SU-122

SU-122

연도 1943년 **국가** 소련
무게 30.9톤(34미국톤)
엔진 하르코프 모델 V-2-34 디젤, 500마력
주무장 122밀리미터 M-30S 23구경장 곡사포

중형 돌격포로 분류되는 SU-122는 T-34 차대를 바탕으로 만들어졌다. 이 돌격포는 방어 시설을 상대하는데 주로 사용할 목적으로 만들어진 직접 사격(direct fire) 무기를 장착하고 있다. 약 1,100대가 제작되었다. 업그레이드형 SU-85 구축 전차는 같은 설계에 구경 85밀리미터 D-55 포로 무장했다.

구경 3인치 주포

후방으로 향한 포구(gun point)

시리얼 넘버

◁ **밸런타인 아처**
Valentine Archer

연도 1943년 **국가** 영국	
무게 16.3톤(17.9미국톤)	
엔진 제너럴 모터스 6-71M 디젤, 192마력	
주무장 QF 17파운더 포	

1943년 밸런타인은 구축 전차용으로 사용할 수 있는 강력한 17파운더 포를 장착할 수 있는 유일한 차대였다. 포의 크기 때문에 포구를 후방으로 향해 장착하는 것이 유일한 방법이었다. 그럼에도 불구하고 아처는 신뢰할 수 있고, 효과적이었다.

▷ **M18 헬켓**
M18 Hellcat

연도 1943년 **국가** 미국	
무게 17.8톤(19.6미국톤)	
엔진 라이트-콘티넨털 R-975 가솔린, 400마력	
주무장 76밀리미터 M1A2 52구경장 포	

가장 빠른 장갑 차량 중 하나였던 M18은 미국 구축 전차 교리에도 꽤 적합했다. 그러나 아주 얇은 장갑과 토션 바 현가장치로 향상된 속도와 기동성은 제한적 가치만 있었다. 육중한 독일 전차들을 상대하기에는 화력도 부적합했다.

두껍게 장갑을 씌운 포방패

극지용(極地用) 위장

차체 위의 예비 궤도 링크

◁ **ISU-152**
ISU-152

연도 1944년 **국가** 소련	
무게 47.2톤(52.1미국톤)	
엔진 하르코프 모델 V-2IS 디젤, 520마력	
주무장 152밀리미터 ML-20S L/29 곡사포	

소련 중전차 차대들은 중돌격포 시리즈를 위한 바탕이 되었다. SU-152는 KV-1에 바탕을 두고 만들어졌고, 아주 유사한 ISU-152는 그 이후의 IS 차대를 사용했다. 구경 152밀리미터 포신의 부족이 구경 122밀리미터로 무장한 ISU-122 같은 또 다른 변형들을 이끌어 내었다. 공격 지원과 돌파구 마련을 위해 독립된 부대에서 보유했는데 그 파괴적인 화력은 시가전에서 유명해졌다.

▷ **M36**
M36

연도 1944년 **국가** 미국	
무게 29톤(31.9미국톤)	
엔진 포드 GAA V8 가솔린, 500마력	
주무장 90밀리미터 M3 53구경장 포	

M10A1을 발전시켜 장갑과 기동성 면에서 유사했지만 화력을 키운 M36은 전투에서 가치를 입증하며 장거리에서 육중한 독일 전차를 압도했다. 수요가 많아서 디젤 엔진 장착형 M10과 개조하지 않은 M4A3 전차 차체에 기초를 둔 변형이 만들어졌다. 총 약 2,300대가 생산되었다.

외부 연료 탱크

전차장 큐폴라

◁ **SU-100**
SU-100

연도 1944년 **국가** 소련	
무게 31.5톤(34.7미국톤)	
엔진 하르코프 모델 V-2-34 디젤, 500마력	
주무장 100밀리미터 D-10S 53.5구경장 포	

SU-85의 설계가 업그레이드되어 SU-100이 되었다. 두 차량은 부대(formation)에 장거리 대전차 지원을 제공하고 가장 육중한 독일 전차들을 상대해 격파하기 위한 예비대로 운용되었다. 전쟁 중 약 1,200대가 제작되었다. 생산과 업그레이드는 계속되었으며 수십 년 동안 세계 각지의 군대에서 운용되었다.

M18 헬켓

M18 헬켓은 속도가 빠르고 무장이 가볍지만 강력한 미국 대전차 차량 중 하나이다. 제2차 세계 대전 이전에 형성된 미국 구축 전차 교리에 따라 설계되었다. 전차는 보병의 공격을 지원하는 한편, 전차 공격에서 속도가 빠른 헬켓 같은 구축 전차가 돌파구로 쇄도해 적의 사격을 회피하기 위해 빠른 속도를 이용해 적의 전차를 격파했다.

뷰익 사(Buick)가 설계한 헬켓은 강력한 라이트 R-975 레이디얼 엔진을 장착하고 있었다. 이것이 얇은 장갑과 오픈-탑 구조의 포탑(미국의 모든 구축 전차의 표준)과 결합해 무게가 18톤(20미국톤) 이하였으며, 속도가 매우 빨라 도로 주행 속도가 시속 80킬로미터(시속 50마일)였다. 셔먼의 후기 모델에도 장착된 구경 76밀리미터 고속포(high-velocity gun)를 갖고 있었다.

후면

헬켓은 디데이 이후 유럽에서 실전에 참가했으며, 판터 같은 두터운 전면 장갑을 가진 후기형 독일 전차들을 패배시키기 위해 분투했다. 고속 철갑탄(HVAP) 같은 포탄들은 (적 전차 장갑을) 관통할 수 있었으나, 공급량이 부족했다. 포구 제퇴기(muzzle brake)가 포에 추가되어 사격 후폭풍 먼지의 감소를 도왔는데, 이것은 구축 전차로 만들어진 1857대의 헬켓 중에 마지막 700대에만 장착되었다. 나머지 650대의 비무장 버전인 M39는 탄약 혹은 병력 수송차로 제작 혹은 개조되었다. 이들 중 일부는 한국 전쟁에도 참전했다.

제원	
명칭	M18 헬켓
연도	1942년
제조국	미국
생산량	1,857대
엔진	라이트-콘티넨털 R-975 가솔린, 400마력
무게	17.8톤(19.6미국톤)
주무장	76밀리미터 M1 또는 M1A2
부무장	50구경 브라우닝 M2 기관총
승무원	5명
장갑 두께	최대 25밀리미터(1인치)

보조 조종수
조종수
전차장
포수
탄약수

구축 전차
M18은 쉽게 전차로 오인되지만 빠르고 얇은 장갑을 갖춘 대전차포 수송차로 설계되었다. 자신을 보호할 때 장갑보다는 속도에 의존한다.

"탐색하여…타격하고…격파한다"
미국 구축 전차 부대의 배지(badge). 100개 넘는 구축 전차 대대가 제2차 세계 대전 중 창설되었다.

교량 통과 하중 배지
헬켓의 교량 통과 하중은 이 휘장에서 보여 주는 바와 같이 18톤(20미국톤)이었다. 중장갑 차량에 비해 매우 가벼운 것이다.

외부

헬켓 같은 많은 미국 차량들은 공통 부품을 사용했다. 튀니지에서 미군과 처음으로 조우했던 독일 사령관 에르빈 롬멜(Erwin Rommel)이 그 특징에 주목했다. 헤드라이트처럼 상호 교환 가능한 부품들은 보급 계통에서 필요 물품이 적어짐을 의미했고, 이는 야전에서 군수품 보급 부담을 줄여 주었다.

1. 연합국 식별 상징 **2.** 경적 **3.** 헤드 램프 **4.** 연료 필러 캡 **5.** 주 사격 조준기용 애퍼처 **6.** 포수 잠망경 **7.** 전차장 기관총 **8.** 차체 위에 탑재한 포신 청소용 도구(rods) **9.** 승무원 적하물(stowage) **10.** 지상용 기관총 삼각대 **11.** 차체에 부착된 공병 삽 **12.** 궤도 상부 아래의 지지 롤러 **13.** 후미등 **14.** 엔진 베이

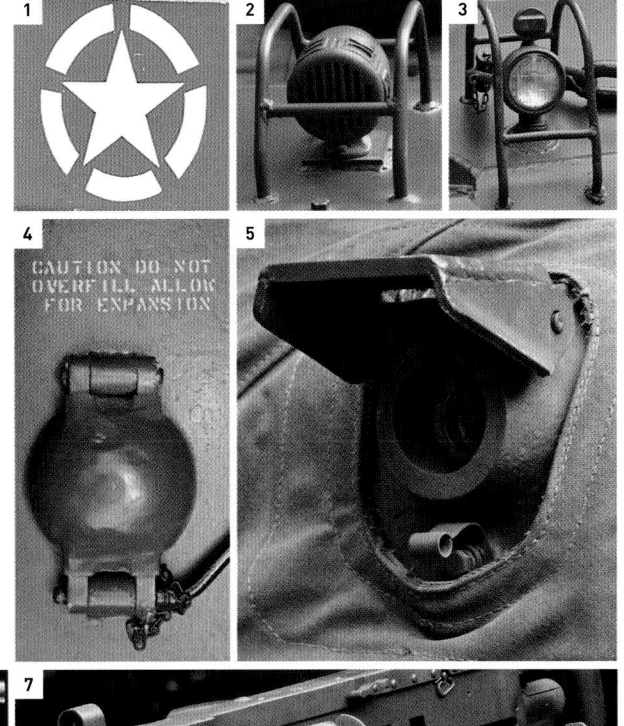

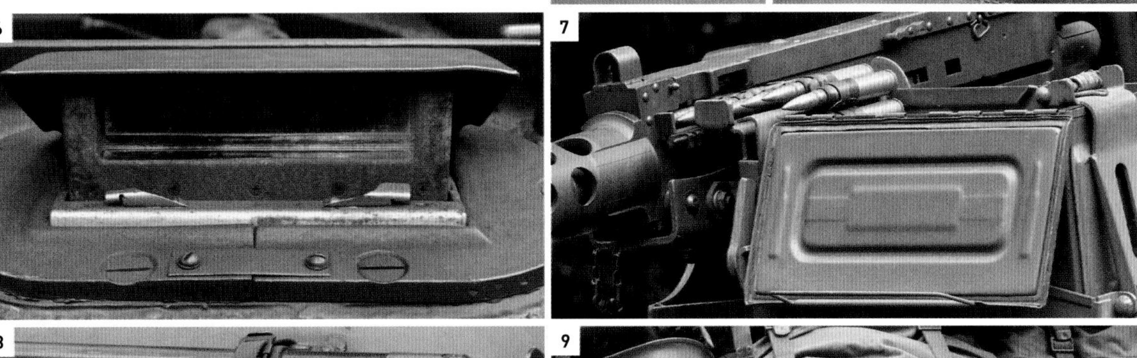

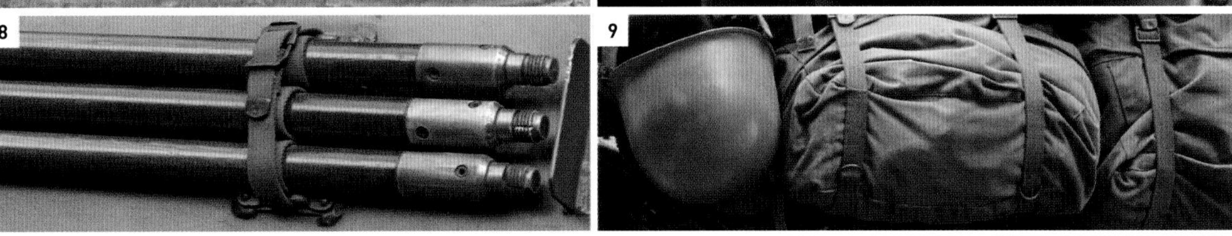

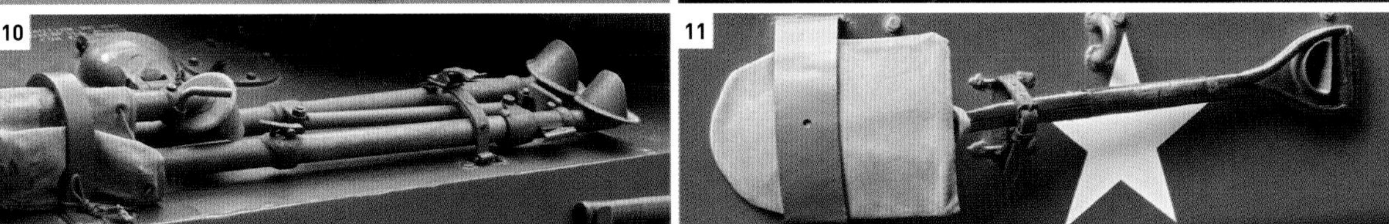

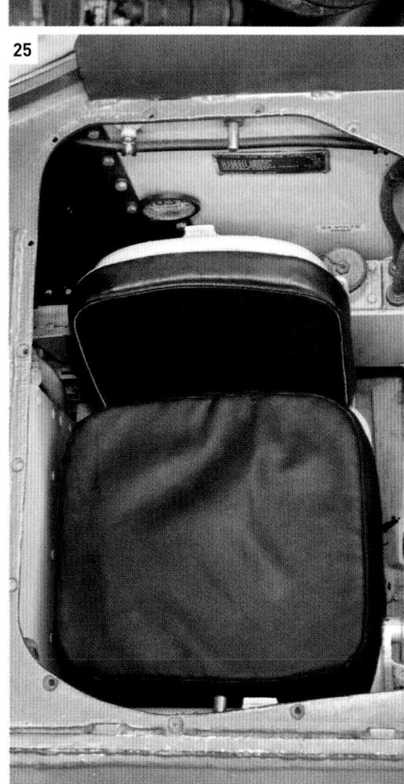

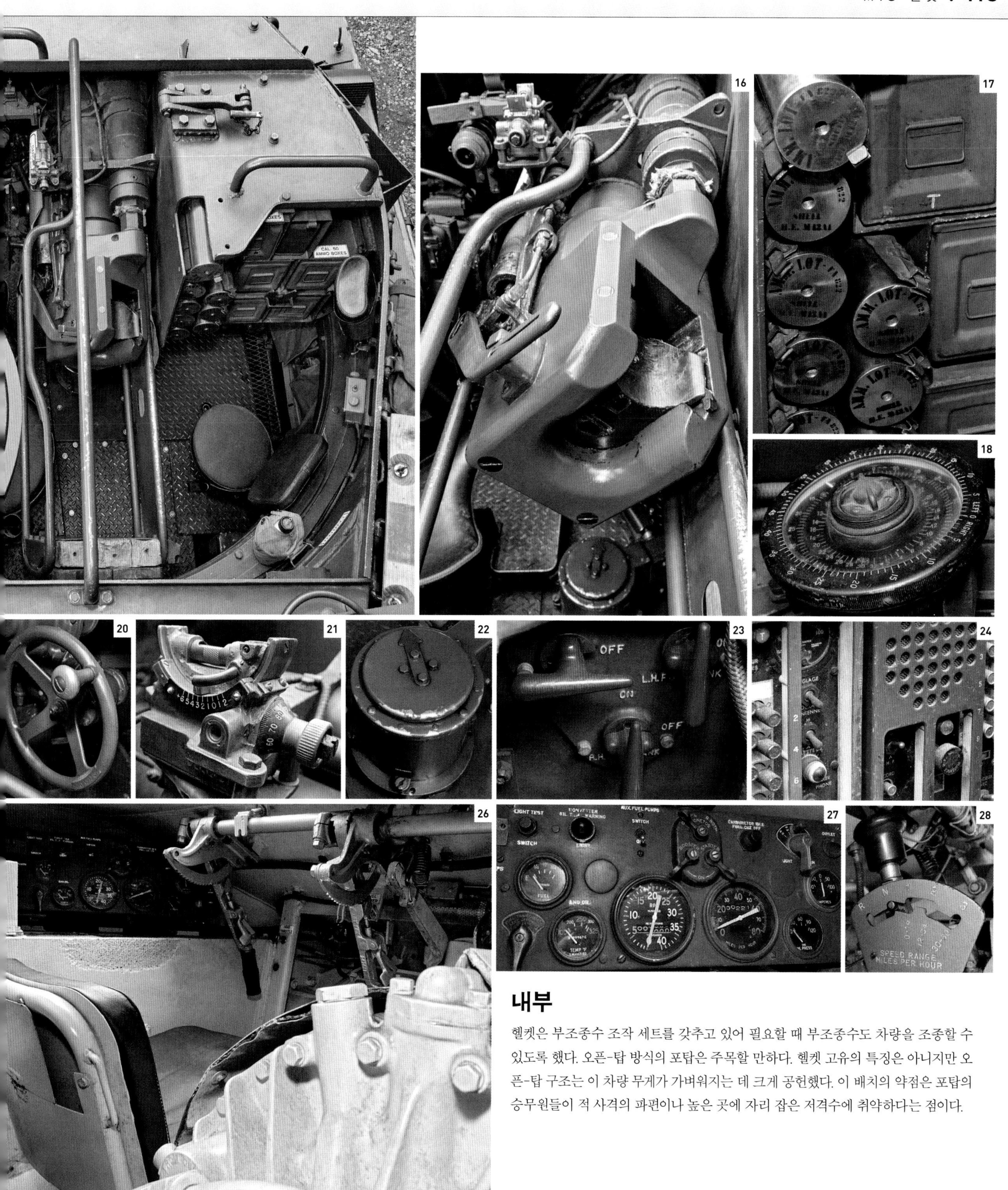

내부

헬캣은 부조종수 조작 세트를 갖추고 있어 필요할 때 부조종수도 차량을 조종할 수 있도록 했다. 오픈-탑 방식의 포탑은 주목할 만하다. 헬캣 고유의 특징은 아니지만 오픈-탑 구조는 이 차량 무게가 가벼워지는 데 크게 공헌했다. 이 배치의 약점은 포탑의 승무원들이 적 사격의 파편이나 높은 곳에 자리 잡은 저격수에 취약하다는 점이다.

15. 전투 구획을 위에서 본 모습 **16.** 주포 포미 **17.** 탄약고 **18.** 방위 지시기 **19.** 사격 조준경 **20.** 포 고저 조종 휠 **21.** 간접 사격용 경사계 **22.** 주행 방향 지시계 **23.** 조종수 조종 장치 **24.** 무전기 및 실내 통신 장비 **25.** 조종수석 **26.** 조종수석 위치 **27.** 조종수 계기판 **28.** 기어 레버

공병 및 특수 차량

1942년 디에프 기습(Dieppe Raid)에서 실패한 이후 상륙 침공에서 상륙 차량의 어려움이 부각되었다. 연합군 사령관들은 프랑스 해안을 가로지르는 전차를 얻는 것이 도전적 과제가 될 것임을 알고 있었다. 적합한 차량은 개발하는 과제는 영국 제79 기갑 사단 지휘관인 퍼시 호바트(Percy Hobart)에게 부여되었다. '호바트의 괴짜들(Funnies)'로 알려진 이 차량은 전차와 유사한 기동성과 방호, 그리고 군수 차원의 간편함을 부여하기 위해 전차 차체에 기초를 두고 있었다. 북서 유럽, 이탈리아, 극동에서 사용되었다.

△ **마틸다 조명차**
Matilda CDL

연도 1940년 **국가** 영국	
무게 26.9톤(29.7미국톤)	
엔진 2xAEC 6기통 디젤, 각 95마력	
주무장 없음	

CDL(Canal Defence Light)은 야간 전투에서 적의 눈을 부시게 만드는 시도였다. 마틸다의 포탑에 촛불 1300만 개 밝기의 서치라이트를 달아 깜박거리면, 눈이 보이지 않게 효과를 증가시킬 수 있었다.

▷ **밸런타인 교량 가설차**
Valentine Bridgelayer

연도 1943년 **국가** 영국	
무게 19.9톤(20미국톤)	
엔진 AEC A189 가솔린, 135마력	
주무장 없음	

최초의 교량 가설 전차는 제1차 세계 대전 말에 개발되었다. 그러나 이 전차는 제2차 세계 대전 때까지 사용되지 않았다. 여기서 볼 수 있는 가위형 교량(scissors bridge)은 길이 9.2미터(30피트)급의 간격을 극복할 수 있고, 30톤(33미국톤)급의 차량을 지원할 수 있다.

△ **골리앗 궤도형 지뢰**
Goliath tracked mine

연도 1943년 **국가** 독일	
무게 0.4톤(0.5미국톤)	
엔진 준다프 SZ7 가솔린, 12.5마력	
주무장 100킬로그램(220파운드) 폭발물	

단지 1.63미터(5.3피트)의 길이에 0.62미터(2피트) 높이인 골리앗은 효과적인 소형 폭탄으로서 650미터(2130피트) 거리에서 유선으로 원격 조종될 수 있었다. 방어 시설에 대항하거나 지뢰 지대를 개척할 목적으로 만들어졌으나 소형 무기의 사격과 거친 지형에 너무 취약했다.

▽ **처칠 크로커다일**
Churchill Crocodile

연도 1943년 **국가** 영국	
무게 40.6톤(44.8미국톤)	
엔진 베드포드 트윈-6 가솔린, 350마력	
주무장 화염 방사기 75밀리미터 QF 포	

화염 방사기는 방어 시설에 대처하는데 아주 효과적이어서 전차에 부착할 경우 적의 사격에도 불구하고 적에게 접근해 전차를 마지막까지 생존할 수 있게 했다. 연료를 운용하는 트레일러를 갖춘 완전히 작전적인 포 전차(gun tank)였던 크로커다일은 적의 집중 사격을 받았지만 존재만으로 적의 항복을 이끌어 내기도 했다.

구경 290밀리미터
박격포 탑재 포탑

전차 위에 접혀 있는
가위형 교량

△ **처칠 AVRE**
Churchill AVRE

연도	1943년 **국가** 영국
무게	39.6톤(43.7미국톤)
엔진	베드포드 12기통 가솔린, 350마력
주무장	290밀리미터 피타드 박격포

왕립 장갑 공병차(AVRE)는 디에프 상륙 이후 공병들이 장갑 보호 하에 작업할 수 있도록 개발된 처칠의 다목적 버전이다. 이 차량은 방어 시설을 파괴할 수 있는 단거리 박격포로 무장하고 있다.

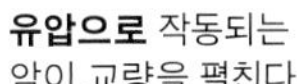

유압으로 작동되는
암이 교량을 펼친다.

지뢰 제거용
체인

△ **셔먼 V 크랩**
Sherman V Crab

연도	1943년 **국가** 미국
무게	32.2톤(35.5미국톤)
엔진	크라이슬러 A57 멀티 뱅크 가솔린, 425마력
주무장	75밀리미터 M3 40구경장 포

지뢰 부설 지역(minefields)에서 지뢰를 제거하는 것은 위험한 일이다. 지뢰 자체도 위험하지만, 지뢰는 통상적으로 적군의 화력으로 보호되고 있었기 때문이다. 셔먼 V 크랩 같은 지뢰 제거 전차들은 어떤 종류의 지뢰도 충분히 제거할 수 있을 만큼 체인을 회전시켜 땅을 두드리면서 시속 3.2킬로미터(시속 2마일) 이하의 속도로 직선으로 이동한다.

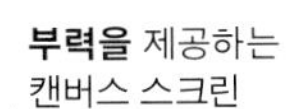

부력을 제공하는
캔버스 스크린

△ **셔먼 III 수륙 양용차**
Sherman III Duplex Drive

연도	1943년 **국가** 미국
무게	32.2톤(35.5미국톤)
엔진	제너럴 모터스 6046 디젤, 375마력
주무장	75밀리미터 M3 40구경장 포

완전한 전투 능력을 갖춘 셔먼 III(여기서는 M4A2)는 수상에서 운행하기 위한 프로펠러와 캔버스 스크린(canvas screen)을 장비하고 있다. 디데이 침공에서 공격 제1파의 보병을 지원하기 위해 개발되었다. 캔버스 스크린은 거친 바다에서는 취약했지만 부력을 제공한다.

위장용 모의 포

후면 크레인

△ **처칠 구난 전차(ARV)**
Churchill Armored Recovery Vehicle(ARV)

연도	1944년 **국가** 영국
무게	33.5톤(37미국톤)
엔진	베드포드 트윈-6 가솔린, 350마력
주무장	없음

장갑 구난 차량(armored recovery vehicle)은 영국군의 전기, 기계 기술자들이 전장 주변이나 고장 차량 수리를 위해 이동할 수 있도록 기동성과 방호력을 제공한다. 엔진 제거용 크레인, 견인 기어, 손상 전차 부품을 수리하기 위한 도구와 부품을 갖추고 있다.

시험 차량

전쟁의 압력으로 많은 숫자의 전차가 개발되었지만, 그중 다수는 군에서 운용되지 않았다. 몇몇은 기술의 발전으로 구식이 되어 버렸고, 혹은 개발 전에 전쟁이 끝나 취소되었다. 다른 것들은 이미 존재하는 차량 때문에 포기되었다. 기존 차량을 대체할 만큼 유용하지 않았거나, 기존 차량이 충분히 좋거나, 혹은 생산 지연이 새로운 종류의 차량을 받아들이지 못하게 했다.

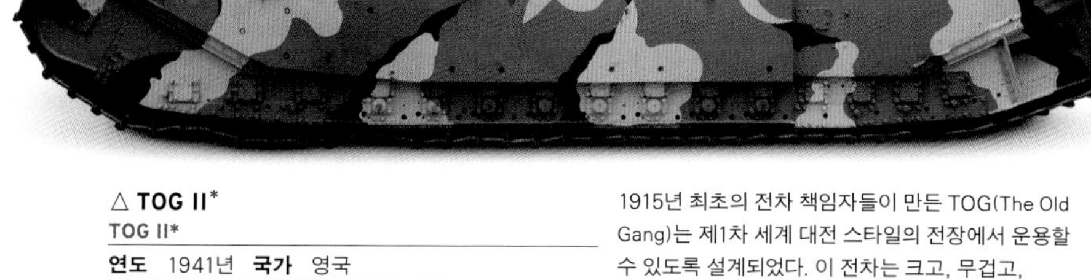

△ **TOG II***
TOG II*

연도	1941년 **국가** 영국
무게	81.3톤(89.6미국톤)
엔진	팍스맨 리카르도 12기통 디젤, 600마력
주무장	QF 17파운더 포

1915년 최초의 전차 책임자들이 만든 TOG(The Old Gang)는 제1차 세계 대전 스타일의 전장에서 운용할 수 있도록 설계되었다. 이 전차는 크고, 무겁고, 느렸다. 제2차 세계 대전의 전투를 통해 TOG가 현대전에 더 이상 적합하지 않음이 드러났다.

△ **M7**
M7

연도	1942년 **국가** 미국
무게	24.4톤(26.9미국톤)
엔진	라이트-콘티넨털 R-975 가솔린, 400마력
주무장	75밀리미터 M3 40구경장 포

원래는 12.7톤(14미국톤)의 경전차로 설계된 M7은 개발 과정에서 두드러지게 크기가 커졌다. 이 전차는 중형 전차로 재분류되어 M4 셔먼(86~89쪽)과 경쟁해야 했는데 M4가 탁월했고 이미 생산 중이었기 때문에, M7은 오직 7대만 만들어진 이후 버려졌다.

인양용 고리

장갑을 씌운 포방패

△ **T14**
T14

연도	1943년 **국가** 미국
무게	38.1톤(42미국톤)
엔진	포드 GAZ V8 가솔린, 520마력
주무장	75밀리미터 M3 40구경장 포

영국과 미국에서 중보병 지원 전차 혹은 중돌격 전차로 개발된 T14는 셔먼 부품을 많이 사용했다. 2대의 시험 차량(pilot model)이 만들어졌는데, 시험 결과 실제 전장에서 쓰기에는 너무 무거웠다. 또 셔먼과 처칠 전차를 능가할 만큼 개선 사항도 없었다.

▷ 발리언트
Valiant

연도 1944년 **국가** 영국
무게 27.4톤(30.8미국톤)
엔진 제너럴 모터스 6-71M 디젤, 210마력
주무장 QF 75밀리미터 포

발리언트는 극동 지역을 위한 보병 돌격 전차(infantry assault tank)로 개발되었다. 그러나 단일 시제형을 시험한 결과, 너무 느렸고, 최저 지상고(ground clearance)가 좋지 않아 현가장치를 손상시켰다. 거기다 조종수 구획은 너무 좁아 조작 중 부상의 위험을 가중시켰다. 이 전차는 최악의 전차 중 하나로 간주된다.

▽ 블랙 프린스
Black Prince

연도 1945년 **국가** 영국
무게 50.8톤(56미국톤)
엔진 베드포드 타입 120 가솔린, 350마력
주무장 QF 17파운더 포

블랙 프린스는 17파운더 포를 탑재하기 위해 처칠의 크기와 중량을 키운 전차이다. 장갑의 두께는 변함이 없고, 엔진도 그러했기 때문에 속도가 느렸다. 광폭 궤도와 개선된 현가장치도 기동성을 약간 회복시켰다.

▽ 토토이스
Tortoise

연도 1945년 **국가** 영국
무게 79.3톤(87.4미국톤)
엔진 롤스로이스 미티어 마크 5 가솔린, 600마력
주무장 QF 32파운더 포

중무장하고 중장갑을 갖춘 토토이스는 독일의 가장 육중한 전차들보다 화력이 더 우세하고 더 오래 버틸 수 있었다. 이 전차는 원래 독일의 방어 시설을 상대하는 돌격포로 쓰기 위해 만들어졌다. 이 전차는 기동성을 희생했기 때문에, 도로 최고 속도가 단지 시속 19.3킬로미터(시속 12마일)에 불과했다. 전쟁이 끝나기 전에 6대가 만들어졌다.

△ T28
T28

연도 1945년 **국가** 미국
무게 86.2톤(95미국톤)
엔진 포드 GAF V8 가솔린, 500마력
주무장 105밀리미터 T5E1 65구경장 포

독일 지크프리트 라인(Siegfried Line)의 강력한 방어망을 돌파하기 위해 설계된 T28은 미국에서 만든 전차 중 가장 무겁다. 이 전차는 트윈 궤도 정렬(twin track arrangement)을 채용한 후기형 셔먼 전차와 동일한 HVSS 현가장치를 사용한다. 오직 2대만 만들어졌고, 전쟁이 끝날 때까지 아무런 역할도 없었다.

전쟁과 평화 속 탱크

모든 무기들처럼, 전차는 다양한 관점으로 볼 수 있다. 전차는 억압, 침략, 위협의 상징으로 간주되곤 하는데 많은 경우 정반대도 진실이다. 예를 들어 1944년 6월 디데이 상륙 직후 깃발이 밖에 내걸리고 주민들이 부대를 환영하는 노르망디 플레르스(Flers) 거리에서 전차는 자유를 가져온 존재였다.

그처럼 전차에 대한 다른 관점은 전차가 발명된 직후인 제1차 세계대전에서도 이미 명백했다. 영국인들은 집 앞에서 장난감, 찻주전자, 핸드백, 온갖 기념품, 심지어 춤으로 독일에서 흐름을 바꾼 차량에 경의를 표했다. 마침내 영국은 '공군력을 사용해 런던을 처음으로 폭격하고, 전장에서 독가스를 처음으로 사용한 나라'와 마주했다. 뒤이어 전차는 전쟁 성금 모금에 큰 성공을 거두었고 많은 전차들이 영국 각지로 보내졌다. 반대로 독일인들에게, 1918년 후반 전장에서 전차의 출현은 지치고 사기가 떨어진 병사들이 항복할 구실이 되었다. 힌덴부르크는 "그들이 우리의 파괴되지 않은 참호와 장애물을 넘어 버려, (참호와 장애물은) 우리 부대원들에게 효과가 없었다."라고 썼다.

서먼 전차의 승무원들이 1944년 노르망디 플레르스의 폐허를 통과하고 있다. 불도저들이 뒤에서 무너진 돌무더기들을 치우고 있다.

장갑차와 병력 수송차 1

제2차 세계 대전에서 다양한 임무의 장갑 차량이 광범위하게 사용되었다. 척후차(scout car), 경정찰차(light reconnaissance car), 장갑차들이 정찰과 보병에 대한 기갑 지원용으로 사용되었다. 일부는 경화력(輕火力)을 갖추었고 다른 변형들도 통상적인 수준의 전차와 같은 수준으로 무장했다. 주된 역할은 적을 찾은 후 살아서 돌아와서 보고하는 것이었기 때문에 쌍안경, 무전기, '훌륭한 전술'이 무기였다.

▷ Sd Kfz 231 중장갑차, 8륜
Sd Kfz 231 Schwerer Panzerspahwagen, 8-rad

연도 1936년 **국가** 독일
무게 8.4톤(9.3미국톤)
엔진 버싱-NAG L8V 가솔린, 155마력
주무장 2센티미터 KwK 30 55구경장 캐논포

전쟁 전의 6x4 중장갑차(Panzerspahwagen)는 야지 횡단 기동성(cross-country mobility)이 충분하지 않았기 때문에 이 8륜 차량으로 교체되었다. 역할과 무장은 동일했고 후방에 위치한 조종수석도 유지했다. 몇몇 변형은 대형 베드스테드(bedstead) 형식의 무전기 안테나를 갖고 있으며, 구경 7.5센티미터 KwK 37포로 업그레이드한 변형들도 있다.

◁ Sd Kfz 251(하노마크)
Sd Kfz 251(Hanomag)

연도 1939년 **국가** 독일
무게 7.9톤(8.7미국톤)
엔진 마이바흐 HL42 T영국RM 가솔린, 100마력
주무장 없음

전차와 동행하는 독일 기갑척탄병(Panzergrenadiers)용 병력 수송 장갑차로 설계된 이 차량은 보병 10명을 탑승시킬 수 있었다. 장갑이 잘 갖추어졌지만 오픈-탑 방식이었다. 반궤도 설계로 야지 횡단 기동성이 뛰어났다. 전후 체코슬로바키아의 2,500대를 포함해서 1만 5,000대 이상이 만들어졌다.

▷ 유니버설 캐리어 마크 II
Universal Carrier, Mark II

연도 1939년 **국가** 영국
무게 4톤(4.4미국톤)
엔진 포드 플랫헤드 V8 가솔린, 85마력
주무장 303구경 브렌 기관총

역사상 가장 인기 있던 장갑 차량 중 하나인 유니버설 캐리어는 카든-로이드(46~47쪽 참조)의 후계 차량이다. 다수의 서로 다른 수송차(carrier)들이 하나의 '보편적(universal)' 설계로 통합되었다. 다목성이 높아 기관총, 박격포, 보병, 보급품, 포병 관측 장비 운반과 기타 용도로 사용되었다. 캐리어는 보병들에게 인기가 있었고 수요가 많았다.

측면에만 장착된 차체 장갑

◁ **M3A1**
M3A1

연도 1940년 **국가** 미국
무게 4.1톤(4.5미국톤)
엔진 허큘리스 JXD 가솔린, 87마력
주무장 없음

M3은 내구성과 신뢰성 있는 4륜 척후차이며 오픈-탑 구조와 장갑화된 차체를 가지고 있었다. 이 차량은 미국, 영국, 소련에서 병력 수송은 물론이고 앰뷸런스, 지휘소, 전방 관측 같은 다른 역할로도 널리 사용되었다. 전면 롤러는 도랑 등에 빠지는 것을 막는 데 도움을 준다.

장갑을 씌운 관측창

연료통

▷ **다임러 마크 II**
Daimler Mark II

연도 1940년 **국가** 영국
무게 3톤(3.4미국톤)
엔진 다임러 6HV 가솔린, 55마력
주무장 없음

딩고(Dingo)라는 이름으로 널리 알려진 이 소형 2인승 척후차는 다임러 장갑차들이 공유하는 현가장치의 설계에 힘입어 기동성이 매우 뛰어났다. 초기형 딩고는 4륜 조향장치(steering)와 경사 장갑형 루프(roof)가 있었는데, 나중에 모두 제거되었으나 고체형 고무 타이어는 유지되었다. 약 6,600대가 만들어졌고, 매우 인기가 있었다.

차체 장갑은 오직 제한된 방호만을 제공한다.

조종수용 관측창

◁ **험버 척후차**
Humber Scout Car

연도 1942년 **국가** 영국
무게 3.5톤(3.8미국톤)
엔진 험버 5기통 가솔린, 87마력
주무장 303구경 브렌 기관총

딩고가 영국의 표준 척후차였지만, 전시의 수요 때문에 다른 회사들도 유사한 차량을 생산하게 된다. 약 4,300대가 험버 사에 의해 제작되었다. 전쟁 후반기, 딩고는 주로 보병에 의해 운용되었고 험버는 일반적으로 기갑 부대에 배치되었다.

공기 타이어

7.62밀리미터 기관총을 탑재한 포탑

▷ **BA-64**
BA-64

연도 1942년 **국가** 소련
무게 2.3톤(2.6미국톤)
엔진 GAZ-MM 4기통, 가솔린, 50마력
주무장 7.62밀리미터 DT 기관총

가벼운 2인승 4x4 장갑차인 BA-64는 소련군에서 정찰, 연락, 통신용으로 운용되었다. 대부분의 연합국 장갑 차량과 달리 소수의 BA-64만 무전기를 가지고 있었다. 장갑의 각도와 배치 위치 때문에 장갑 두께에서 산출되는 방호력보다 실제 방호력이 더 우수했다.

장갑차와 병력 수송차 2

장갑 반궤도차(armored half-tracks)는 연합국과 주축국에서 야지 및 교전 중 보병 수송용으로 사용되었다. 다목적 차량으로서 대전차 또는 대공포 플랫폼, 포병을 위한 견인 차량, 앰뷸런스, 정비차, 지휘차 등을 포함한 서로 다른 역할로 사용되었다. 완전한 궤도를 갖춘 지원 차량은 보편적이지 않았지만, 인기있던 유니버설 캐리어는 매우 많이 사용되었다. 전쟁이 종결로 향해 갈 때 램 캥거루는 완전 궤도 병력 수송차(fully tracked armored personnel carrier) 개념을 개척했다.

각이 져 있는 승무원 구획

△ 프레잉 맨티스
Praying Mantis

연도	1943년 **국가** 영국
무게	5.3톤(5.8미국톤)
엔진	포드 플랫헤드 V8 가솔린, 85마력
주무장	2x303구경 브렌 기관총

프레잉 맨티스(기도하는 사마귀)는 매우 작은 무기 수송차를 생산하려다 실패한 결과물이다. 승무원 2명이 엎드려 있는 차체(body)를 유압식 장치로 들어 올려 가려진 것을 보거나 사격할 수 있었다. 혁신성에도 불구하고 운용하기에는 어려움이 있었고 승무원들을 힘들게 했다.

차체에 적재한 기관총 3각대

◁ M8 그레이하운드
M8 Greyhound

연도	1943년 **국가** 미국
무게	7.4톤(8.2미국톤)
엔진	허큘리스 JXD 가솔린, 110마력
주무장	37밀리미터 M6 56.6구경장 포

M8은 원래 차륜형 구축 전차로 설계되었지만, 가벼운 장갑 때문에 곧 정찰 차량이 되었다. 이 차량의 6륜 구동 방식은 도로에서 높은 속도를 낼 수 있었지만, 이 차량의 현가장치는 야지 운용이 제한되었다. M8은 오픈-탑 방식으로, 장갑도 얇다.

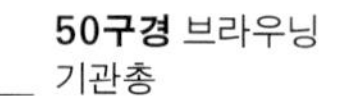

▽ M5 반궤도차
M5 half-track

연도	1943년 **국가** 미국
무게	9.9톤(10.9미국톤)
엔진	IHC RED-450-B 가솔린, 141마력
주무장	50구경 브라우닝 M2 기관총

연합국은 M2와 M9을 포병 트랙터로, M3과 M5를 병력 수송 장갑차로 썼다. 둘 다 구난, 지휘소, 앰뷸런스를 포함한 다른 용도로 널리 쓰였다. 이스라엘은 이 차량을 1945년 이후 수십 년 동안 운용했다.

50구경 브라우닝 기관총

후반부의 무한궤도

◁ 마몬-헤링턴, 마크 IV
Marmon-Herrington, Mark IV

연도 1943년 **국가** 남아프리카공화국
무게 6.7톤(7.4미국톤)
엔진 포드 V8 가솔린, 95마력
주무장 QF 2파운더 포

마크 IV는 초기형 마몬-헤링턴과 약간 유사하다. 엔진은 후방에 있고 차대와 분리되지 않으며 2파운더 포로 보다 중무장하고 있다. 1943년 북아프리카 전역이 끝났을 때 마크 IV는 대신 이탈리아에서 사용되었다. 1974년 터키의 키프로스 침공 때 마지막으로 실전에 참가했다.

△ 폭스 장갑차
Fox Armored Car

연도 1943년 **국가** 캐나다
무게 8.1톤(9미국톤)
엔진 제너럴 모터스 270 가솔린, 97마력
주무장 50구경 브라우닝 M2 기관총

폭스는 캐나다 제작 버전의 영국 험버 장갑차다. 폭스는 표준 캐나다 군용 트럭 차대를 바탕으로, 보다 쉽게 획득할 수 있는 미국제 기관총으로 무장했다. 약 1,500대가 제조되어, 이탈리아와 인도에서 운용되었다.

△ CT15TA 장갑 트럭
CT15TA Armored Truck

연도 1943년 **국가** 캐나다
무게 4.6톤(5미국톤)
엔진 제너럴 모터스 270 가솔린, 100마력
주무장 없음

폭스 장갑차와 마찬가지로 CT15TA는 캐나다 군용 트럭 차대에 기초를 두고 있다. 이 차량은 병력 수송과 환자 이송용은 물론이고 화물 수송용으로 사용되었다. 그러나 전선용 차량으로 만들어진 것은 아니었다.

◁ Sd Kfz 234/3 중장갑차, 8륜
Sd Kfz 234/3 Schwerer Panzerspahwagen, 8-rad

연도 1944년 **국가** 독일
무게 11.7톤(12.9미국톤)
엔진 타트라 103 디젤, 220마력
주무장 7.5센티미터 Kwk 51 24구경장 포

Sd Kfz 234는 1944년 Sd Kfz 231을 대체했다. 이 차량에는 탁월한 기동성을 제공하는 진보한 현가장치와 조향장치는 물론이고 더 강력한 엔진과 두꺼운 장갑이 있다. 다른 방식으로 무장한 4종의 변형이 있으며 전용 대전차포로 무장한 이 버전은 방어 시설과 다른 차량을 지원하기 위해 지역 표적을 상대용으로 운용되었다.

△ 램 캥거루
Ram Kangaroo

연도 1944년 **국가** 캐나다
무게 24.9톤(27.4미국톤)
엔진 라이트-콘티넨털 R-975 가솔린, 400마력
주무장 30구경 브라우닝 M1919 기관총

캥거루라는 이름은 보병 수송용으로 개조된 몇 종류의 다른 전차들에게 주어졌다. 대부분은 램 전차에 바탕을 두고 있었다. 이 차량은 이탈리아와 북서 유럽에서 사용되었다. 각 11명의 병사들을 수송할 수 있다. 캐나다군이 캥거루의 발전을 주도했다.

1945~1991년

냉전

냉전

제2차 세계 대전 이후 전차는 전장에서 압도적이지만 무적은 아님이 명백해졌다. 저렴하고 가벼운 무기에서 발사되는 성형 작약탄(shaped-charge warhead)은 가장 육중한 전차에게도 심각한 위협을 가했다. 전차 제조사들은 최선의 방호 형태는 장갑이 아니라 기동성이라는 점에 주목하게 되었다. 냉전 시대 양 진영 전차들은 가장 먼저 한국 전쟁에서 대적하게 되었지만 장갑 차량들은 주로 보병 지원용으로 사용되어 전차전은 드물었다. 마찬가지로 베트남 전쟁 중 미국이나, 아프가니스탄 전쟁 중 소련도 장갑 차량을 대량 배치했지만 적의 전차와는 거의 마주치지 않았다. 냉전 시대의 가장 대규모 전차전에 초강대국은 참가하지 않았다. 예를 들어 1965년의 인도-파키스탄 전쟁의 몇몇 전투에 양국 전차 수백 대만 참가했을 뿐이다.

이스라엘은 1967년 6일 전쟁과 1973년 욤 키푸르 전쟁을 거치며 전차 설계의 중요한 발전에 박차를 가했다. 대전차 미사일에 손실이 컸던 이스라엘은 새로운 성형 작약탄 대응 수단 연구를 가속화해 소련과 함께 폭발 반응 장갑(Explosive Reactive Armor, ERA)을 개발했고 영국의 초밤(Chobham) 연구소에서는 서로 다른 물질로 층을 이룬 복합 장갑을 만들었다. 이런 장갑을 두르고 컴퓨터화된 사격 통제 장치나 열상 야간 사격 조준기를 갖춘 새로운 세대의 전차들이 1980년대 전장으로 나왔다. 그중 상당수가 1991년 제1차 걸프 전쟁에서 자신의 가치를 증명했으며 구형 소련 차량에 대한 우월성을 명백하게 입증했다.

△ **베트남 프라이드**
민족주의적 포스터에서 베트남의 자유를 이끄는 전차 이미지를 보여 주면서, 이전 식민지 지배자들에 대한 베트남의 승리를 축하하고 있다.

"승리는 더 이상 진실이 아니다. 그것은 폐허에서 살아남은 사람을 설명하기 위한 단어이다."

린든 존슨, 미국 대통령

◁ **소련 선전 포스터가** 스탈린(왼쪽)이 무적처럼 보이는 전차들이 이끄는 군대 옆에 서 있는 모습을 그렸다.

주요 사건

- ▷ **1945년** 소련의 IS-3 중전차가 베를린에서 열린 연합국 승리 퍼레이드에 참가해 서방 관측자들을 놀라게 했다.
- ▷ **1950년** 한국 전쟁의 발발이 미국에서 '전차 공포'를 불러일으켜, 새로운 차량의 개발을 가속화시켰다.
- ▷ **1956년** 소련 전차들이 헝가리 혁명을 진압하기 위한 시가전에 참가했다. 몇 대가 급조 무기에 의해 파괴되었다.
- ▷ **1965년** 인도가 파키스탄의 침략을 아살 우타(Asal Uttar) 전투를 통해 막아 냈다. 파키스탄은 250대 중 99대를 잃고, 인도는 10대를 잃었다.

△ **베트남에서의 M48 패튼 전차**
베트남 레인저들이 베트남 전쟁 중 사이공(현재의 호찌민 시)의 쩔런(Cholon) 지구에서 벌어진 전투에서 미국의 M48 패튼 전차를 엄호하고 있다.

- ▷ **1972년** 센추리온 AVRE가 북아일랜드 분쟁 중 최대 규모의 작전인 모터맨 작전에서 IRA의 바리케이드를 폭파했다.
- ▷ **1973년** 골란 고원에서 불과 170대의 이스라엘 센추리온 부대가 시리아 전차 1,200대 이상의 침공을 지연시켰다.
- ▷ **1980년** 미국의 M1 에이브럼스의 운용이 시작되었다. 초밤 장갑을 장착한 첫 전차였다.
- ▷ **1982년** 레바논 전쟁 중 이스라엘이 폭발 반응 장갑을 처음으로 사용했다.
- ▷ **1991년** 미국 전차들이 제1차 걸프전 73 이스팅 전투에서 수적 열세에도 불구하고 이라크의 가장 역량 있는 몇몇 부대를 격파했다.

공산권의 전차 1

제2차 세계 대전이 끝나고 곧 소련은 T-54 전차를 선보였다. 이 전차는 대량으로 생산되어 바르샤바 조약 기구와 세계 각지 공산주의 종속국에 수출된 일련의 전차 중 최초였다. 소련의 교리는 포병과 보병의 지원을 받는 전차를 사용해 전선의 방어를 돌파하고 적 후방으로 깊숙하게 전진하려고 구상했다. 기동성과 낮은 높이를 강조한 설계로 인해 전차는 적이 명중시키기 힘들었다. 대신 승무원은 통상적으로 좁은 공간과 불편함을 감수해야 했다.

△ **T-54**

T-54

연도 1947년 **국가** 소련	
무게 36톤(39.6미국톤)	
엔진 V-54 V12 디젤, 520마력	
주무장 100밀리미터 D-10T 53.5구경장 강선포	

T-54는 역사상 가장 많이 생산된 장갑 차량 중 하나이다. 크리스티 현가장치를 제거하는 대신 토션 바를 설치했다. 이 전차는 SU-100에서 그 가치를 증명한 구경 100밀리미터 포로 무장하고 있다. T-54는 아프리카, 중동, 아시아, 유럽에서 실전에 참가했다.

포탑의 전차장과 탄약수석

경장갑이 제공하는 차량 부력

▷ **PT-76**

PT-76

연도 1951년 **국가** 소련	
무게 14.6톤(16.1미국톤)	
엔진 모델 V-6 디젤, 240마력	
주무장 76.2밀리미터 2A16 42구경장 강선포	

PT-76 경전차는 2대의 워터제트(water jet)의 도움을 받아 수상 항행이 가능하다. 이동성과 다목적성이 뛰어났지만 부력을 갖추기 위해 큰 차체에 얇은 장갑만 갖추고 있어 중기관총으로부터 전차를 간신히 보호할 수 있다.

포신 제연기는 추진 가스가 전차 실내로 들어오는 것을 막는다.

구경 100밀리미터 53.5구경장 강선포

기다란 차체

예비 궤도 링크

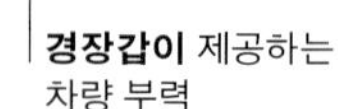

△ **T-10M**

T-10M

연도 1952년 **국가** 소련	
무게 52톤(57.3미국톤)	
엔진 하르코프 모델 V-2-IS 디젤, 700마력	
주무장 122밀리미터 M-62-T2 46구경장 강선포	

KV, IS 계열의 마지막 중전차인 T-10은 짧은 기간 운용된 후, 주력 전차(main battle tank)의 개발로 구식이 되었다. 소련을 중전차를 독립 대대에 두고, 추가적인 전투력이 필요할 때 그 대대를 대부대에 배속하는 방식으로 운용했다. 마지막 T-10전차들은 1960년대 후반에 T-64와 교체되면서 물러났다.

▷ **T-55**

T-55

연도 1958년 **국가** 소련	
무게 36톤(39.6미국톤)	
엔진 V-55 V12 디젤, 580마력	
주무장 100밀리미터 D-10T2S 53.5구경장 강선포	

T-54와 다르게 T-55는 핵, 생물, 화학(NBC) 무기 방호 시스템과 보다 강력한 엔진을 갖고 있다. 이 전차의 생산은 거리 측정기, 새로운 사격 조준기 같은 보다 현대적 시스템을 통합해 업그레이드하면서 1981년까지 계속되었다. 많은 국가들이 이 전차가 21세기에도 생존할 수 있도록 성능 개선 사항들을 발전시켰다.

▷ **59식**
Type 59

연도 1959년	**국가** 중국
무게 36톤(39.6미국톤)	
엔진 12150L V12 디젤, 520마력	
주무장 105밀리미터 L7 강선포	

원래 T-54에 기초하고 있었던 59식의 발전은 중국과 서양 시스템을 통합하면서 두드러지게 분기(分岐)되었다. 이 버전의 59-II는 영국 설계의 포, NBC 방호 장비, 포 안정화(stabilization) 장치를 갖추고 있다.

◁ **T-62**
T-62

연도 1962년	**국가** 소련
무게 38톤(41.9미국톤)	
엔진 V-55-5 V12 디젤, 580마력	
주무장 115밀리미터 2A20 49.5구경장 활강포	

T-55 전차에서 발전한 T-62는 차체가 커졌다. T-62의 더 강력한 구경 115밀리미터 포는 처음으로 운용된 활강포이며, 날개 안정 분리 철갑탄(APFSDS)을 사격할 수 있다. 임시변통 용도였던 T-62는 1970년대까지 소련군의 주력이 되었다.

△ **62식**
Type 62

연도 1962년	**국가** 중국
무게 21톤(23.2미국톤)	
엔진 12150L-3 V12 디젤, 430마력	
주무장 85밀리미터 타입 62-85TC 강선포	

59식은 중국의 몇몇 지역에 배치하기에는 너무 크고 무거웠다. 본질적으로 62식은 그런 지역에 주둔한 부대들에게 지급하기 위해 크기를 줄인 버전이다. 결과적으로 화력과 방호력은 약해졌지만, 접지압과 기동성이 개선되었다.

공산권의 전차 2

중동 지역의 소련 종속국에 의해 이루어진 소련 전차들의 전투 기록에 따르면 서방 전차와 1대 1로 조우했을 때 열세하다는 점을 시사한다. 그러나 진실은 전차 설계의 바탕이 된 교리에 따라 전차를 운용하지 않았다는 점이다. 사실 소련 전차들도 일반적으로 꽤 정교해졌다. 특히 냉전 후반기의 전차들은 가스 터빈 엔진, 콘탁트(kontakt) 폭발 반응 장갑(ERA), 드로즈드(Drozd) 능동 방호 장비를 특징으로 한다.

△ 63식
Type 63

연도	1963년
국가	중국
무게	18.4톤(20.3미국톤)
엔진	모델 12150-I 디젤, 400마력
주무장	85밀리미터 타입 62-85TC 강선포

PT-76과 유사한 개념임에도 불구하고, 63식은 큰 틀에서 토착적으로 설계되었다. 6.5노트(시속 7.5마일)의 수상 속도를 낼 수 있는 워터 제트 2대가 딸려 있다. 장거리를 수상 항행할 수 있으며 폭이 넓은 강과 논이 많은 지형을 가로지를 수 있을 뿐만 아니라, 수륙 양용 작전에서도 중요한 역할을 수행할 수 있다.

▷ T-64B
T-64B

연도	1966년 **국가** 소련
무게	39톤(43미국톤)
엔진	5DTF 디젤, 700마력
주무장	125밀리미터 2A46M2 48구경장 활강포

설계가 선진적이지만 복잡한 T-64는 여러 새로운 특징을 선보였다. 특히 자동 장전 장치를 갖춘 포는 유도 미사일도 사격할 수 있다. 이 전차는 소련 야전군의 선봉인 독립 전차 대대를 위해 만들어졌기 때문에 수출을 하지 않았다. 소련 붕괴 후 T-64 공장은 우크라이나에 남겨져 전차를 추가 개발하고 있다.

△ T-72M1
T-72M1

연도	1973년 **국가** 소련
무게	41.5톤(45.7미국톤)
엔진	V-46.6 디젤, 780마력
주무장	125밀리미터 2A46 48구경장 활강포

T-64를 더 간단하고 저렴하게 만든 T-72는 오랜 운용 기간 중 대규모로 업그레이드되었다. 최신 모델은 특징적인 폭발 반응 장갑(ERA) 패널과 열상 헌터 킬러 조준기(thermal hunter-killer sights)로 무장하고 있다. 수출된 버전들은 일반적으로 덜 정교한 시스템과 얇은 장갑을 갖고 있다.

▷ T-80
T-80

연도	1976년 **국가** 소련
무게	46톤(50.7미국톤)
엔진	GTD-1250 가스 터빈, 1,250마력
주무장	125밀리미터 2A46M1 48구경장 활강포

T-64로부터 발전된 T-80은 가스 터빈 엔진을 동력으로 쓰고 있다. 1991년 쿠테타 시도 시간 중 모스크바 시가지에 출현했고, 1995년 체첸에서 실전에 참가했다. T-80U는 보다 강력한 터빈과 ERA 패널로 방호되는 새로운 포탑을 갖고 있다.

▷ 88C식

Type 88C

연도 1981년 **국가** 중국

무게 41톤(45.2미국톤)

엔진 VR36 V12 디젤, 790마력

주무장 125밀리미터 활강포

냉전 기간 중 2세대의 중국 전차들은 T-54의 기본 설계를 공유했다. 1980년대 후반부터 달라지기 시작했다. 시제형과 수출 모델들의 정점인 88C는 새로운 보기륜 배열 방식과 자동 장전 장치를 갖춘 새로운 포탑을 갖고 있다.

◁ 69식

Type 69

연도 1983년 **국가** 중국

무게 36.7톤(40.4미국톤)

엔진 12150L-7BW V12 디젤, 580마력

주무장 100밀리미터 강선포

59식을 대대적으로 업그레이드한 69식은 소련의 지원 없이 중국 업체들이 개발했다. 이 최신 버전의 69-II는 포신에 레이저 거리 측정기를 장착하고 있고, 포 옆에 적외선 서치라이트를 장착하고 있다. 중국에서 광범위하게 사용되지는 않았지만 대신 수출에 성공했다.

▷ T-55AD

T-55AD

연도 1989년 **국가** 소련

무게 36톤(39.6미국톤)

엔진 V-55 V12 디젤, 580마력

주무장 100밀리미터 D-10T2S 53.5구경장 강선포

에니그마(Enigma)로 널리 알려진 이 이라크의 T-55는 포탑, 사이드 스커드, 경사판 등에 부착하는 부가 장갑(extra armor)을 갖고 있다. 강철, 고무, 알루미늄의 층으로 되어 있어 대전차 고폭탄(HEAT)을 막아 낼 수 있다. 여러 국가들에서 오래된 전차들이 전장에서 독자 생존 가능하도록 적용된 업그레이드의 한 사례이다. 무게가 늘어나 전차의 기동성에 영향을 미친다는 약점이 있다.

T-72

T-72는 냉전이 공개적인 분쟁으로 격화될 경우를 대비해 설계한 소련 전차이다. 그보다 앞선 T-64(132쪽 참조)가 비싸고 복잡한 전차인데 비해 제조와 정비가 간단하다. T-72는 1970년 적군(赤軍)에서 운용을 시작했으며, 여전히 40개국 이상에서 사용 중이다. 흔히 방호력을 낮춘 T-72 전차 버전이 수출용으로 소련에서 만들어졌다. 폴란드와 체코슬로바키아에서도 T-72가 제조되었다.

T-72는 높이가 낮은 형상(profile), 프라이팬 모양의 포탑, 신뢰할 수 있는 디젤 엔진 등 소련 초기 전차 설계의 특징을 포함하고 있다. 단지 41톤(45미국톤)을 조금 넘는 정도여서 이 전차는 통상적인 서구권 전차와 비교해 가볍다. 이 전차 또한 많은 냉전 시기 소련 전차들이 그러하듯이 1대 1로 대결하면 효과가 떨어지는 것으로 간주되었다. 서방 방어선을 집어삼키기 위해 이 전차들을 대규모로 집단 공격하는 데 사용하려는 소련 사령관들의 의도에는 부합했다.

T-72는 주포에 자동 장전 장치를 장비하고 있는데, 탄환 22발은 자동 장전 장치의 서큘러(circular, horizontal carousel)에 탑재되어 있고, 예비탄 17발은 차체에 적재한다. 이것이 13초에 3발이라는 최고 발사 속도를 가능하게 한다. 이것은 또한 전차장, 포수, 조종수 3명으로 운용 가능하다는 것을 의미하는데, 필요한 승무원 공간이 줄자 더 작고 가벼운 설계가 가능해졌다. 공식적인 가이드라인은 T-72의 좁은 실내에 맞출 수 있도록 승무원 신장을 최대 175센티미터(5피트 9인치)로 정하고 있어 더욱 효과적이었다.

제원	
명칭	T-72M1
연도	1973년
제조국	소련
생산량	2만 5000대 이상
엔진	V46.6 V-12 디젤, 780마력
무게	41.5톤(45.7미국톤)
주무장	125밀리미터 2A46M 활강포
부무장	12.7밀리미터 NSVT 기관총
승무원	3명
장갑 두께	최대 280밀리미터(11인치)

전차장
조종수
포수

후면

3/4 측면도

스텔스와 기동성

T-72 전차의 전면부는 이 전차의 주요 전술 자산 하나인 낮은 형상(low profile)을 보여 준다. 높이가 2미터(6피트)에 불과하게 적이 표적으로 삼기 어렵다. 자동 장전 장치가 있어, 승조원이 포탑 안에서 서 있을 필요가 없기 때문에 높이가 낮아졌다.

외부

전차는 종종 개선 사항과 추가 사항이 특징적이다. 폴란드군의 T-72도 측면에 따라 길(Gill) 장갑이 추가되었다. 중공 작약탄(hollow charge round)을 폭발시키거나 방해하기 위해 전차의 몸체에 닿기 전에 이 고무 사각판은 앞으로 구부러질 수 있다.

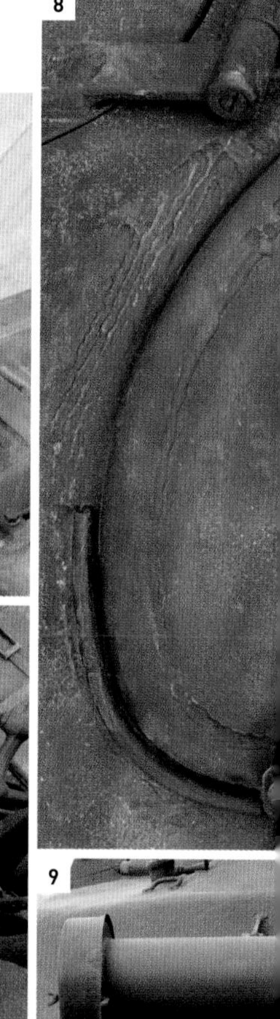

1. 폴란드의 국가 문장 **2.** 스테이션 키핑/호송 라이트 **3.** 주사격 조준기 **4.** 헤드라이트 **5.** 적외선 라이트 **6.** 기관총 브라켓 **7.** 전차장 해치(닫힌 상태) **8.** 포수용 해치(닫힌 상태) **9.** 심수 도하용 스노클(미운용 적재 상태) **10.** 기관총 탄약 박스 **11.** 엔진 배기장치 **12.** 부가 '길' 장갑 **13.** 연료 드럼 브라켓 **14.** 차체 위의 예비 트랙 링크 **15.** 후면 리플렉터

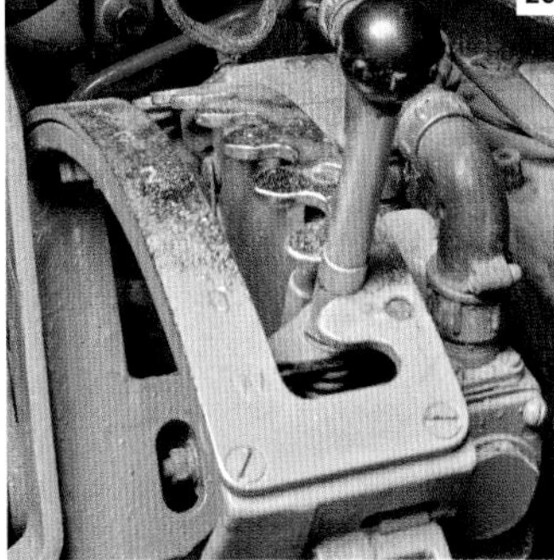

내부

단지 승무원 3명만 수용하기 때문에 T-72의 내부는 비좁아서 편안함에 대한 양보는 거의 없다. 이 전차의 승무원 구획은 NBC 방호를 제공한다. 포수는 사격 조준기와 주간용 레이저 거리 측정기는 물론 야간용 적외선 조준기도 사용할 수 있다.

16. 전차장석을 내려다본 모습 **17.** 전차장 조준기 **18.** 포수석을 내려다본 모습 **19.** 포수의 조준기 **20.** 전차장 의자과 권총 케이스 **21.** 포 고저 조종 핸드휠 **22.** 주포 포미와 자동 장전 장치 **23.** 조종수석을 내려다본 모습 **24.** 조종수 잠망경 **25.** 기어 시프트 **26.** 조종수용 계기판 **27.** 왼손용 조향 레버

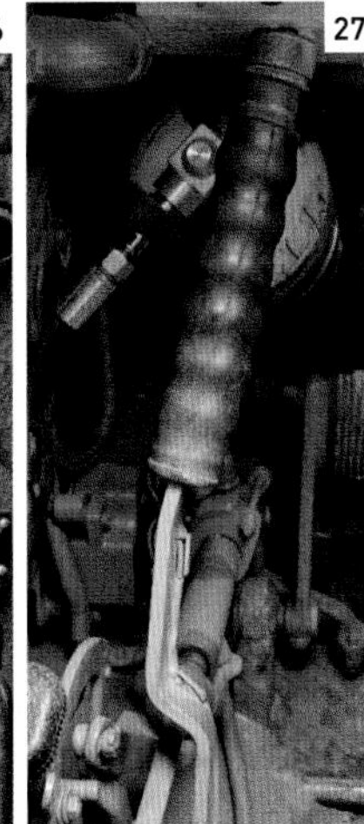

US ARMY CHECKPOINT

베를린 위기

베를린은 냉전 기간 중 끝없는 전장이었다. 1961년 동독 국경 수비대가 미국 외교관을 멈춰 세우고 여권을 요구하자 서베를린의 미국 당국은 외교관들을 지프 탑승 병력으로 도시 동쪽으로 호송하는 방식으로 대응했다. 놀란 미국 정부는 루시어스 클레이(Lucius D. Clay) 장군을 베를린에 보내 제2차 세계 대전 종결 때 소련이 4자 협정을 통해 더 이상의 침략이 없을 것임을 다짐한 내용을 확인했다. 클레이는 소련이 어떻게 나오든 물러서지 않기로 결심하고 10월 27일 동서 베를린의 관문인 체크포인트 찰리에 M48 전차 27대를 보냈다. 전차들은 국경으로부터 75미터(246피트) 지점에 서 있었으며, 포는 전방을 향하고 엔진을 가동한 상태였다. 이에 대한 대응으로 소련 지도자 니키타 흐루시초프는 T-55 전차로 미국에 대응할 것을 명령했다. 양 진영이 16시간 동안 대치하는 동안 케네디 대통령은 크레믈린 측과 따로 연락을 취했다. 마침내 첫 번째 T-55가 철수하자 M48 1대도 뒤로 물러나는 과정이 정상 상태로 복귀할 때까지 계속되었다. 소련은 초창기의 베를린 자유 통행에 대한 4자 협정을 존중했지만, 클레이 장군이 벼랑 끝 전술을 고수하는 것은 위험하다고 받아들여졌다.

소련과 미국 전차들이 1961년 동서 베를린이 교차하는 지점에 있는 체크포인트 찰리에서 대치하고 있다.

기동 중인 울란 보병 전투차

핵심 제조사

제너럴 다이내믹스

제너럴 다이내믹스 사는 적응력이 뛰어난 대규모 군수 공업 회사이다. 냉전 종식 이후 미래가 암울해 보였지만 장갑 차량, 군함, 군사 정보 시스템에 집중하면서 다시 한 번 주목받을 수 있게 되었다.

1982년까지 제너럴 다이내믹스 사는 잠수함 건조와 군사 항공이 주력 분야였지만, 전투 차량 제조에 뛰어들기로 하고 크라이슬러 사의 국방 분야 투자 지분을 인수하기 위해 새로운 사업 부서로 랜드 시스템스(Land Systems)를 창설했다. 주요 자산은 1961~1987년 1만 5000대가 생산된 M60 주력 전차였다. 이들 차량은 미국 육군과 해병대의 기갑 사단에서 냉전 기간 중 대부분의 시기에 장비하고 있었고, 1991년 걸프전에서도 해병대에서 현역(지금은 3세대 장비를 보유) 장비로 보유했다.

미국의 전투 차량은 흔히 역사 속 고위 장군들의 이름을 붙인다. 패튼 전차의 계승자인 M1 에이브럼스 전차도 예외는 아니었다. 오랜 설계 과정 끝에 1980년 군에서 운용을 시작했으며, 곧 탁월함을 보여 주었다. 성공적인 업그레이드는 수십 년 동안 현역에 남아 있는 것을 가능하게 했다. 이 전차의 원래 복합 장갑은 점점 개선되었으며, 가장 두드러지게는 열화 우라늄과 반응(폭발성)판을 취약한 곳(238~239쪽 참조)에 추가했다. 동시에 원래의 구경 105밀리미터 M68A1은 현대적 전장에서 충분하지 않은 것으로 간주되었기 때문에 곧 독일에서 설계한 구경 120밀리미터 M256A1 활강포로 교체되었다. 이 44구경장 캐논포는 M829 날개 안정 분리 철갑탄(APFSDS) 다트(Dart, 열화 우라늄으로 만들어졌으며 2,000미터(2,200야드)에서 570밀리미터(22인치)의 강철제 장갑을 관통할 수 있었다.)는 물론이고 고폭탄(성형 작약) 그리고 1,000개 이상의 구경 9.5밀리미터(3/8인치) 텅스텐 볼을 넣은 대인탄(對人彈)을 포함한 다양한 종류의 발사체를 사격할 수 있었다.

에이브럼스 생산
에이브럼스 주력 전차의 생산은 오하이오 주 디트로이트와 리마 공장에서 시작되었다. 1996년 디트로이트 공장이 문을 닫았을 때 리마 공장은 보수 임무를 맡게 되었다. 리마 공장은 예전에 셔먼 같은 전차를 생산했다.

플라이어 ALSV 차량
특수 부대를 위해 개발된 플라이어는 9명을 태우고 최고 시속 160킬로미터(시속 100마일)를 낼 수 있다. 기관총과 캐논포 또는 구경 40밀리미터 유탄 발사기로 무장할 수 있다.

제너럴 다이내믹스는 20세기 말에 군사 항공 분야의 모든 투자 지분을 상실했다. 그러나 랜드 시스템스는 유럽은 물론이고 미국에서의 인수 합병으로 더 확장되었다. 첫 번째로 차량뿐 아니라 소형 화기, 탄약, 미사일을 생산하는 산타 바바라 시스테마스 사(Santa Bárbara Sistemas)를 스페인 정부로부터 인수했다. 다음으로 랜드 시스템스는 2003년 제너럴 모터스 사의 국방 분야 투자 지분과, 오스트리아 투자 기구로부터 슈타이어 다임러 퓨흐 스페지알파조이크 사(SPDS)를 인수했다. 마지막으로 1950년대 이래 특수 군사, 민간 차량 분야에서 어느 정도 성공을 거둔 스위스의 모바그 사(MOWAG)를 매입했다. 새로운 유럽 투자 지분은 곧 모회사 장갑 차량 개발 노력의 중요한 일부분이 되었다. 피사로(Pizarro) 보병 전투차(오스트리아군에서는 울란)와 스카우트 SV를 생산하기 위해 산타 바바라 사와 슈타이어 사가 (오스트리아-스페인 공동 개발 형식으로) 함께 일했다. 피사로/울란은 오스트리아와 스페인만 채택하는 제한적 성공을 거두었다. 그러나 스카우트 SV는 이야기가 다르다. BAE 시스템스의 CV90보다 우선해 스카우트 SV는 영국 육군의 에이젝스(Ajax) 계열 차량으로 선택되어, 오래된 (궤도형) CVR 계열 차량들을 대체했다.

SDPS 사는 또다른 스페인 관계사 페가소 사(Pegaso)의 설계를 바탕으로 (차륜형) 판두르(Pandur) 장갑 전투차를 독자적으로 개발했다. 그동안 모바그 사는 경전술 차량 이글, 오프로드 전술 차량 듀로(DURO), 가장 성공적인 피라냐(Piranha) 차륜형 다목적 장갑차/보병 전투차 계열 차량을 생산했다. 1972년에 운용을 시작한 피라냐는 곧 4륜부터 10륜까지 4개의 구별되는 버전을 이용할 수 있게 되었다. 그들 중 일부는 2개의 프로펠러와 러더를 장착하고 제한된 내수(內水) 수류 양용이 가능했다. 피라냐는 미국과 캐나다 부대에서 운용된 8륜 LAV-25과 바이슨(Bison), 바이슨의 6륜형 다목적 장갑 차량(AVGP)으로 쿠거, 그리즐리, 허스키로 알려진 다양한 형식은 물론이고, 코디악(Kodiak)으로 알려진 8륜형 LAV-III의 토대가 되었다. 피라냐의 최신 변형은 미국 육군의 스트라이커 장갑 전투 차량 계열 차량

“당신이 누군가의 관심을 끌고 싶다면, 단지 M1A1 전차를 땅 위에 두기만 하면 된다.”

론 E. 메거트 장군, 포트 녹스 미국 기갑 센터 지휘관

오실롯
지뢰 방호 차량과 다르게 기존 차대에 기초를 두고 있는 오실롯은 모듈 방식을 채택하고 있다. V자형 차체(V-hull)와 탈착형 승무원 방호 포드(protected crew pod)를 통합한 설계이다.

의 토대가 되었다. 2014년 생산이 종료될 때 거의 4500대가 운용 중이었다. 거기에는 또한 이 차량의 수많은 하위 형식들이 있다. 예를 들어 코디악은 구경 25밀리미터 기관포(chain gun)를 포탑에 장착하고 있지만, 스위스 버전의 피라냐는 토우(TOW) 대전차 미사일을 장착할 수 있다. 스트라이커의 M1128 MGS 버전은 구경 105밀리미터 M68 캐논포를 가지고 있다.

또 다른 미국 기반 전문업체인 포스 프로텍션 사는 2011년 포트폴리오를 추가했다. 이 회사의 가장 중요한 생산 라인은 4X4과 6X6 규격을 둘 다 이용할 수 있는 쿠거 MRAP 지뢰 매복 방호 차량이다. 이 차량은 미국 해병대 사양으로 생산되었다. 미국 해병대는 적의 영토에서 운용하기에는 험비(Humvee)가 약하다고 불만이었지만, 험비는 다양한 이름과 형태로 12개국 이상의 군대에서 채용되었다. 포스 프로텍션 사는 뒤에 오실롯(Ocelot)으로 명명한 경지뢰 방호 차량을 생산했는데, 영국군에 폭스하운드라는 이름으로 채택되어, 불만을 야기하고 인기 없던 스내치 랜드로버를 대체했다.

에이잭스 장갑 전투차
영국군의 새로운 보병 전투차 계열 차량은 오스트리아와 스페인이 설계했다. 이 버전의 포탑은 독일, 구경 40밀리미터 캐논포는 프랑스가 개발했다.

M1 에이브럼스 주력 전차
세계에서 가장 무거운 주력 전차(MBT)인 에이브럼스는 1991년 걸프전에서 처음으로 실전에 참가해서 대활약했다. 4세대부터 그 후속까지, 3개 버전으로 1만 대가 넘게 만들어졌다.

센추리온

센추리온은 전후 고전 전차의 하나다. 이 전차는 제2차 세계 대전 당시 사용되던 고도로 효과적이었던 17파운더 포를 장착한 중전차로 그 삶을 시작했다. 1947년 포 제조사인 로열 오더넌스 팩토리가 새로운 무기인 20파운더 포를 설계했다. 보다 좋은 성능을 보여 준 이 포는 새로운 센추리온 모델인 마크 3에 채용되었다. 이 모델은 개선된 롤스로이스 미티어 엔진이 특징이다.

리드 근처의 로열 오너던스 팩토리(ROF, 원래 군 소속의 병기창이었으나 민간 회사로 변경—옮긴이)와 북부 잉글랜드의 뉴캐슬어폰타인에 위치한 비커스 암스트롱 공장에서 1945년 생산이 시작되었다. 약 2,800대의 마크 3 전차들이 1956년까지 완성되었다. 1959년 20파운더 포가 로열 오더넌스 팩토리의 새로운 L7 105밀리미터 포로 교체되었다. 이 주포는 분리 철갑탄(APDS), 날개 안정 분리 철갑탄(APFSDS), 고폭 플라스틱탄(HESH) 등 다양한 범위의 탄약을 사격할 수 있다.

후면

센추리온의 전투 기록은 1950년 한국 전쟁에서 시작되었다. 그곳에서 1개 연대의 센추리온이 배치되어 큰 성공을 거두고 베트남 전쟁과 1965년의 인도-파키스탄 분쟁, 수많은 중동 분쟁에서 실전에 참가했다.

용접 접합 방식으로 된 보트(boat) 모양의 차체, 호스트만 현가장치, 미티어 엔진 등 여러 파생형에 일관되게 적용되는 많은 특징들이 있다. 엔진은 다소 힘이 부족해 전차의 속도와 민첩성을 제한시키는 것으로 간주되었으며 작전 반경이 짧았다. 영국군에서 센추리온은 여기서 소개하는 마크 13까지 운용되었으나 다른 국가들에서 2003년까지 자체 모델을 계속 개선했다.

제원	
명칭	센추리온 마크 13 FV4017
연도	1945~1962년
제조국	영국
생산량	1만 3750대 이상
엔진	롤스로이스 미티어 마크 IVB 가솔린, 650마력
무게	52.6톤(58미국톤)
주무장	105밀리미터 L7A2
부무장	30구경 브라우닝 M1919, 50구경 브라우닝 M2
승무원	4명
장갑 두께	최대 152밀리미터(6인치)

탄약수
전차장
포수
조종수

왕립 전차 연대 배지
전차는 운용 기간 중 몇 개의 연대에서 운용될 수 있다. 왕립 전차 연대는 제1차 세계 대전 당시 전차대(Tank Corps)의 계승자이다.

야간 전투
마크 13은 포탑에 부착된 대형 스포트라이트를 통해 구별할 수 있다. 보통 백색광과 야간 전투용 적외선 빔을 쓸 수 있다. 이 장비는 영국의 한국 전쟁 참전 경험, 미국과 오스트레일리아의 베트남 전쟁 참전 경험의 결과로 채택되었다. 적외선 필터도 야간 운전용으로 설치되어 있는데, 사진에서 전차 전면부의 양쪽 가장 바깥쪽 헤드램프에서 볼 수 있다.

외부

센추리온은 전직 승무원들로부터 기억하기 쉽게 '영혼을 가진' 전차로 묘사된다. 많은 이들이 애정을 담아 기리는 센추리온은 승무원들 스스로 표준 공구로 수리할 수 있었던 마지막 세대의 전차로 기억되고 있다. 부서지거나 고장 난 전차들을 복구하거나 수리해 다음 날의 전투에 대비하는 능력은 이스라엘군이 이 차량을 높게 평가하는 이유 중 하나였다. 전차장 큐폴라는 포탑이 움직일 동안 표적을 계속 지켜보기 위해 포탑의 위치와 반대 방향으로 회전할 수 있다.

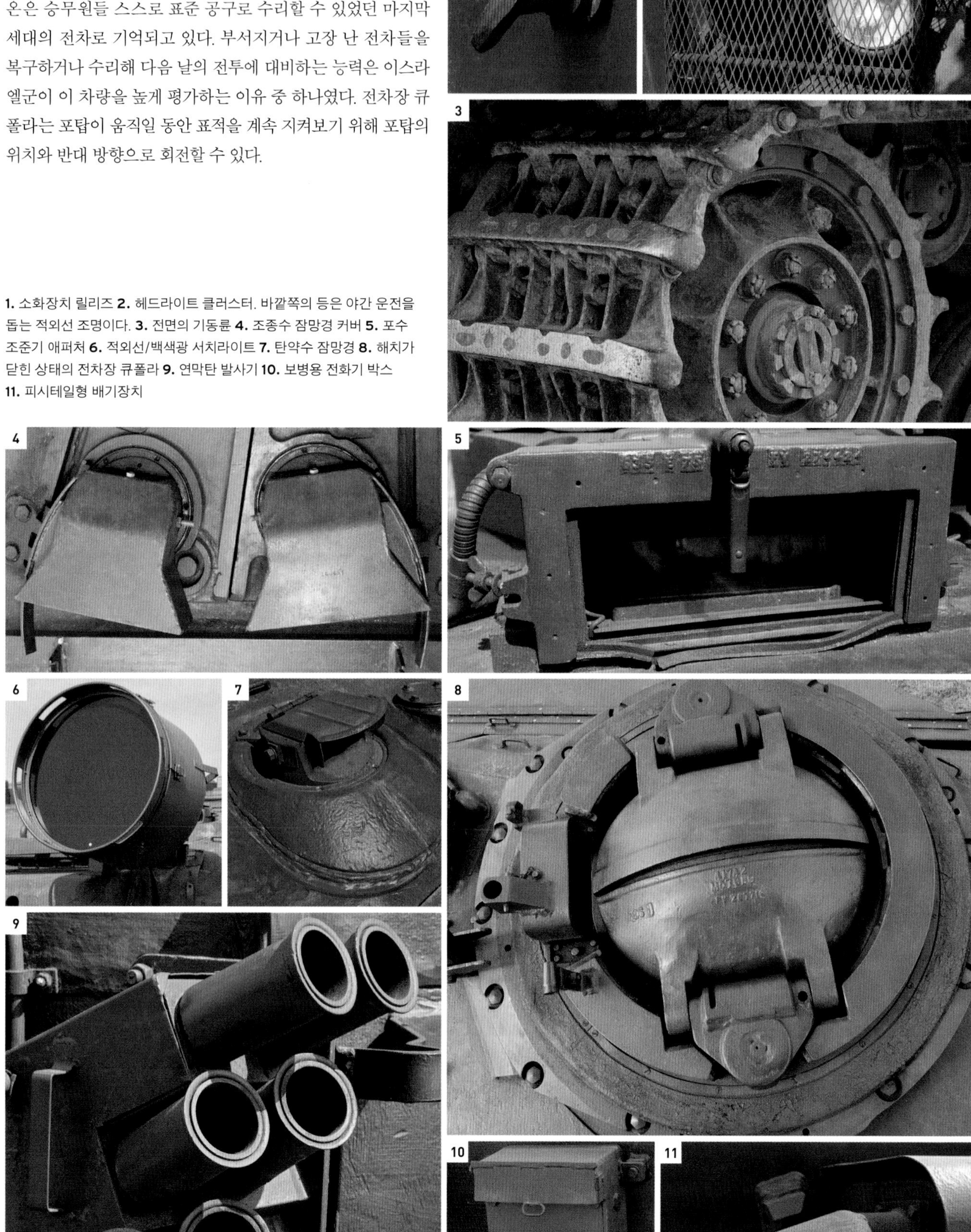

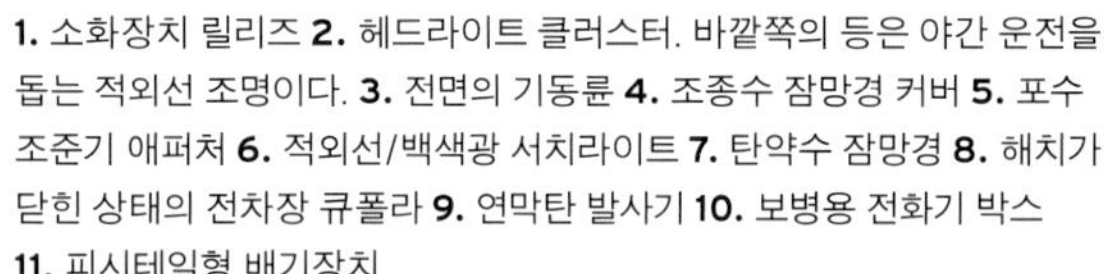

1. 소화장치 릴리즈 **2.** 헤드라이트 클러스터. 바깥쪽의 등은 야간 운전을 돕는 적외선 조명이다. **3.** 전면의 기동륜 **4.** 조종수 잠망경 커버 **5.** 포수 조준기 애퍼처 **6.** 적외선/백색광 서치라이트 **7.** 탄약수 잠망경 **8.** 해치가 닫힌 상태의 전차장 큐폴라 **9.** 연막탄 발사기 **10.** 보병용 전화기 박스 **11.** 피시테일형 배기장치

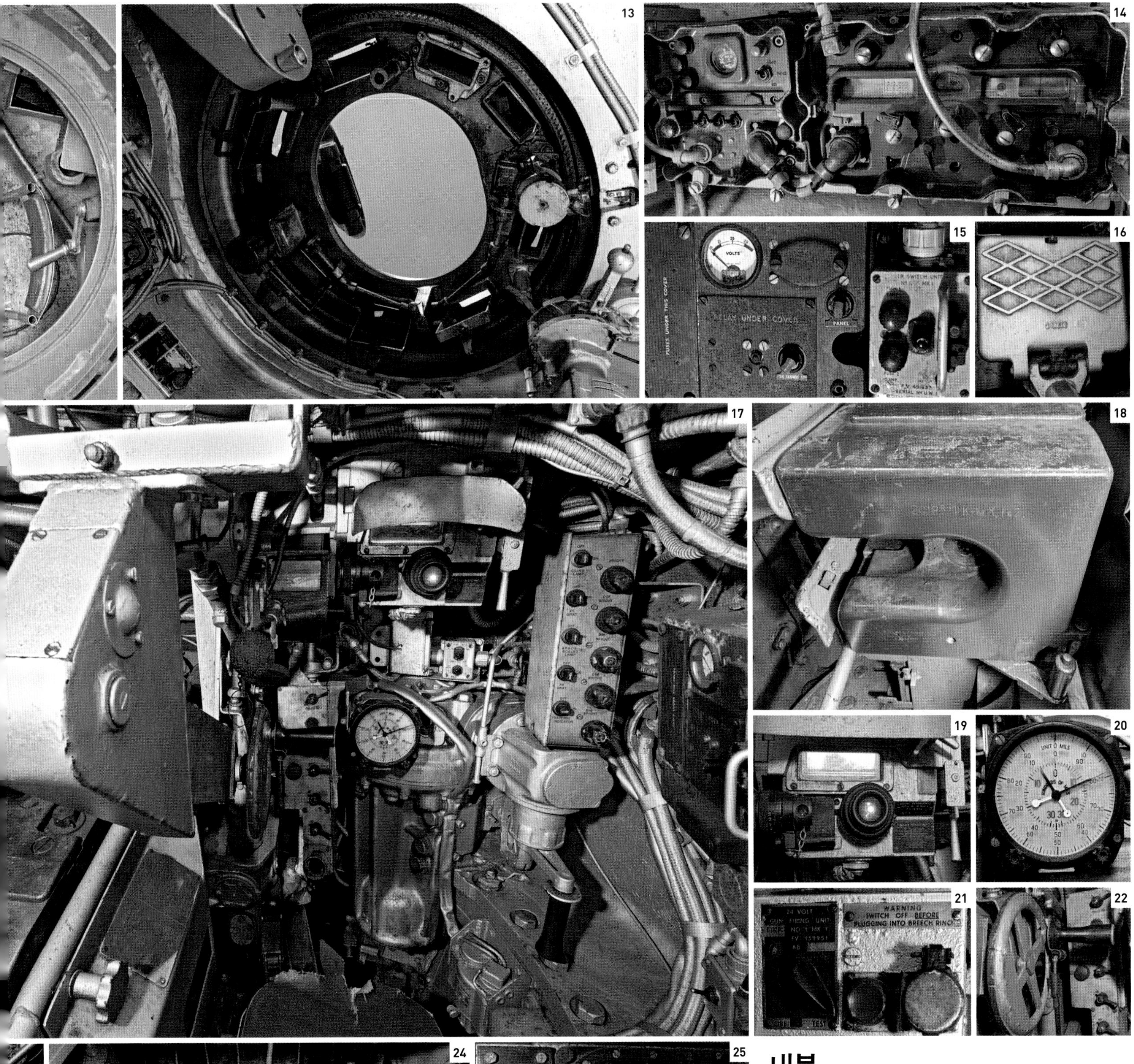

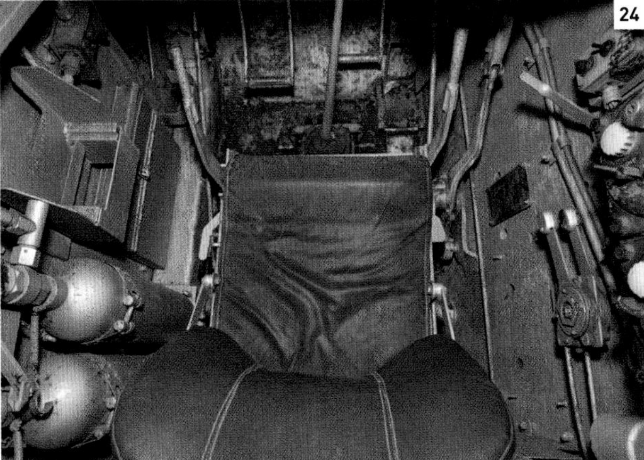

내부

센추리온은 부조종수(co-driver)가 없다는 점에서 제2차 세계 대전 때의 전차와 다르다. 탄약은 조종수 옆자리에 저장되는데, 이곳은 통상적으로 부조종수가 앉던 곳이다. 포수와 전차장의 사격 조준기는 기계적으로 연결되어 있다.

12. 전차장석을 내려다본 장면 **13.** 전차장 큐폴라의 내부 **14.** 락스퍼(larkspur) 무전기 세트 **15.** 서치라이트용 퓨즈(왼쪽)와 조종 박스(오른쪽) **16.** 전차장 발 받침대 **17.** 포수석 **18.** 주포 포미 **19.** 포수 조준기 **20.** 선회(traverse) 표시기 **21.** 긴급 주포 사격 패널 **22.** 고저 조종(elevation) 핸드 휠 **23.** 50구경 거리 측정용 기관총 **24.** 조종수 구획 **25.** 조종수 계기판 **26.** 조종수 스위치 보드

NATO 동맹국 전차 1

소련의 지배와 상응한 것이 없었기 때문에, 북대서양 조약 기구(NATO) 소속 국가들은 다양한 종류의 전차들을 생산하는 데 거리낄 것이 없었다. 모두 소련의 위협에 맞서 서유럽을 방어하기 위한 의도였으나 국가마다 다른 교리로 설계 방향은 다양해졌다. 예를 들어 독일의 레오파르트는 기동성에 초점을 두어 장갑이 매우 가벼운 데 비해서 영국의 치프텐은 보다 무거운 대신에 이동성이 떨어졌다. 이들 전차 중 다수가 다른 NATO 회원국이나 세계 전역의 서방 동맹국에 수출되었다.

△ 센추리온 마크 3
Centurion Mark 3

연도 1948년 **국가** 영국
무게 50.8톤(56미국톤)
엔진 롤스로이스 미티어 마크 IVA 가솔린, 650마력
주무장 오더넌스 QF 20파운더 포

마크 3은 강력한 오더넌스 20파운더 포와 효과적인 안정 장치를 선보였다. 그래서 이동 중에도 사격이 가능했다. 한국, 인도, 파키스탄, 베트남에서 전투에 참가했다. 센추리온은 매우 성공적이어서 4,423대 제조되었는데 그중 대부분은 훗날 업그레이드된 마크 3이었다.

전차장 큐폴라
포방패
헤드라이트

△ M41A1 워커 불독
M41A1 Walker Bulldog

연도 1951년 **국가** 미국
무게 23.2톤(25.5미국톤)
엔진 콘티넨털 AOS-895-3 가솔린, 500마력
주무장 76밀리미터 M32 64구경장 포

M24 채피를 교체하기 위한 M41 전차는 두드러지게 강력한 화력을 지녔지만 여전히 항공 수송이 가능하도록 가볍게 설계되었다. 세계 각국으로 광범위하게 수출되어 남베트남 등에서 실전을 경험했다. 몇몇 국가에서 아직도 운용하고 있다.

▽ M47 패튼
M47 Patton

연도 1952년 **국가** 미국
무게 43.6톤(48미국톤)
엔진 콘티넨털 AV1790-5A 가솔린, 810마력
주무장 90밀리미터 M36 50구경장 강선포

M47 전차는 M46의 차체에 새로운 포탑을 결합한 과도기적인 차량이다. 미국은 1950년대 말에 이 전차를 M48로 교체했지만, 9,000대가 넘는 M47이 만들어졌다. 군사 원조 프로그램에 따라 미국의 동맹국에게 널리 수출되어 수십 년 동안 운용했으며, 몇몇 국가들은 전투에서도 사용했다.

▷ **M48 패튼**
M48 Patton
연도 1952년 **국가** 미국
무게 44.7톤(49.3미국톤)
엔진 콘티넨털 AV-1790-5B 가솔린, 810마력
주무장 90밀리미터 M41 50구경장 강선포

M48 전차는 M47이 생산되기도 전에 개발이 시작되어 차체, 설계, 현가장치가 개선되었다. 거의 1만 2000대가 생산되어 26개국에서 운용되었으며, 여러 전쟁에도 참가했다. 후기 버전에 AVDS-1790 디젤 엔진과 구경 105밀리미터 포가 추가되었다.

▽ **AMX-13**
AMX-13
연도 1953년 **국가** 프랑스
무게 15톤(16.5미국톤)
엔진 소팜(Sofam) 모델 8Gxb 가솔린, 250마력
주무장 75밀리미터 SA 50 강선포

경장갑을 한 이 전차는 무게를 억제하기 위해 몇 가지 혁신적 특징들을 통합시켰다. 엔진은 전면으로 옮겼고 포는 자동 장전 장치가 있었으며 진동식(oscillating)으로 설계된 포탑은 포를 포함한 전체 상부가 포와 함께 움직인다. 큰 성공을 거둔 AMX-13은 90밀리미터와 105밀리미터 포를 포함해 많은 업그레이드가 이루어졌다.

50구경 브라우닝 M2 기관총

▷ **M103A2**
M103A2
연도 1953년 **국가** 미국
무게 58톤(64미국톤)
엔진 콘티넨털 AVDS-1790-2 디젤, 750마력
주무장 120밀리미터 M58 63.2구경장 강선포

M103은 1940년대 후반 중형 전차를 지원하고 소련 IS-3과 T-10 중전차를 상대하기 위해 개발되었다. 분리 장전식 120밀리미터 전차 포탄의 크기와 무기 때문에 2명의 탄약수가 필요하다. 미국 해병대에서 인기가 있었고 220대의 전차가 1959~1972년에 운용되었다.

포신 제연기

◁ **M60A1 라이즈**
M60A1 RISE
연도 1960년 **국가** 미국
무게 52.6톤(58미국톤)
엔진 콘티넨털 AVDS-1790-2A 디젤, 750마력
주무장 105밀리미터 M68 52구경장 강선포

개발에 드는 시간과 돈을 아끼기 위해 M60은 M48에 기반을 두었다. 105밀리미터 포와 사격 통제 장치는 전차에 더 강력한 화력을 부여한다. 또한 디젤 엔진과 더 두터워진 장갑이 특징이었다. 개선된 M60A1이 1963년에 선보였다. 수십 년 동안 20여 개국 이상에서 운용되었으며 수많은 업그레이드가 이루어졌다.

▽ **치프텐 마크 11**
Chieftain Mark 11
연도 1966년 **국가** 영국
무게 55톤(60.6미국톤)
엔진 레이랜드 L60 멀티퓨얼, 750마력
주무장 120밀리미터 L11A5 55구경장 강선포

중장갑과 강력한 화력의 치프텐에게 기동성은 우선 순위가 낮았다. 이 전차의 예상 임무가 소련의 공격에 대응하는 것이었기 때문이다. 1966년 콘쿼러(Conqueror)와 센추리온을 대체했다. 전체적인 높이를 낮추기 위해 조종수가 몸을 눕히고 운전하도록 한 최초의 전차였다.

기동륜

NATO 동맹국 전차 2

NATO 국가들은 좀 더 효과적으로 함께 싸우고 위해 탄약, 연료, 지휘 절차를 포함해 군사 영역의 여러 요소들을 표준화시켰다. 그러나 다국적 프로젝트가 몇 차례 실패했음에도 동맹국들은 NATO 표준 전차를 생산하지 못했다. 1950년대 후반부터 영국 설계의 L6 105밀리미터 포가 널리, 그럼에도 독점적이지는 않게 여러 동맹국 전차에서 채택되었다.

▷ AMX-30B2
AMX-30B2

연도 1963년 **국가** 프랑스
무게 37톤(40.8미국톤)
엔진 이스파노-수이자 HS110 멀티퓨얼, 720마력
주무장 105밀리미터 모델 F1 56구경장 강선포

가벼운 무게의 AMX-30은 1950년대 프랑스 전차 설계의 결과물로 기동성과 화력에 초점을 두고 있다. 전차의 낮은 높이와 시속 64킬로미터(시속 40마일)에 달하는 속도는 부가적인 방호 능력을 제공한다. 냉전 기간 동안 줄곧 프랑스군에서 운용되었으며 1991년 걸프전에서는 업그레이드된 AMX-30B2가 전투에 참가했다.

▷ 레오파르트 1
Leopard 1

연도 1965년 **국가** 서독
무게 42.4톤(46.7미국톤)
엔진 MTU MB838 멀티퓨얼, 830마력
주무장 105밀리미터 L7A3 52구경장 포

독일의 전시 전차들과 다르게 레오파르트는 장갑이 얇아 속도가 빠르다. 약 5,000대가 생산되어 20여 개국에서 운용되고 있다. 30년 이상 운용되었기 때문에 장갑 방호, 조준기, 사격 통제 시스템의 업그레이드를 받았다. 포탑은 주조제 또는 각 진 형태의 용접 접착 구조라는 2가지 변형이 있다.

△ 센추리온 마크 13
Centurion Mark 13

연도 1966년 **국가** 영국
무게 52.6톤(58미국톤)
엔진 롤스로이스 미티어 마크 IVB 가솔린, 650마력
주무장 105밀리미터 L7 52구경장 강선포

구경 105밀리미터 L7 포는 영국이 소련 T-54 전차를 분석한 후 개발되었다. 이 포는 1959년에 센추리온에 탑재되었다. 후속 센추리온은 포수의 정확한 사격을 위한 거리 측정용 기관총, 야간 전투용 적외선 서치라이트, 더 두터워진 장갑을 갖추었다. 업그레이드된 이스라엘 버전의 센추리온은 격렬한 전투에 참가해 명성을 얻었다.

▽ M60A2
M60A2

연도 1972년 **국가** 미국
무게 52.6톤(58미국톤)
엔진 콘티넨털 AVOS-1790-2A 디젤, 750마력
주무장 152밀리미터 M162 포/미사일 발사대

M60A2 전차는 실레일러(Shillelagh) 대전차 미사일을 발사할 수 있는 구경 152밀리미터 포를 탑재하기 위해 급진적으로 재설계되었다. 성공적이지 않았기 때문에 이 버전은 1980년 뒷전으로 물러났다. 대신에 레이저 거리 측정기를 추가한 구경 105밀리미터 포, 정교한 사격 통제 장치, 열상 조준 장치를 갖춘 M60A3이 개발되었는데, 초기형 M1 에이브럼스 전차보다 흔히 더 좋은 평가를 받았다.

△ **레오파르트 2A4**
Leopard 2A4

연도	1979년 **국가** 서독
무게	55.2톤(60.8미국톤)
엔진	MTU MB 873 Ka-501 디젤, 1,500마력
주무장	120밀리미터 라인메탈 120 44구경장 포

레오파르트 2 전차는 구경 120밀리미터 활강포를 도입했는데, 이 포는 곧 서방의 표준이 되었다. 거의 3,000대가 생산되었는데 그중 2A4 버전이 가장 흔하다. 포탑은 다양한 재료로 만든 복합 장갑을 결합해서 제조되었다. 이에 따라 장갑이 효과를 발휘하게 하기 위해 굳이 경사지게 만들 필요는 없어졌다.

◁ **M1 에이브럼스**
M1 Abrams

연도	1980년 **국가** 미국
무게	54.5톤(60미국톤)
엔진	텍스트론 라이코밍 AGT1500 가스 터빈, 1,500마력
주무장	105밀리미터 M68 52구경장 강선포

M60을 대체하기 위해 채택된 M1은 선진적인 초밤 장갑과 가스 터빈 엔진, 컴퓨터화된 사격 통제 장치가 특징적이었다. 가스 터빈 엔진은 비할 바 없는 속도를 제공하지만 매우 높은 연료 소모에 따른 비용을 발생시킨다. 최신 모델은 장갑을 개선했으며 M1A1은 포를 구경 120밀리미터 활강포로 교체했다.

▽ **챌린저 1**
Challenger 1

연도	1984년 **국가** 영국
무게	62톤(68.3미국톤)
엔진	퍼킨스 CV12 V-12 디젤, 1,200마력
주무장	120밀리미터 L11A5 55구경장 강선포

챌린저는 영국 육군을 위해 만들어진 것은 아니다. 이란을 위해 설계되었지만, 1979년 혁명 이후 주문이 취소되었다. 내부적으로는 후기 모델의 치프텐과 매우 유사하다. 그러나 보다 신뢰할 수 있는 엔진과 하이드로가스(hydrogas) 현가장치가 있으며 1급 비밀에 속한 선진적 초밤 복합 장갑의 보호를 받는다. 챌린저 1은 걸프전에서 처음으로 실전을 치렀다.

레오파르트 1

독일의 레오파르트는 여러 측면에서 의심의 여지없이 가장 성공적인 전후 전차 설계 중 하나다. 서독군이 1955년에 재창설되었을 때, 처음에 미군 전차를 장비했다. 2년 뒤 시작된 프랑스-독일 공동 전차 개발 프로그램은 1962년 끝났고 프랑스는 라이벌 AMX-30을 만들기 위해 자신의 길로 갔다.

독일은 별개의 다른 회사(또는 이 경우에는 그룹)에 시제형(prototype)을 주문하고 그중에서 최고의 모델을 선택하는 전시 관행을 유지했다. 1963년 뮌헨의 크라우스-마파이 사(Krauss-Maffei)는 새로운 표준 전차의 계약자로 선정되었는데 이 전차는 레오파르트 1으로 알려지게 되었다. 제2차 세계대전 후반 때와는 반대로 레오파르트 설계는 방호력보다는 기동성을 강조하고 있다. 그러나 독일은 화력 면에서 당시 이용 가능한 최고의 무기이자 센추리온(142~145쪽 참조)에서도 사용된 영국의 105밀리미터 L7 포를 선택했다.

후면

상대적으로 간단한 전차로 탄생했음에도 불구하고 새로운 기술, 장갑 방호의 강화, 그리고 개별 국가들의 요구들에 따른 다양한 레오파르트의 하위 변형들이 개발되었다. 이 버전은 레오파르트 1A1A2로, 포 안정장치, 포탑 주변의 부가적인 장갑 배치, 개선된 사격 조준기와 관측 장비를 갖추고 있다.

제원	
명칭	레오파르트 1A1A2
연도	1965년
제조국	서독
생산량	6,486대
엔진	MTU MB838 10기통 멀티퓨얼, 830마력
무게	42.4톤(46.7미국톤)
주무장	105밀리미터 L7A3
부무장	2x7.62밀리미터 MG3
승무원	4명
장갑 두께	10~70밀리미터(0.4~2.8인치)

탄약수
엔진
조종수
전차장
포수

구경 105밀리미터 L7 주포

토션 바 현가장치

3/4 측면도

그라우저 지면이 언 상태에서 미끄럼 방지 기능을 한다.

더블 핀 방식 궤도

영원한 매력

레오파르트는 수출에 큰 성공을 거두고 파생형을 포함해 15개국에서 운용되고 있다. 많은 차량들이 현역에서 물러나거나 개량되고 공병 차량과 구난 모델을 포함해 수정된 형태로 판매되었다.

외부

가벼움과 기동성에 대한 강조 때문에 레오파르트 1은 최소한의 장갑 방호력만 있다. 이것에 대한 보상으로, 경사판(glacis plate)으로 알려진 전차의 전면 대부분은 수직에서 60도 정도로 경사져 있다. 이것은 적의 발사체를 빗나가게 하고, 발사체가 장갑 표면에서 대각선(사선) 경로로 가게 압력을 가해 장갑을 효과적으로 두껍게 하는데 도움을 준다.

1. 국가 식별 상징 **2.** 헤드라이트 **3.** 아이스 그라우저(grouser) **4.** 조종수 잠망경 **5.** 전차장 TRP 2A 파노라마 사격 조준기 헤드(sight-head) **6.** 전차장 큐폴라(닫힌 항태) **7.** 거리 측정기 애퍼처 **8.** 연막 발사기 **9.** 후면 적재 상자 **10.** 엔진 데크 인양용 공구의 홀더(공구는 없음) **11.** 포신 청소용 도구 **12.** 기동륜 **13.** 예비 궤도 링크 **14.** 포 '크래들'과 라이트크로이츠(Leitkreuz) 등화 관제용 식별등(blackout light)

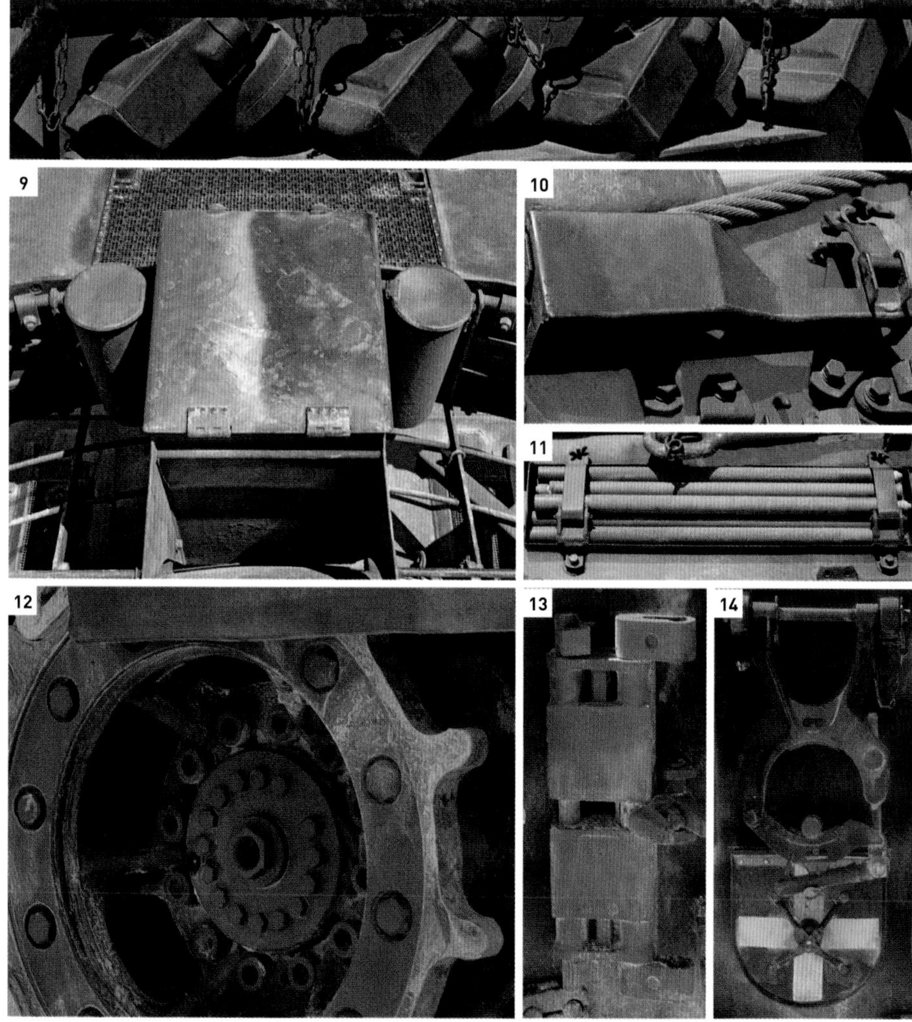

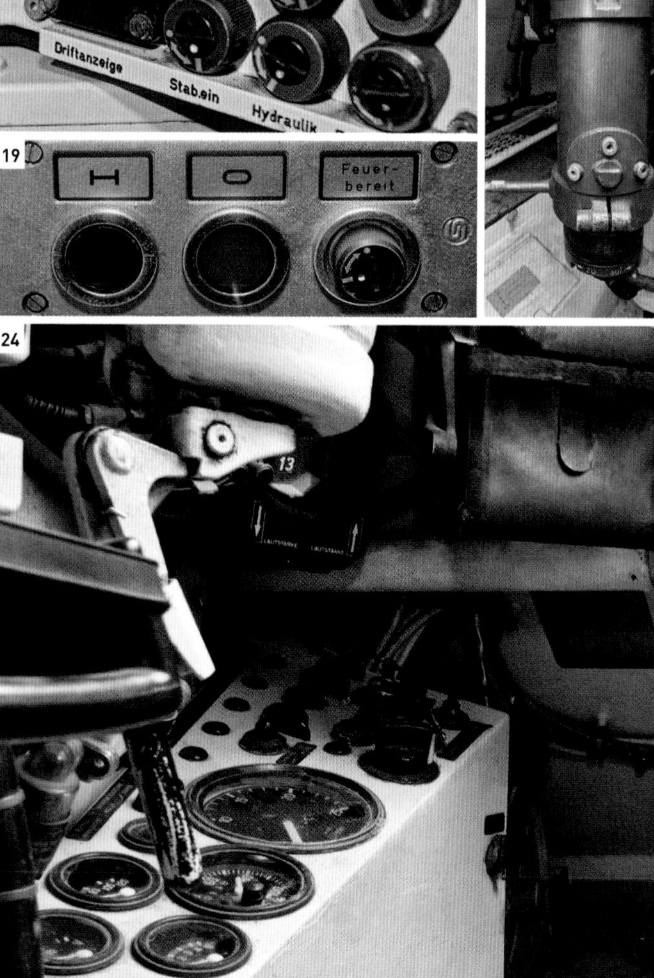

내부

내부는 가운데 있는 방화벽을 기준으로 2개의 구획(compartment)으로 나누어져 있다. 엔진은 후면 구획에 위치하고 있고, 승무원들은 전면에 위치하고 있다. 전차장은 포탑에, 포수는 전면에, 탄약수는 그의 왼쪽, 조종수석은 전면의 오른쪽에 위치하고 있다.

15. 아래로 내려다본 전차장 큐폴라 **16.** 포수석 **17.** 전차장 TRP 2A 파노라마 사격 조준경 **18.** 포 안정 장치 드리프트 보상 박스 **19.** 탄약수 안전 표시기 다이얼 **20.** 전차장 유압식 해치 조종기 **21.** 105밀리미터 포 포미 **22.** 포수 방위 지시기 다이얼 **23.** 조종수석 **24.** 조종수 조종 장치 **25.** 조종수 계기판 **26.** 기어 시프트 **27.** 소화기 시스템 **28.** 인터콤 조종 패널

비동맹권의 전차 1

많은 국가들이 2개의 냉전 강대국들 사이에서 키를 잡으려고 시도했다. 1950년대의 유고슬라비아 같은 몇몇 나라들은 양쪽에서 장비를 구입했다. 스위스 같은 또 다른 나라들은 자체 무기를 계속 설계하고 제작했다. 많은 국가들은 서방 전차들을 구입해 수십 년 동안 운용하고 각국 자체적 시스템으로 업그레이드했다.

다양한 셔먼 차체를 개조

◁ 셔먼 M-50
Sherman M-50

연도 1956년 **국가** 이스라엘
무게 34톤(37.5미국톤)
엔진 커민스 V8 디젤, 460마력
주무장 75밀리미터 CN75-50 강선포

구식 M4 셔먼 약 300대를 유지하기 위해 개발된 M-50은 보다 강력한 엔진과 HVSS 현가장치, 그리고 프랑스 AMX-13에서 사용하던 구경 75밀리미터 포를 장비하고 있다. 1967년 6일 전쟁에서 실전 운용되었다.

△ 샷
Sho't

연도 1958년 **국가** 이스라엘
무게 51.8톤(57.1미국톤)
엔진 콘티넨털 AVDS-1790-2A 디젤, 750마력
주무장 105밀리미터 L7 52구경장 강선포

처음에 센추리온은 안정성이 좋지 않아 이스라엘에서 인기가 없었다. 디젤 엔진을 포함한 업그레이드와 승무원 훈련 강화로 선입견이 바뀌었다. 1967년과 1973년 전투에서 활약했고 특히 1973년 골란 고원 방어에서 두각을 나타냈다.

▷ Strv 74
Strv 74

연도 1958년 **국가** 스웨덴
무게 22.5톤(24.8미국톤)
엔진 2x스카니아-바비스 603/1 디젤, 각 170마력
주무장 75밀리미터 Strv 74 강선포

Strv 74는 1940년대 스타일의 m/42를 업그레이드한 것이다. 가장 뚜렷한 차이는, 크지만 얇은 장갑으로 된 포탑 내에 설치된 새롭고 강력한 포(砲)이다. 225대의 개량형들이 1960년대 후반까지 스웨덴 전차 부대의 센추리온을 보충했다.

◁ 61식
Type 61

연도 1961년 **국가** 일본
무게 35톤(38.5미국톤)
엔진 미쓰비시 12HM21WT 디젤, 570마력
주무장 90밀리미터 52구경장 강선포

제2차 세계 대전 이후 일본은 미국 전차를 구매하는 대신 최초의 일본 전차인 61식을 개발했다. 일본 승무원과 지리 환경에 비해 미국 전차가 너무 크고 무거웠기 때문이다. 560대가 제작되어 수출된 적 없고 실전도 겪지 않았다.

△ 판처 61
Panzer 61

연도	1961년 **국가** 스위스
무게	38.6톤(42.6미국톤)
엔진	MTU MB837 Ba-500 디젤, 630마력
주무장	105밀리미터 L7 52구경장 강선포

판처 61은 스위스의 가파른 산악과 좁은 철도 터널이 많은 지형에 맞게 개발되었다. 이 전차는 센추리온을 대체해 150대가 만들어졌다. 원래의 공축 20밀리미터 캐논포는 뒤에 좀 더 통상적인 구경 7.5밀리미터 기관총으로 교체되었다. 1990년대까지 운용되었다.

△ 셔먼 M-51
Sherman M-51

연도	1965년 **국가** 이스라엘
무게	39톤(43미국톤)
엔진	커민스 V8 디젤, 460마력
주무장	105밀리미터 모델 F1 44구경장 강선포

M-51 업그레이드는 구경 76밀리미터 무장 M4A1 셔먼 전차에 적용되었다. 개조된 프랑스제 포와 함께 변속기, 탄약 가대(rack), 포탑 후반부가 모두 교체되었다. M-51은 1967년에 전투에 참가하고, 1973년 욤 키푸르 전쟁에서도 운용되었다.

▷ 비자얀타
Vijayanta

연도	1965년 **국가** 인도
무게	39톤(43미국톤)
엔진	레이랜드 L60 디젤, 535마력
주무장	105밀리미터 L7A2 52구경장 강선포

비자얀타는 영국 비커스 마크 I에 바탕을 두고 있으며, 민간 업체가 개발해 수출한 것이다. 이미 인도가 사용하고 있던 센추리온과 공통 부품을 사용하고 있어 정비와 훈련이 간편했다. 약 2,200대가 생산되었다.

적재 상자

▽ Strv 103C(S-전차)
Strv 103C(S-Tank)

연도	1967년 **국가** 스웨덴
무게	39.6톤(43.7미국톤)
엔진	롤스로이스 K60 멀티퓨얼, 240마력 캐터필러 553 가스 터빈, 490마력
주무장	105밀리미터 보포스 62구경장 강선포

Strv 103C는 매복 공격 후 탈출하는 방식의 방어적 전투를 할 의도로 만들어졌다. 전차 높이가 낮고 뒤쪽에 제2 조종수가 있어 이런 임무에 적합했다. 조향(steering)과 유기압 현가장치로 조준한다.

관측창

동계용 광폭(wide) 궤도

비동맹권의 전차 2

몇몇 국가들은 국산과 업그레이드된 외국 전차를 모두 사용했다. 한국과 이스라엘 모두 경제 발전에 따라 토착 차량으로 전환했다. 공업과 군사력 차원의 상징적 의미에 더해 국내 설계를 하면 전장에서 마주할 것으로 예상되는 조건에 최적화할 수 있다. 이스라엘 메르카바와 스웨덴의 Strv 103의 독특한 설계는 이점을 가장 명확하게 보여 주고 있다.

◁ **판처 68**
Panzer 68

연도 1971년	**국가** 스위스
무게	40.8톤(45미국톤)
엔진	MTU V8 디젤, 660마력
주무장	105밀리미터 L7 52구경장 강선포

판처 61에 기초한 판처 68은 기동성 향상, 특히 눈 위에서의 기동성 향상을 위해 고무 패드를 갖춘 광폭 궤도와 이동 중 좀 더 정교한 사격이 가능한 포 안정화 장치가 특징이다. 최종 버전인 판처 68/88은 2000년대 초반까지 운용되었다.

△ **74식**
Type 74

연도 1975년	**국가** 일본
무게	38톤(41.9미국톤)
엔진	미쓰비시 10ZF 디젤, 720마력
주무장	105밀리미터 L7 52구경장 강선포

소련 T-62에 대한 대응으로 개발된 74식은 오랜 개발 기간과 느린 제식화로 고통받았다. 893대가 만들어졌고, 1989년에 생산이 끝났다. 유기압 현가장치는 지형에 맞추기 위해 차량을 높이고 낮추거나 기울일 수 있다. 레이저 거리 측정기, 암시 장치(night vision) 개선을 비롯한 업그레이드가 이루어졌다.

▷ **메르카바 1**
Merkava 1

연도 1979년	**국가** 이스라엘
무게	59.9톤(66.1미국톤)
엔진	콘티넨털 AVDS-1790-6A 디젤, 900마력
주무장	105밀리미터 M68 52구경장 강선포

메르카바 전차는 승무원 보호가 매우 강조되어야 한다는, 전투에서 얻은 교훈을 구체화시켰다. 교전 중 탄약 재보급과 부상자 후송을 방호하기 위해 엔진은 전면에 두었고, 도어는 차체 후면에 두었다. 마크 1은 레바논에서 1982년 처음으로 사용되었고, 마크 2와 3 차량은 두드러지게 재설계되었다. 세 종류 모두 부가적으로 업그레이드를 했다.

◁ **칼리드**

Khalid

연도 1981년 **국가** 영국

무게 58톤(64미국톤)

엔진 퍼킨스 CV12 V-12 디젤, 1,200마력

주무장 120밀리미터 L11A5 55구경장 강선포

원래 이란을 위해 '샤(Shir) 1'이라는 이름으로 개발된 칼리드 전차는 치프텐 전차에서 발달되었다. 더 커진 엔진은 독특한 경사 후면 장갑을 필요로 했다. 또한 사격 통제 장치와 현가장치를 개선하고 연료 용량을 추가했다. 이란 혁명의 결과로 1979년 주문이 취소되었으나 요르단이 대신 인수해 274대를 주문했다.

◁ **Strv 104**

Strv 104

연도 1985년 **국가** 스웨덴

무게 54톤(59.5미국톤)

엔진 콘티넨털 AVDS-1790-2DC 디젤, 750마력

주무장 105밀리미터 L7 52구경장 강선포

스웨덴군은 1950년대에 약 600대의 센추리온을 구입해서 다음 30년 동안 넘게 업그레이드했다. 80대의 Strv 104가 가장 진보적이었는데 보다 강력한 엔진과 반응 장갑(ERA), 현대화된 현가장치, 개선된 사격 조준기, 암시 장치가 있었다. 냉전 종식 이후의 삭감으로 2003년 퇴역했다.

△ **K1**

K1

연도 1987년 **국가** 한국

무게 51.1톤(56.3미국톤)

엔진 MTU MB 871 Ka-501 디젤, 1,200마력

주무장 105밀리미터 M68 52구경장 강선포

K1 전차의 설계는 XM1 에이브럼스 시제형에서 비롯되었는데, 유기압식 현가장치를 포함한 한국적 사양으로 변경되었다. 1,000대가 넘는 K1이 만들어졌고, 구경 120밀리미터 활강포를 포함한 몇 가지 개량이 이루어진 K1A1이 500대 가까이 뒤따랐다.

△ **마가크 7C**

Magach 7C

연도 1985년 **국가** 이스라엘

무게 49.9톤(55미국톤)

엔진 콘티넨털 AVDS-1790-5A 디젤, 908마력

주무장 105밀리미터 M68 52구경장 강선포

1960년대 최초의 마가크는 M48 전차를 개조한 것으로 후속 차량들은 M60에 기초를 두고 있다. 부가 장갑(add-on armor)은 전차탄(tank round)으로부터 방호하기 위한 것인데 이와 달리 초창기 반응 장갑(ERA)은 미사일로부터 방호하기 위한 것이었다. 사격 통제 장치와 궤도도 업그레이드되었다.

구축 전차 1

제2차 세계 대전에서 사용되던 궤도를 갖춘 구축 전차(tank destroyer, 이 책에서는 대전차 장갑 차량을 포괄적으로 지칭한다.—옮긴이)는 냉전이 진행됨에 따라 덜 흔해졌다. 1970년대에 가벼운 무게의 대전차 미사일이 발전함에 따라 무겁고 포(砲)로 무장한 차량은 전차를 파괴하는 데 더 이상 필요 없어졌고 많은 국가에서는 표준 병력 수송 장갑차(APC)를 택했다. 일부 국가에서는 포 무장 차량(gun-armed vehicle)을 보병 혹은 공정 부대를 위한 근접 지원 상황을 위해 남겨 두었는데 고폭탄을 발사할 수 있는 능력이 여전히 중요했다.

△ M56 스콜피온
M56 Scorpion

연도	1953년 **국가** 미국
무게	7.2톤(8미국톤)
엔진	콘티넨털 AOI-402-5 가솔린, 200마력
주무장	90밀리미터 M54 53구경장 강선포

포 방패(gun shield) 외에는 장갑이 없는, 무게가 가벼운 스콜피온은 공중 투하용으로 설계되었다. 특이하게 보기륜은 고무 타이어를 갖추고 있다. 325대가 만들어져 베트남에서만 제한적으로 운용되었다. 가벼운 무게 때문에 포의 (사격) 반동이 앞바퀴를 땅에서 들어 올릴 만큼 충분히 강력했다.

△ 채리오티어
Charioteer

연도	1954년 **국가** 영국
무게	31.5톤(34.7미국톤)
엔진	롤스로이스 미티어 마크 IB 가솔린, 600마력
주무장	QF 20파운더 포

고성능 20파운더 포로 무장한 차량들을 신속하게 배치하기 위해 전시의 크롬웰 차제에 기반을 두었다. 포가 더 커지면 더 큰 포탑을 필요로 했기에, 포탑의 무게를 줄이기 위해 매우 가볍게 장갑을 둘렀다. 총 442대의 채리오티어 중 거의 절반이 수출되었다.

▷ M50 온토스
M50 Ontos

연도	1955년 **국가** 미국
무게	8.6톤(9.5미국톤)
엔진	제너럴 모터스 모델 302 가솔린, 145마력
주무장	6x106밀리미터 M40A1 무반동총

원래 미국 공정 부대를 위해 만들어진 온토스는 해병대가 대신 채용했다. 베트남에서 보병 지원용으로 운용되었는데 탄약 수용량이 제한되어 승무원들이 재장전을 위해 차에서 내려야 했음에도 불구하고, 기동성 때문에 인기 있었고 그 중화력(重火力)은 1968년 후에(Hue) 시가전에서 엄청난 활약을 했다.

구경 76밀리미터 주포

▷ 살라딘
Saladin

연도	1958년 **국가** 영국
무게	11.3톤(12.4미국톤)
엔진	롤스로이스 B80 마크 6A 가솔린, 160마력
주무장	76밀리미터 L5A1 강선포

전시의 다임러, AEC 장갑차를 대체하기 위해 설계된 살라딘은 중화력과 탁월한 야지 기동성을 제공하는 6륜 구동을 갖추고 있었다. 이 차량은 사라센(180~181쪽 참조)과 동시에 개발되었는데, 두 차량은 많은 부품을 공유했다. 매우 성공적이어서 거의 1,200대의 살라딘이 만들어졌다. 이 차량은 20개국 이상에 수출되었고, 오만과 쿠웨이트를 포함해서 몇 나라에서 실전에 참가했다.

▷ **ASU-85**

ASU-85

연도 1960년 **국가** 소련	
무게 15.5톤(17.1미국톤)	
엔진 모델 V-6 디젤, 240마력	
주무장 85밀리미터 2A15 강선포	

오픈-탑 구조의 ASU-57을 대체하기 위한 ASU-85는 소련 공정군(VDV)용의 완전 밀폐형(fully enclose) 돌격포이다. 경장갑이기 때문에 대형 소련 헬기로 옮기거나 낙하산으로 투하할 수 있다. 주역할은 전차에 대한 공격이라기보다는 낙하산 강하 부대를 위한 화력 지원 제공이다.

◁ **파나르 AML**

Panhard AML

연도 1961년 **국가** 프랑스	
무게 5.6톤(6.2미국톤)	
엔진 파나르 4 HD 가솔린, 90마력	
주무장 60밀리미터 브랑드(Brandt) LR 직사 박격포(gun-mortar)	

프랑스는 식민지 분쟁 경험을 통해 중화력을 가진 경량 장갑차의 필요성을 느꼈다. AML 차량은 이것을 충족시켰다. 구경 90밀리미터 포나 구경 60밀리미터 박격포 중 하나로 무장할 수 있다. 매우 성공적이어서 약 50개국에 판매되었고 4,800대 넘게 제작되었다.

▷ **호넷**

Hornet

연도 1962년 **국가** 영국	
무게 5.8톤(6.4미국톤)	
엔진 롤스로이스 B60 마크 5A 가솔린, 120마력	
주무장 말카라 대전차 미사일	

험버 1톤 병력 수송 장갑차에 기초를 둔 호넷은 공수 투하용으로 설계되었다. 영국 최초의 미사일로 무장한 구축 전차이다. 유선 유도 방식으로 사수가 조이스틱을 이용해 수동으로 조종하는 말카라(Malkara) 대전차 미사일 2발로 무장하고 있다.

△ **카노넨야크트판처**

Kanonenjagdpanzer

연도 1966년 **국가** 서독	
무게 27.5톤(30.4미국톤)	
엔진 메르세데스벤츠 MB837 디젤, 500마력	
주무장 90밀리미터 라인메탈 BK90 40구경장 강선포	

낡은 M47 전차의 포를 재활용해 무장했으며 보병 부대에 대전차 지원을 제공하기 위해 운용된다. 낮은 높이와 속도는 보병 부대의 기동 방어 전술에 적합하다. 포가 구식이 되자 몇몇은 TOW 미사일로 재무장했다.

구축 전차 2

대형 포들은 차륜 차량(wheeled vehicle)에서 계속 널리 쓰이고 있다. 이들 차량은 여전히 궤도 차량에 비해 뛰어난 속도와 가벼운 무게를 제공하며, 장거리 혹은 열악한 사회 기반 시설에서도 탁월한 기동성을 제공한다. 포는 시간이 흐를수록 최신 주력 전차(MBT)를 상대하는 데 쓸모가 없어졌지만, 여전히 오래된 차량이나 방어 시설을 격파하는 데 충분한 화력을 제공한다. 대개 정찰용이고 아프리카 등지에서 많이 사용되고 있다.

▷ EE-9 카스카벨
EE-9 Cascavel

연도 1974년 **국가** 브라질
무게 13.2톤(14.6미국톤)
엔진 메르세데스벤츠 OM 352 디젤, 190마력
주무장 90밀리미터 EC-90 강선포

EE-9와 EE-11 우루투(Urutu) 병력 수송 장갑차(APC)는 함께 개발되었다. 큰 범위의 움직임에도 양쪽 바퀴가 지면에 놓여 있도록 둘 다 뒷바퀴에 독특한 부메랑(Boomerang) 현가장치를 사용한다. 리비아, 이라크, 짐바브웨군이 카스카벨(Cascavel)을 사용해 실전을 치렀다.

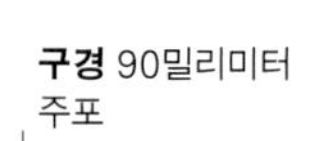

▷ Ikv-91
Ikv-91

연도 1975년 **국가** 스웨덴
무게 16.3톤(17.9미국톤)
엔진 볼보-펜타 TD 120A 디젤, 330마력
주무장 90밀리미터 KV90S73 54구경장 강선포

Ikv-91은 스웨덴 보병에서 화력 지원과 대전차 전용으로 사용했다. 이 차량의 경장갑과 가벼운 무게는 높은 기동성과 수륙 양용 성능이 있었으며, 까다로운 지형을 가로지르고 적 전차를 압도할 수 있게 했다. 스웨덴은 212대의 Ikv-91을 2002년까지 운용했다.

▷ AMX-10RC
AMX-10RC

연도 1981년 **국가** 프랑스
무게 15.9톤(17.5미국톤)
엔진 르노 HS 115 디젤, 260마력
주무장 105밀리미터 F2 48구경장 강선포

정찰과 화력 지원용으로 만들어진 AMX-10RC는 차드와 아프가니스탄에서 전투를 경험했다. 운용 기간 중 대규모의 업그레이드가 이루어졌고, 특히 사격 조준 장치와 화력 통제 장치가 그러했다. 차륜 차량으로는 흔하지 않게 통상적인 메커니즘 대신에 스키드 조향(skid steering)을 사용한다.

△ 쿠거
Cougar

연도 1979년 **국가** 캐나다
무게 10.7톤(11.8미국톤)
엔진 디트로이트 디젤 6V53T 디젤, 275마력
주무장 76밀리미터 L23A1 강선포

쿠거는 캐나다 AVGP 계열 차량 중 화력 지원용 변형이다. 계열 차량에는 병력 수송 장갑차(APC) 그리즐리, 장갑 구난차(ARV) 허스키 등이 포함되어 있다. 모바그(MOWAG) 피라냐(Piranha) I에 기초를 둔 설계다. 발칸과 소말리아에서 평화 유지 활동에 참가했다.

▷ **비젤**
Wiesel

연도 1989년 **국가** 서독
무게 2.6톤(2.9미국톤)
엔진 아우디 5기통 터보-디젤, 87마력
주무장 20밀리미터 라인메탈 Rh 202 DM6 캐논포

비젤은 서독 낙하산 강하 부대원에게 경량 화력 지원 차량을 제공할 목적으로 개발되었다. 343대를 구입했는데, 133대는 구경 20밀리미터 캐논포를 보유하고 있고, 210대는 TOW 대전차 미사일로 무장하고 있다. 헬리콥터로 공중 수송하거나 공중 투하할 수 있다. 더 크고 무거운 비젤 2도 그 후에 독일군에 의해 방공 차량, 앰뷸런스, 지휘 차량용으로 채택되었다.

◁ **루이카트**
Rooikat

연도 1990년 **국가** 남아프리카공화국
무게 28톤(30.9미국톤)
엔진 V10 디젤, 563마력
주무장 76밀리미터 GT4 L/62 강선포

루이카트에는 남아프리카 국경 전쟁의 교훈이 반영되어 있다. 지뢰 방호와 높은 속도를 강조해 결과적으로 차륜형 디자인이 되었다. 루이카트는 건물이나 오래된 장갑 차량을 파괴하기에 화력이 충분했다. 장갑은 매우 보편적인 구경 23밀리미터 대공포에 버텨 낼 수 있다.

▷ **B1 첸타우로**
B1 Centauro

연도 1991년 **국가** 이탈리아
무게 25톤(27.6미국톤)
엔진 이베코 VTCA V-6 디젤, 520마력
주무장 105밀리미터 오토-메라라 52구경장 강선포

고기동 구축 전차로 설계된 첸타우로는 평화 유지 임무에 대부분 사용된다. 장갑, 화력, 차륜의 조합이 잘 어울리기 때문이다. 발칸, 소말리아에서 사용되었고 이라크에서 전투를 치렀으며 스페인, 요르단, 오만에도 수출되었다.

쿠거

캐나다가 만든 쿠거 화력 지원 차량은 가벼운 차륜 차량으로, 그 뿌리가 4x4, 6x6, 8x8, 10x10 휠 규격을 가지고 있는 1970년대 스위스의 모바그 피라냐 다목적 계열 차량으로 거슬러 올라간다. 제조비가 저렴하고 궤도 차량보다 수송하기 용이하며 외관상 덜 공격적으로 보여서 평화 유지나 집행 역할에 이상적이다.

쿠거는 1977년 캐나다군을 위해 주문한 3종류의 다목적 장갑 차량(AVGP) 중 하나(다른 2종은 그리즐리 병력 수송 장갑차와 허스키 차륜형 정비 구난 차량)이다. 1974년에 처음으로 운용되기 시작한 모바그 피라냐 I의 이미 검증된 설계를 토대로 개발했다. 쿠거는 레오파르트(150~153쪽 참조) 전차를 지급받지 못한 기갑 부대에서 장비할 의도로 만들어졌다. 이 차량은 캐나다에서 정찰 훈련과 나중에는 화력 지원용으로 사용되었다. 기본적인 6×6 차체, 전면의 조종수, 그 옆의 디트로이트 디젤 엔진, 그리고 포탑의 전차장과 포수 등 2명의 추가 승무원이 탑승한다. 쿠거는 영국 스콜피온 경전차의 포탑(192~195쪽), 완전한 구경 76밀리미터 포, 공축 기관총, 8발의 연막탄 발사기를 장비하고 있다. 주포 포탄 10발은 포탑에 싣고, 나머지 30발은 차체에 저장한다. 후면 구획에 또한 병력 2명을 위한 공간을 가지고 있다.

후면

쿠거는 보스니아에서 1995년 데이튼 평화 조약의 서명 이후 이 지역의 평화를 보장하기 위해 파견된 평화 유지군(Implementation Force, IFOR)에서 운용했다. 다른 2종의 AVGP 차량과 마찬가지로 더 이상 군에서 운용하지 않는다.

제원	
명칭	쿠거 AVGP
연도	1976년
제조국	캐나다
생산량	496대
엔진	디트로이트 디젤 6V53T 2사이클 터보차지, 275마력
무게	10.7톤(11.8미국톤)
주무장	76밀리미터 L2A1
부무장	7.62밀리미터 C6 기관총
승무원	3명
장갑 두께	10밀리미터(0.4인치)

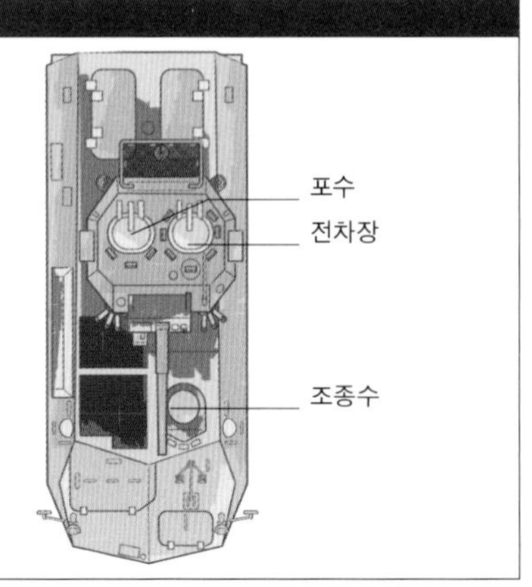

3/4 측면도

캐나다 국기
단풍잎은 캐나다의 오랜 상징이었으며, 1965년부터 국기에 들어가는 영예를 얻었다. 여기서는 캐나다 제작 쿠거의 양 측면에 그려져 있다.

다목적 기계
쿠거는 6x6 또는 8x8 차대에 기초한 많은 차륜형 장갑 차량의 하나로 20세기 말까지 군에서 운용되었다. 빠르고 가볍고 저렴한 이 차량은 이전에 전차가 수행하던 역할을 맡았다.

외부

보트 모양 차체는 바로 아래에서 일어나는 폭발을 회피할 수 있어 지뢰 방어에 도움을 준다. 지뢰는 평평한 차체의 차량을 쉽게 전복시킬 수 있다. 다중 구동 휠 역시 하나의 방어 체계여서 바퀴 하나를 잃더라도 움직일 수 있는데 그렇지 않은 경우 지뢰는 차량을 완전히 무력화시킬 수 있기 때문이다.

1. 전술 번호 **2.** 헤드라이트 **3.** 사이드 라이트와 지시계 **4.** 조종수 잠망경과 해치 **5.** 와이어 커터와 미끄럼 방지 질감 처리된 표면 **6.** 연막탄 발사기 **7.** 배기 장치 배출구 **8.** 와이퍼 블레이드를 갖춘 포수 잠망경 **9.** 현가장치 브라켓 **10.** 차체 관측차 **11.** 리얼 라이트 클러스터

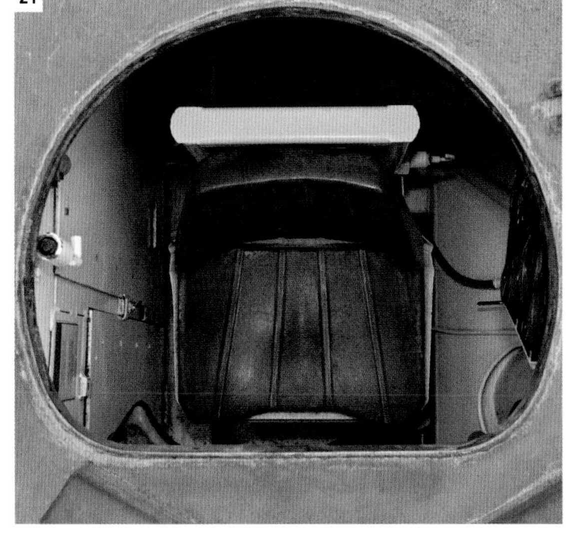

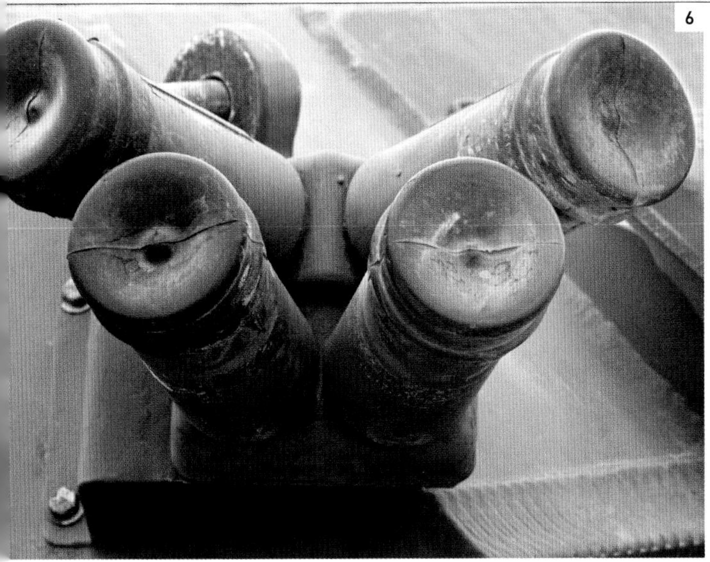

내부

내부는 2개의 구획으로 나누어져 있다. 전면 구획은 조종수와 그 위 포탑의 전차장과 포수를 감싸고 있다. 후면 구획은 제일 뒤의 수직 도어와 소규모 병력을 위한 의자와 탑승 공간을 포함하고 있고, 구경 76밀리미터 주포 발사체(탄약)를 위한 공간이 추가된다.

12. 포수석을 내려다본 모습 **13.** 전차자용 사격 조준경 **14.** 주포 위치에서 본 포탑 내부 **15.** 주포 포미링 **16.** 일안식(一眼式) 포수 사격 조준경 **17.** 포탑 보조 조종 상자 **18.** 포탑 선회용 핸드휠 **19.** 공축 기관총, 주포 선택기 **20.** 상한의(quadrant) 사격 조종 기어 **21.** 조종수 의자 **22.** 조종수석의 계기판과 잠망경 **23.** 조종수 조종 장치 **24.** 조향 휠 **25.** 기어 레버 **26.** 핸드 브레이크 **27.** 후면 구획의 의자와 탄약 저장대(가대)

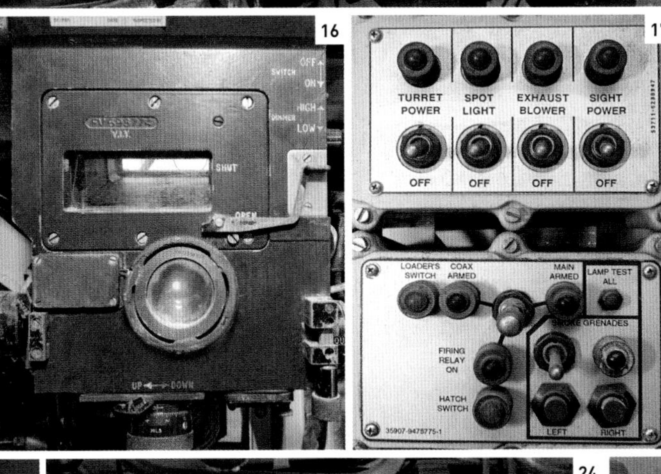

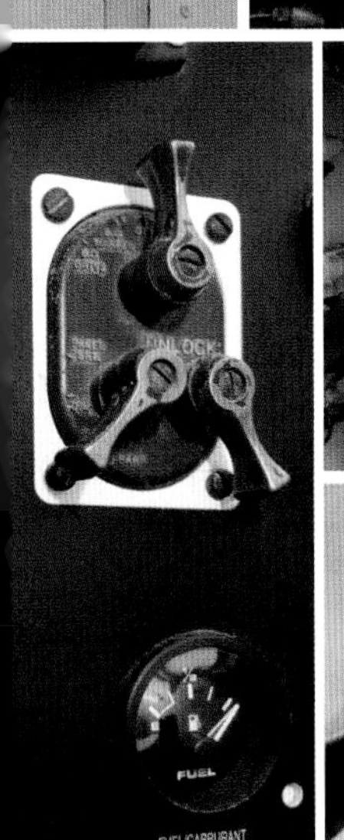

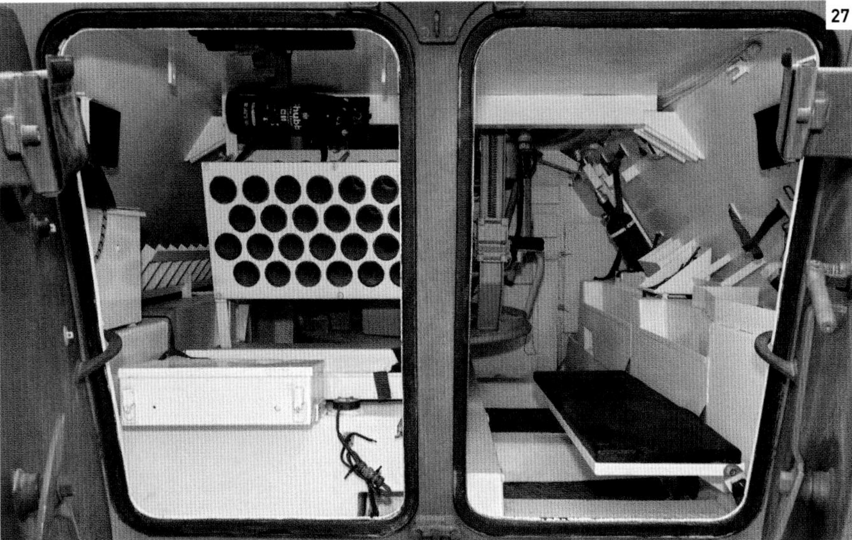

화염 방사 전차

화염 무기는 고대부터 사용되어 왔고, 제1차 세계 대전에서도 휴대 무기로 효과적으로 사용되었다. 심각한 심리적 충격을 주며 때때로 존재만으로 항복을 유발하기도 한다. 그러나 짧은 사거리, 운반할 수 있는 연료량, 취약성의 제약을 받는데 이 문제는 차량 탑재 화염 방사기로 극복될 수 있다.

적용 차량

이탈리아군은 1935년 화염 방사 탱켓 L3 Lf를 생산했는데, 화염 방사기를 탑재한 러시아 T-26 전차처럼 제2차 세계 대전 이전과 대전 초기에 광범위하게 군에서 운용되었다. 독일 육군은 화염 방사기를 반궤도 차량이나 판처 III 전차에 탑재해 벙커와 주택을 확보하기 위해, 특히 시가전에서 사용했다. 영국군에서 화염 방사기는 유니버설 캐리어에 와스프(Wasp) 차량 방식으로 부착하거나, 또는 처칠 전차를 크로커다일로 개조하는 방식으로 부착했다. 장갑 연료 트레일러를 끌고 다니면서, 1~2초 길이로 80회 화염을 뿜어낼 수 있었다. 화염 방사 전차는 21세기에도 계속 사용되고 있다.

M48 패튼 전차에서 개조한 109대 중 1대에 해당하는 미국 해병대의 M67 지포(Zippo) 전차가 1969년 광나이 빈손 근처 마을에서 화염을 뿜고 있다.

정찰 장갑차

정찰차는 전투를 하기 위해서가 아니라, 적 부대를 찾고 되돌아와 보고하기 위해 만들어졌다. 이런 역할이 설계를 좌우했는데, 강을 떠서 건너갈 수 있을 정도로 가벼울 정도로 설계에서 방호보다는 기동성을 강조했다. 기관총 또는 자위용(自衛用)으로 설계된 가벼운 캐논포로 무장했고, 주된 무기는 여전히 무전기였다. 차륜 차량은 일부 국가들이 궤도 차량을 대신 사용할 만큼 거친 지형에서는 제한 사항이 있음에도 불구하고, 더 빠르고 더 조용한 기동성을 고려했다.

▷ FV701(E) 페럿 마크 2/5
FV701(E) Ferret Mark 2/5

연도	1952년 **국가** 영국
무게	4.4톤(4.8미국톤)
엔진	롤스로이스 B60 마크 6A 가솔린, 129마력
주무장	30구경 브라우닝 M1919 기관총

페럿은 1948년 성공적인 차량이었던 딩고를 대체하기 위해 1947년 개발이 시작되었다. 마크 1은 딩고처럼 오픈-탑 구조였으나 대부분은 여기처럼 기관총 포탑을 가지고 있다. 주된 역할은 정찰과 연락(liaison)이었으며, 일부 변형은 대전차 미사일을 장비했다. 총 4,409대가 만들어져 30개국 이상에서 운용되었다.

△ BRDM 1
BRDM 1

연도	1957년 **국가** 소련
무게	5.6톤(6.2미국톤)
엔진	GAZ-40P 가솔린, 90마력
주무장	7.62밀리미터 SGMB 기관총

BRDM 1은 완전히 수륙 양용이다. 워터 제트로 추진되며 4륜 구동식이고 차체 중간 하부에 달린 4개의 추가 바퀴는 거친 지형을 만나면 지면으로 내릴 수 있다. NBC 방호 정찰차와 지휘 차량, 다양한 대전차 미사일 발사대 등의 변형이 있다. BRDM 1은 약 50개국에 수출되었다.

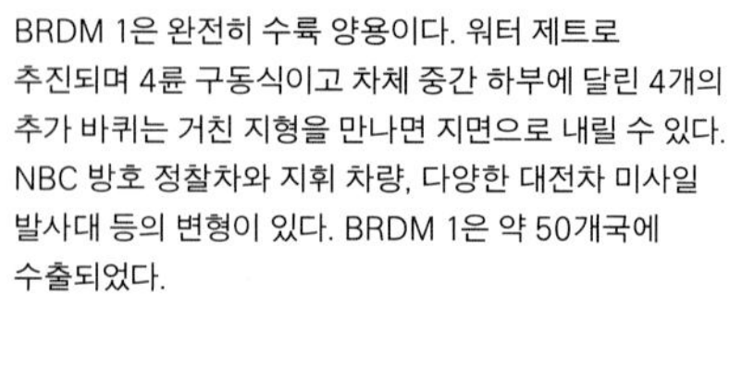

▽ BRDM 2
BRDM 2

연도	1962년 **국가** 소련
무게	7톤(7.7미국톤)
엔진	GAZ-41 V8 가솔린, 140마력
주무장	14.5밀리미터 KPVT 기관총

BRDM 1의 제한 사항은 그 후계자인 BRDM 2에서 고쳐졌다. 이 차량은 NBC 방호 장비, 개선된 사격 조준기, 기관총을 수납한 장갑화된 포탑 등이 특징이다. BRDM 1의 중간 바퀴와 수륙 양용 능력을 유지했다.

△ SPz 11.2
SPz 11.2

연도	1958년 **국가** 프랑스, 서독
무게	8.2톤(9.1미국톤)
엔진	호치키스 6기통 가솔린, 164마력
주무장	20밀리미터 이스파노-수이자 HS.820 캐논포

프랑스에서 설계했고, 오직 서독에서만 채용된 Spz(Schützenpanzer, 보병 장갑 전투차) 11.2는 주로 정찰용으로 사용했다. 변형들은 박격포 운반, 포병 전방 관측, 지휘 차량, 앰뷸런스로도 사용되었다. 2,300대 이상이 만들어져 1982년까지 운용되었다.

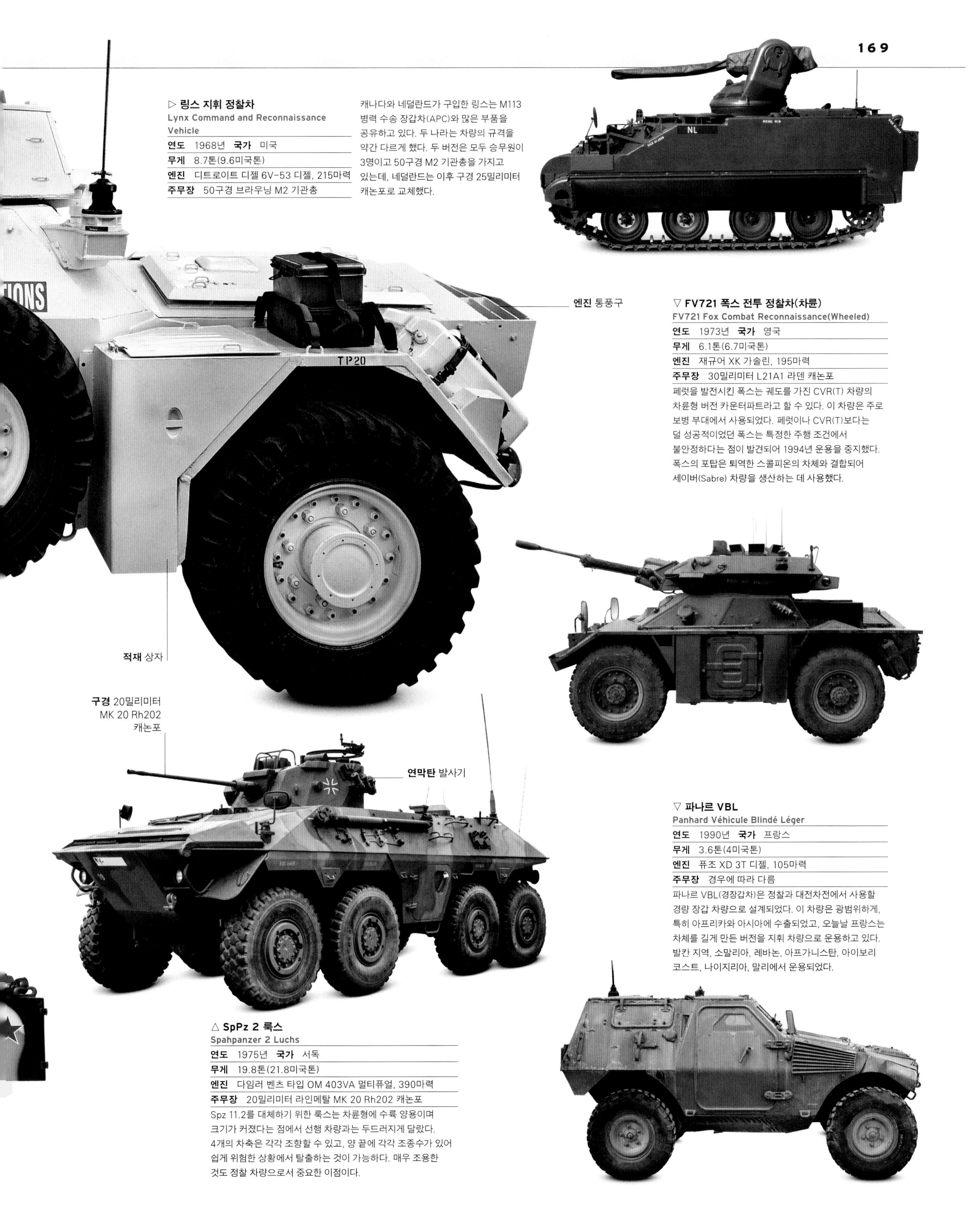

▷ **링스 지휘 정찰차**
Lynx Command and Reconnaissance Vehicle

연도 1968년 **국가** 미국
무게 8.7톤(9.6미국톤)
엔진 디트로이트 디젤 6V-53 디젤, 215마력
주무장 50구경 브라우닝 M2 기관총

캐나다와 네덜란드가 구입한 링스는 M113 병력 수송 장갑차(APC)와 많은 부품을 공유하고 있다. 두 나라는 차량의 규격을 약간 다르게 했다. 두 버전은 모두 승무원이 3명이고 50구경 M2 기관총을 가지고 있는데, 네덜란드는 이후 구경 25밀리미터 캐논포로 교체했다.

▽ **FV721 폭스 전투 정찰차(차륜)**
FV721 Fox Combat Reconnaissance(Wheeled)

연도 1973년 **국가** 영국
무게 6.1톤(6.7미국톤)
엔진 재규어 XK 가솔린, 195마력
주무장 30밀리미터 L21A1 라덴 캐논포

페럿을 발전시킨 폭스는 궤도를 가진 CVR(T) 차량의 차륜형 버전 카운터파트라고 할 수 있다. 이 차량은 주로 보병 부대에서 사용되었다. 페럿이나 CVR(T)보다는 덜 성공적이었던 폭스는 특정한 주행 조건에서 불안정하다는 점이 발견되어 1994년 운용을 중지했다. 폭스의 포탑은 퇴역한 스콜피온의 차체와 결합되어 세이버(Sabre) 차량을 생산하는 데 사용했다.

▽ **파나르 VBL**
Panhard Véhicule Blindé Léger

연도 1990년 **국가** 프랑스
무게 3.6톤(4미국톤)
엔진 퓨조 XD 3T 디젤, 105마력
주무장 경우에 따라 다름

파나르 VBL(경장갑차)은 정찰과 대전차전에서 사용할 경량 장갑 차량으로 설계되었다. 이 차량은 광범위하게, 특히 아프리카와 아시아에 수출되었고, 오늘날 프랑스는 차체를 길게 만든 버전을 지휘 차량으로 운용하고 있다. 발칸 지역, 소말리아, 레바논, 아프가니스탄, 아이보리 코스트, 나이지리아, 말리에서 운용되었다.

△ **SpPz 2 룩스**
Spahpanzer 2 Luchs

연도 1975년 **국가** 서독
무게 19.8톤(21.8미국톤)
엔진 다임러 벤츠 타입 OM 403VA 멀티퓨얼, 390마력
주무장 20밀리미터 라인메탈 MK 20 Rh202 캐논포

Spz 11.2를 대체하기 위한 룩스는 차륜형에 수륙 양용이며 크기가 커졌다는 점에서 선행 차량과는 두드러지게 달랐다. 4개의 차축은 각각 조향할 수 있고, 양 끝에 각각 조종수가 있어 쉽게 위험한 상황에서 탈출하는 것이 가능하다. 매우 조용한 것도 정찰 차량으로서 중요한 이점이다.

궤도형 병력 수송 장갑차 1

전차의 발명 이래 완전한 궤도와 장갑을 갖추고 전차와 동행하면서 보병들을 전장으로 수송할 수 있는 차량이 계속 모색되었다. 그런 차량 중 첫 번째에 해당하는 마크 IX(32쪽 참조)는 1918년 후반에 이미 준비되었다. 그러나 1950년대까지는 광범위하게 보급이 이루어지지 않았다. 많은 초기 설계는 궤도 위에 박스가 놓인 모습으로 오로지 경장갑과 경무장만 갖추었고 기관총을 초과해서 무장하는 경우는 드물었다.

△ **M75**

M75

연도	1952년 **국가** 미국
무게	18.8톤(20.7미국톤)
엔진	콘티넨털 AO-895-4 가솔린, 295마력
주무장	50구경 브라우닝 M2 기관총

M75는 미국의 표준적인 보병 분대 11명을 탑승시킬 수 있다. 보병들은 차량 후방에 있는 2개의 도어로 차량에 들어갈 수 있다. 구동 장치(running gear)는 M41 경전차에 기반을 두고 있는데, 전체적으로 너무 무겁고, 높고, 비싸서 생산은 1,725대로 끝이 났다. 벨기에는 600대를 받아 1980년대까지 운용했다.

△ **BTR-50P**

BTR-50P

연도	1954년 **국가** 소련
무게	14.2톤(15.7미국톤)
엔진	모델 V-6 디젤, 240마력
주무장	7.62밀리미터 SGMB 기관총

BTR-50은 PT-76 경전차에 기반을 두었는데, 수륙 양용 능력을 공유한다. 원래는 오픈-탑 구조로 20명의 보병을 탑승시킬 수 있다. 보병은 차체 측면으로 올라타거나 내린다. 초기형 차량들은 램프(ramp)가 있어서, 엔진 데크 위에 견인포 등을 탑재할 수 있었다. 광범위한 변형들이 12개국에서 사용되었다.

△ **M59**

M59

연도	1954년 **국가** 미국
무게	19.3톤(21.3미국톤)
엔진	2x제너럴 모터스 모델 302 가솔린, 각 127마력
주무장	50구경 브라우닝 M2 기관총

M75의 가볍고 높이가 낮고 저렴한 대체품인 M59는 수륙 양용 능력을 추가했으나, 장갑은 덜 갖추고 있다. 보병은 램프를 이용해 차량에 들어갈 수 있다. 접이식 의자가 있어 화물 수송에도 더욱 유용하다. 2개의 엔진은 안정성이 없는 것으로 드러났으며 1960년대 중반 퇴역했다.

△ **AMX VCI**

AMX VCI

연도	1957년 **국가** 프랑스
무게	15톤(16.6미국톤)
엔진	디트로이트 디젤 6V-53T 디젤, 280마력
주무장	50구경 브라우닝 M2 기관총

VCI 차대는 AMX-13 전차에 기반을 두었다. 10명의 보병은 2개의 후면 도어를 통해 탑승할 수 있고 총안구는 각 후방 도어와 차체에 있다. 몇몇 차량에서는 기관총이 20밀리미터 캐논포로 대체되어다. 레이더 탑재차, 공병차, 박격포 탑재차, 앰뷸런스 등을 포함한 변형이 있다.

◁ 수(輪) 60식
Type SU 60

연도 1960년 **국가** 일본
무게 13.2톤(14.6미국톤)
엔진 미쓰비시 8HA21 WT 디젤, 220마력
주무장 50구경 브라우닝 M2 기관총

1950년대 후반, 일본 경제가 자체 군사 장비를 제작할 수 있을 만큼 충분히 회복되었다. 수 60식은 그런 최초 차량들 중 하나다. 이 차량은 4명의 승무원과 6명의 보병을 태울 수 있는 탑승 공간이 있다. 전후 차량으로서는 특이하게도 구경 7.62밀리미터 차체 전면 탑재 기관총(Bow machine gun)으로 무장하고 있다.

▽ M113A1
M113A1

연도 1960년 **국가** 미국
무게 11톤(12.1미국톤)
엔진 디트로이트 디젤 6V-53 디젤, 212마력
주무장 50구경 브라우닝 M2 기관총

매우 성공적이어서, 8만 대 이상의 M113이 만들어졌고 44개 국가에 40개 이상의 변형이 있다. 초기 차량은 가솔린 엔진이었으나 곧 동급의 디젤 엔진으로 교체되었다. 많은 운용자들이 21세기에도 이 차량을 유지하고자 자체적으로 업그레이드했다. 운용자들이 지은 별명 중에는 '욕조(bathtub)'나 '코끼리 신발' 등도 있다.

연막탄 발사기

궤도를 보호하는
사이드 스커트

급조 폭발물(IED)
방호용 케블러(kevlar)
판을 포함한 장갑

▷ FV432 불독
FV432 Bulldog

연도 1963년 **국가** 영국
무게 15.2톤(16.8미국톤)
엔진 롤스로이스 K60 No4 Mk 4F 멀티퓨얼, 240마력
주무장 7.62밀리미터 L7 기관총

거의 30년간 영국의 표준 병력 수송 장갑차(APC)였던 FV432는 21세기에도 여전히 운용되고 있다. 최신 불독 변형은 이라크전에서 군이 운용하기 위해 개발되었는데, 신형 엔진과 변속기, 부가 장갑, 개선된 장비 등이 특징이다. 이 차량은 박격포, 앰뷸런스, 지휘 차량, 통신, 구난 차량을 포함하는 FV430 계열 차량의 일부이다.

궤도형 병력 수송 장갑차 2

보병들은 일반적으로 APC를 수송용으로 사용하며, 적군을 만나면 땅 위에서 싸우기 위해 하차한다. 그러나 특정 환경에서는 승차 전투용으로 사용된다. 특이하게도 베트남에서 미군과 남베트남군은 M113이 제공하는 기동성의 진가를 알아보고 이 임무를 위해 차량에 기관총과 장갑을 추가하는 방식으로 개조했다. 베트남과 아프가니스탄에서 지뢰의 위협 때문에 많은 보병들은 차량의 제일 상부에 타는 것을 선택했다.

▷ **Bv202**

Bv202

연도 1964년 **국가** 스웨덴

무게 3.2톤(3.5미국톤)

엔진 볼보 B20B 가솔린, 97마력

주무장 없음

북부 스웨덴의 설원과 습지에서 높은 기동성을 가지도록 설계한 Bv202는 극도로 접지 압력이 낮다. 2개의 캡(cab) 사이에 자리잡은 유압식 램으로 조향된다. 후면 캡은 보병 8명이 탑승할 수 있다. 영국과 노르웨이에 판매되었는데 북극에 이 차량을 배치할 것으로 여겨졌다.

2인승으로 된 전면부 조종석

360도 회전이 가능한 기관총 장착용 마운트

▽ **YW701A**

YW701A

연도 1964년 **국가** 중국

무게 12.8톤(14.1미국톤)

엔진 BF8L 413F 디젤, 320마력

주무장 12.7밀리미터 타입 54 기관총

YW701A 지휘 차량은 63식 혹은 YM531 병력 수송 장갑차의 루프 높이를 높인 변형이다. 소련의 지원 없이 설계된 최초의 중국 장갑차로 보병 13명이 탑승할 수 있고, 여기에 승무원 2명이 추가된다. 63식과 그 변형은 널리 수출되었고, 베트남과 이라크에서 벌어진 전투에서도 사용되었다.

소화기 사격 방호용 강철제 차체

도섭용 트림 베인

◁ **Pbv 302**

Pbv 302

연도 1966년 **국가** 스웨덴

무게 13.5톤(14.9미국톤)

엔진 볼보-펜타 모델 THD 100B 디젤, 280마력

주무장 20밀리미터 이스파노-수이자 HS.404 캐논포

Pbv 302는 3명의 승무원과 8명의 보병이 탑승할 수 있다. 보병은 후면의 도어 2개를 통해 차량 내로 승차한다. 이 차량은 스웨덴에서만 독점적으로 사용되었으며, 지휘 차량, 관측소, 라디오 중계용을 포함한 변형이 있다. UN 임무를 수행한 차량은 추가 장갑과 개선된 차량 장비를 갖췄다.

▷ AAV7A1

AAV7A1

연도 1971년 **국가** 미국
무게 25.3톤(27.9미국톤)
엔진 커민스 VT400 디젤, 400마력
주무장 50구경 브라우닝 M2 기관총, 40밀리미터 MK 19 자동 척탄 발사기

원래 LVTP-7로 불리던 AAV7A1은 최신 수륙 양용 트랙터 또는 앰트랙(amtrac)으로, 미국 해병대를 위해 제작되었다. 약 1,500대가 만들어져 세계 각국으로 판매되었다. 최신 M2 브래들리 차량 부품 통합 등 여러 업그레이드를 받았다.

◁ 73식

Type 73

연도 1973년 **국가** 일본
무게 13.3톤(14.7미국톤)
엔진 미쓰비시 4ZF 디젤, 300마력
주무장 50구경 브라우닝 M2 기관총

수 60식의 후계 차량인 73식도 차체 전면 탑재 기관총을 가지고 있다. 일반적으로 기관총 포수 역할을 하는 1명을 포함한 보병 9명과 승무원 3명을 탑승시킬 수 있다. 다른 일본 설계 군용 장비와 마찬가지로, 수출되거나 실전에 참가한 사례가 없다.

▷ Bv206

Bv206

연도 1980년 **국가** 스웨덴
무게 6.6톤(7.3미국톤)
엔진 포드 V6 가솔린, 136마력
주무장 없음

Bv202보다 더 크고 더 성능이 좋은 Bv206은 20개 이상의 나라와 탐색 구조대를 포함한 많은 민간 단체에 판매되었다. BV206S로 부르는 장갑 버전도 생산되어 널리 판매되었다. 둘 다 기동성이 높고 대형 헬기로 들어 올릴 수 있을 만큼 가볍다.

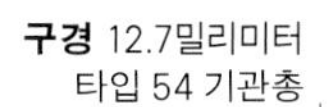

▷ YW 534

YW 534

연도 1990년 **국가** 중국
무게 14.5톤(16미국톤)
엔진 도이츠 BF8L413F 디젤, 320마력
주무장 12.7밀리미터 타입 54 기관총

89식으로도 알려진 이 병력 수송 장갑차(APC)는 매우 유사한 YM 531H 혹은 85식으로부터 개발되었다. 이 차량은 또한 13병의 보병을 탑승시킬 수 있다. 표준적인 변형(앰뷸런스, 지휘 차량, 공병 차량)에 추가해 YM 534의 차대는 로켓 발사대, 대전차 유도 미사일, 자주포로도 사용되었다.

소련의 종반전

냉전 중 유럽에서 수천 대에 달하는 전차들이 증강되었다. 북대서양 조약 기구(NATO) 국가들은 더 많지만 더 단순한 소련권 전차들에 비해 기술적 우위의 전차를 보유하려는 경향이 있었다. 중동과 다른 지역 분쟁에서 소련이 제조한 전차들의 성능은 서방과 NATO에게 그들 장비에 우월성에 대한 안도감을 주었다. 그러나 소련 최고 사령부의 작전 계획은 공중, 보병 지원을 받아 많은 수량으로 서방을 휩쓸 수 있는 적군(赤軍)과 위성국(여기서의 헝가리 T-72)의 전차 수천 대에 의존했다. 이런 위협에 직면해 서방 강국들은 규모는 작지만 잘 훈련되고 기술적으로는 우위의 군대가, 규모는 더 크지만 덜 정교한 군대를 물리친 사례들을 주목했다. 그 결과 NATO 지휘관들은 프랑스 노르망디의 제2차 세계 대전 전장을 방문해 전적지 답사를 통해, 규모가 작은 독일군 전차 부대가 연합군 기갑 부대를 어떻게 물리쳤는지 전훈을 얻고자 했다. 다행히 냉전은 뜨거워지지 않았고, 노르망디로부터의 교훈도 시험에 들지 않았다.

헝가리 전차 승무원들이 1990년 헝가리 북서부 타타(Tata)에서 기동 중 T-72를 작동시키고 있다.

궤도형 보병 전투차 1

병력 수송 장갑차(APC)는 보병들이 전차를 따라서 작전할 수 있도록 했지만 얇은 장갑과 가벼운 화력으로 인해 기동성이 제한되었고 공격에 취약했다. 이것을 만회하기 위해 설계자들은 전차와 동행해서만 싸우는 것이 아니라, 보병들이 차량을 떠나지 않고 적과 싸울 수 있는 차량을 개발하는 쪽으로 방향을 전환했다. 새로운 보병 전투차(IFV)는 작전의 속도를 대폭 빠르게 했고, 통상적인 위협과 핵전쟁에서 예상되는 공기 오염으로부터 승무원들에게 더 우수한 방호를 제공했다.

△ **쉬첸판처 랑 HS.30**
Schützenpanzer Lang HS.30

연도 1958년 **국가** 서독
무게 14.6톤(16.1미국톤)
엔진 롤스로이스 B81 마크 80F 가솔린, 220마력
주무장 20밀리미터 이스파노-수이자 HS.820 캐논포

서독 군사 교리에 따르면 전차, 보병, 보병 수송차는 서로 동행하면서 싸워야 했다. 그에 맞춰 쉬첸판처 랑은 통상적인 병력 수송 장갑차에 비해 보다 중무장하고, 중장갑을 갖추고 있으며, 높이가 낮은 형상이었다. 보병 5명을 탑승시킬 수 있는데, 차량 루프에 있는 해치를 통해 출입한다. 처음에는 안정성이 떨어졌으나 비용을 많이 들여 개조했다.

특징적으로 높이가 낮은 형상

▽ **BMP-1**
BMP-1

연도 1966년 **국가** 소련
무게 13.5톤(14.9미국톤)
엔진 UTD 20 디젤, 300마력
주무장 73밀리미터 2A28 활강포

최초의 진정한 보병 전투차(IFV)인 BMP-1의 출현은 서방에서 큰 관심을 불러 일으켰다. 화력과 방호력에 보병 8명이 탈 수 있는 수송 능력은 전례가 없는 것이었다. 그러나 실내가 비좁고 지뢰에 취약하다는 약점도 있었다. 연료 탱크는 병사들 좌석 사이에 자리 잡고 있었다.

구경 73밀리미터 2A28 활강포

제1 보기륜과 제6 보기륜에 있는 개별 현가장치

공중 투하에 적합한 경장갑

▷ **BMD-1**
BMD-1

연도 1969년 **국가** 소련
무게 7.5톤(8.3미국톤)
엔진 5D-20 디젤, 240마력
주무장 73밀리미터 2A28 활강포

소련 공정 부대를 위한 경장갑의 보병 전투차(IFV) BMD-1은 낙하산으로 투하할 수 있었다. 이 차량은 BMP-1과 같은 포탑을 사용했다. 포탑이 없는 BTR-D 병력 수송 장갑차(APC)도 동시에 운용되었는데, 보병 10명을 탑승시킬 수 있었다. BMD-1은 보병 4명과 전방 차체 기관총 사수(bow gunner)을 포함한 승무원 4명을 탑승시킬 수 있다.

◁ 마르더 1
Marder 1

연도 1971년 **국가** 서독
무게 35톤(38.5미국톤)
엔진 MTU MB 833 Ea-500 디젤, 600마력
주무장 20밀리미터 라인메탈 Rh202 캐논포

최초의 서방 보병 전투차(IFV)인 마르더는 보병 6명을 탑승시켰다. 초기 버전은 총안구와 후면 램프 위에 원격 조종 기관총이 있었다. 후기형은 두꺼운 장갑과 밀란(MILAN) 대전차 미사일이 추가되었다. 마르더는 냉전 기간 내내 운용되었으나 첫 실전 사례는 1999년 코소보에서였다.

△ AMX 10P
AMX 10P

연도 1973년 **국가** 프랑스
무게 14.5톤(16미국톤)
엔진 이스파노-수이자 HS 115 디젤, 260마력
주무장 20밀리미터 넥스터 M693 캐논포

프랑스 최초의 보병 전투차(IFV)는 보병 8명과 승무원 3명을 탑승시킬 수 있었는데, 이들은 후면에 있는 램프를 통해 승차했다. AMX-10P는 사우디아라비아와 싱가포르를 포함한 다양한 국가들에 판매되었다. 인도네시아는 해병대를 위해 설계된 구경 90밀리미터 포를 갖춘 변형을 도입했다.

▷ AIFV(장갑 보병 전투차)
AIFV(Armored Infantry Fighting Vehicle)

연도 1977년 **국가** 미국
무게 13.7톤(15.1미국톤)
엔진 디트로이트 디젤 6V-53T 디젤, 267마력
주무장 25밀리미터 오리콘 KBA-B02 캐논포

AIFV는 M113 장갑에 바탕을 두고 있는데, 총안구, 포탑, 더 두꺼운 장갑, 보병 7명을 탑승시킬 수 있는 수송력을 갖췄다. 가장 대규모 운용국은 몇 종의 변형을 포함해 2,000대의 차량(YPR-765로 명명)을 운용한 네덜란드였다. 그중 몇몇은 아프가니스탄에서 실전을 겪었다.

▷ BMP-2
BMP-2

연도 1980년 **국가** 소련
무게 14.3톤(15.8미국톤)
엔진 UTD 20/3 디젤, 300마력
주무장 30밀리미터 2A42 캐논포

BMP-1의 단점이 BMP-1의 개발을 이끌었다. 이 차량의 캐논포는 더 높은 속도와 높은 각도로 사격할 수 있으며, 2인승 포탑은 전차장에게 좀 더 좋은 시야를 제공한다. 이 차량은 보병 7명이 탑승할 수 있다. 체첸과 아프가니스탄에서 운용되었다. BMP-1과 마찬가지로 광범위하게 수출되었다.

궤도형 보병 전투차 2

소련의 BMP-1은 보병 전투차(IFV)의 견본을 정착시켰다. 차량에 탑승한 보병은 차량 측면에서 자신의 무기로 사격할 수 있고, 차량 자체에는 강력한 주포와 대전차 미사일 발사기를 탑재했다. 또한 병력 수송 장갑차(APC)보다 더 두꺼운 장갑을 갖추었다. 서방 국가들은 소련의 사례를 따라갔지만, 그럼에도 불구하고 총안구는 덜 일반적이었다. 총안구에서 사격하는 것은 비실용적인 것으로 여겨져 많은 운용국들에서 부가 장갑으로 덮었다.

△ M2 브래들리

M2 Bradley

연도 1983년 **국가** 미국	
무게	32.1톤(35.4미국톤)
엔진	커민스 VTA-903T 디젤, 600마력
주무장	25밀리미터 M242 캐논포

M2 브래들리는 고장과 개발 지연으로 시달렸지만 전투에서 가치를 증명했다. TOW 대전차 미사일 발사기는 3명의 승무원과 6명의 보병에게 특별히 인기가 있었다. 업그레이드를 해 장갑, 사격 조준기, 전자 장비를 향상시키는 한편 7번째의 보병이 탑승할 수 있는 공간이 추가되었다.

30밀리미터 2A42 캐논 포

5개의 총안구 중 하나

도섭용 트림 베인

△ BMD-2

BMD-2

연도 1985년 **국가** 소련	
무게	8.2톤(9.1미국톤)
엔진	5D-20 디젤, 240마력
주무장	30밀리미터 2A42 캐논포

소련 공정 부대용 보병 전투차(IFV)인 BMD-2는 BMD-1의 성능 개선 버전으로 차체가 약간 개조되고 높은 발사각의 캐논포를 갖춘 신형 포탑을 보유했다. 그러나 장갑은 여전히 얇았고 방호력은 기관총탄과 포탄 파편을 막을 수 있는 수준에 지나지 않았다.

무전기 안테나

구경 30밀리미터 L2A1 라덴 캐논포

급조 폭발물 방호 장비

▷ 워리어

Warrior

연도 1986년 **국가** 영국	
무게	28톤(30.9미국톤)
엔진	퍼킨스 CV-8 TCA 디젤, 550마력
주무장	30밀리미터 L21A1 RARDEN 캐논포

워리어 IFV(FV510)은 원래 보병 7명을 탑승시켰다. 업그레이드 버전은 탑승 인원이 6명으로 줄어들었음에도 불구하고 지뢰 폭발로부터 좌석의 방호력이 향상되었다. 현가장치와 승무원의 시야도 개선되었다. 부가 장갑과 전자 방해책도 걸프만, 발칸, 아프가니스탄의 운용을 위해 추가되었다. 이후 지휘 차량, 수리, 구난 차량도 개발되었다.

▷ **89식**
Type 89

연도	1989년 **국가** 일본
무게	27톤(29.8미국톤)
엔진	미쓰비시 6SY31 WA 디젤, 600마력
주무장	35밀리미터 오리콘 KDE 캐논포

1980년대 중 개발된 89식은 일본에서만 운용되었다. 보병 7명을 탑승시킬 수 있고, 79식 대전차 미사일과 캐논포를 장착하고 있다. 보병들은 통상적으로 1개의 도어나 램프를 가지고 있는 많은 서방의 설계와 달리 소련 차량과 유사하게 후면의 2도어 2개로 승차할 수 있다.

7개의 총안구 중 하나

구경 100밀리미터 2A70 활강포

알루미늄합금과 강철제 장갑

◁ **BMP-3**
BMP-3

연도	1990년 **국가** 소련
무게	18.7톤(20.6미국톤)
엔진	UTD 29M 디젤, 500마력
주무장	1x100밀리미터 2A70 활강포, 1x30밀리미터 2A72 캐논포

소련 BMP-3는 BMP-2의 업그레이드형이다. 이 차량은 보다 크고, 실내 공간이 좀 더 넓고, 보병 전투차(IFV)로서 매우 중무장하고 있다. 특이하게 엔진이 후면에 있어 승하차를 위해 차량 위로 올라가야 한다. BMP-3는 체첸과 예멘에서 실전을 겪었다. 신형 버전은 폭발 반응 장갑(ERA)과 능동 방호 장비가 특징이다.

적 급조 폭발물 신호 방해용 전자 방해책(ECM) 시스템

총안구가 없어 차체 부가 장갑을 부착할 수 있다.

RPG 방호용 펜스형 장갑

전차장과 포수를 위한 강철제 포탑

▽ **BMD-3**
BMD-3

연도	1990년 **국가** 소련
무게	13.2톤(14.6미국톤)
엔진	2V-06-02 디젤, 450마력
주무장	30밀리미터 2A42

새로운 대형 차체를 기초로 한 BMD-3는 공정 부대를 지원하기 위해 콘쿠르스(Konkurs) 대전차 유도 미사일을 포함한 다양한 무기를 탑재할 수 있다. 이 차량은 승무원 3명과 보병 4명을 내부에 탑승시킨 상태로 공중 투하할 수 있다. 보병 2명은 차체 전면 탑재(bow-mounted) 구경 30밀리미터 유탄 발사기와 구경 5.45밀리미터 기관총을 운용할 수 있다. 2S25로 불리는 변형은 구경 125밀리미터의 대전차포로 무장하고 있다.

차륜형 병력 수송차 1

차륜형 병력 수송차는 냉전기 내내 살아남아 광범위하게 운용되었다. 보다 중무장한 카운터 파트들과 차량 부품을 공유한 덕분에 좀 더 제작이 용이하고 저렴했다. 그러나 소수는 일선에서 운용할 수 있을 정도의 장갑이나 화력을 갖추었다. 소련, 서독, 영국 등 일부 국가에서는 궤도형 보병 전투차를 장비한 일선 부대와 차륜형 차량으로 제한되는 정찰 혹은 방어 작전을 담당한 부대로 나누었다.

▽ **BTR-152**

BTR-152

연도 1950년 **국가** 소련	
무게	10.1톤(11.1미국톤)
엔진	ZIS-123 가솔린, 110마력
주무장	7.62밀리미터 SGMB 기관총

BTR-40보다 더 크고 기동성이 더 좋은 BTR-152는 보병 15명을 탑승시킬 수 있다. 최신 모델은 장갑 루프와 소련에서는 처음으로 중앙 집중식 타이어 압력 통제 시스템을 갖고 있다. 모든 변형을 통틀어 1만 2500대의 BTR-152가 제조되어 수십 년 동안 세계 각국의 군대에서 운용되었다.

△ **BTR-40**

BTR-40

연도 1950년 **국가** 소련	
무게	5.3톤(5.8미국톤)
엔진	GAZ-40 가솔린, 80마력
주무장	7.62밀리미터 SGMB 기관총

최초의 소련 병력 수송 장갑차(APC)인 BTR-40은 4륜 구동을 갖추고 있으며, 경트럭에 바탕을 둔 오픈-탑 구조의 차량이다. 보병 8명을 탑승시킬 수 있었는데 장갑 루프를 갖춘 후기의 BTR-40은 6명을 탑승시킬 수 있다. 세계 각지에 판매되어 한국, 헝가리, 베트남, 중동에서 실전을 겪었다.

▽ **FV603 사라센**

FV603 Saracen

연도 1952년 **국가** 영국	
무게	10.2톤(11.2미국톤)
엔진	롤스로이스 B80 Mk 6A 가솔린, 160마력
주무장	30구경 브라우닝 M1919 기관총

영국 육군의 1950년대 표준형 병력 수송 장갑차(APC)였던 사라센의 드라이브 트레인(구동렬)은 우수한 기동성을 제공했다. 보병 10명을 탑승시킬 수 있었고 지휘 차량과 앰뷸런스를 비롯해 북아일랜드 보안 차량 등의 변형이 있다.

△ **BTR-60PA**
BTR-60PA
연도 1963년 **국가** 소련
무게 10톤(11미국톤)
엔진 2xGAZ-49B 가솔린, 각 90마력
주무장 7.62밀리미터 SGMB 기관총

8륜 구동과 워터 제트를 갖춘 수륙 양용 BTR-60PA는 선행 차량들보다 다목적성이 두드러진다. 최초의 버전은 오픈-탑 구조이며, 후기 모델은 비록 병력 탑승 능력을 떨어지더라도 루프 장갑과 NBC 방호 시스템을 갖추고 있다.

△ **OT-64 스코트**
OT-64 SKOT
연도 1964년 **국가** 체코슬로바키아, 폴란드
무게 14.5톤(16미국톤)
엔진 타트라 928-18 디젤, 180마력
주무장 14.5밀리미터 KPVT 기관총

바르샤바 조약 기구 국가들이 소련에 의해 엄격하게 통제되었음에도 불구하고, 그들은 여전히 자체적인 장비를 설계할 수 있었다. 폴란드와 체코슬로바키아는 BTR-60 대신에 OT-64를 위해 공동으로 협력했다. 향상된 장갑 방호와 후면의 도어가 장점이다.

△ **YP-408**
YP-408
연도 1964년 **국가** 네덜란드
무게 12톤(13.2미국톤)
엔진 DAF DS 575 가솔린, 165마력
주무장 50구경 브라우닝 M2 기관총

YP-408은 6륜 구동이며, 두 번째 축에는 동력이 없다. 기본적인 병력 수송 장갑차(APC) 버전은 보병 10명을 탑승시킬 수 있다. 박격포, 지휘 차량, 앰뷸런스, 대전차 변형이 개발되었다. 네덜란드는 1979~1985년 레바논에서 UN군에 속해 YP-408 몇 대를 운용했다.

▽ **파나르 M3**
Panhard M3
연도 1971년 **국가** 프랑스
무게 6.1톤(6.7미국톤)
엔진 파나르 디펜스 모델 4HD 가솔린, 90마력
주무장 7.62밀리미터 기관총

성공적이었던 AML 장갑차에 바탕을 두고 민간 기업에서 개발한 M3은 15년 동안 약 1,500대가 생산되어 아프리카를 중심으로 거의 30개 국가에 판매되었다. 병력 수송 장갑차(APC) 버전은 보병 10명을 탑승시킬 수 있고, 대공, 수리, 지휘, 공병, 앰뷸런스 모델을 포함한 변형들이 있다.

서치라이트

중간 바퀴 사이의 사이드 도어

△ **BTR-70**
BTR-70
연도 1972년 **국가** 소련
무게 11.7톤(12.9미국톤)
엔진 2xGAZ-40P 가솔린, 각 180마력
주무장 14.5밀리미터 KPVT 기관총

보다 빠르고 기동성이 좋으며 더 잘 방호되는 버전의 BTR-60이라고 할 수 있는 BRR-70은 또한 두 번째와 세 번째 바퀴 사이에 도어가 있어 접근성이 좋다. 많은 분쟁에서 싸웠던 BTR-60과 다르게 BTR-70은 냉전 기간 중 오직 아프가니스탄에서만 실전을 겪었다.

차륜형 병력 수송차 2

일부 국가들은 궤도형 차량보다 차륜형 차량이 소요에 더 적합한 것으로 평가했다. 그리하여 병력 수송차는 아프리카 여러 국가들을 포함해 상대적으로 평활한 넓은 지역에서 운용되었다. 일반적으로 가볍고, 접지 압력도 작은 차륜형 차량은 흔히 더 무거운 궤도형 카운터파트가 갈 수 없는 지역도 통과했다. 고무 타이어는 금속제 궤도에 비해 지역의 사회 기반 시설을 덜 손상시켰고 높은 속도와 개선된 안정성, 지뢰에 대해 향상된 방호를 제공했다.

▷ VAB(장갑 전위 차량)
Véhicule de l'Avant Blindé

연도 1976년 **국가** 프랑스	
무게	13톤(14.3미국톤)
엔진	르노 MIDS 06-20-45 디젤, 220마력
주무장	50구경 브라우닝 M2 기관총

VAB는 궤도형 AMX-10P의 카운터파트 개념으로 만들어졌다. 수륙 양용 능력과 NBC 방호가 특징이며 보병 10명을 탑승시킬 수 있다. VAB는 100여 차례 업그레이드를 받았는데, 현재도 프랑스군에서 운용되고 있다. 대공 미사일 발사대, 레이더 탑재, 지휘 차량 등을 포함한 수많은 변형이 있다.

공기 타이어

△ TPz 1 푹스
Transportpanzer 1 Fuchs

연도 1979년 **국가** 서독	
무게	19톤(20.9미국톤)
엔진	메르세데스벤츠 OM 402A 디젤, 320마력
주무장	7.62밀리미터 MG3 기관총

기본형 푹스 병력 수송 장갑차(APC)에는 보병 10명이 탑승한다. 레이더 차량, 보급 수송차, 전자전 플랫폼 등의 변형이 있으며 화생방 정찰 차량은 가장 성공적인 수출 버전으로, 주요 구입 국가는 영국과 미국이다.

알루미늄 차체는 소화기 사격을 방호할 수 있다.

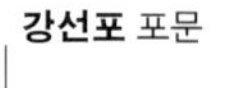

강선포 포문

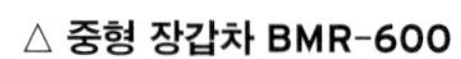

△ 중형 장갑차 BMR-600
Blindado Medio de Ruedas(BMR) 600

연도 1979년 **국가** 스페인	
무게	14톤(15.5미국톤)
엔진	페가소 9157/8 디젤, 310마력
주무장	50구경 브라우닝 M2 기관총

BMR-600은 아프가니스탄은 물론이고 발칸, 레바논, 이라크 등에서 군용으로 운용되었다. 이 차량은 VEC M1 장갑차와 부품을 공유하며, 두 차량은 새로운 엔진과 부가 장갑을 포함한 M1 규격의 업그레이드를 받았다.

△ 라텔 20
Ratel 20

연도 1979년 **국가** 남아프리카공화국	
무게	19톤(20.9미국톤)
엔진	부싱 D 3256 BXTF 디젤, 282마력
주무장	20밀리미터 M693 캐논포

무기 수입 금지와 환경적 상황에 직면한 남아프리카공화국은 1970년대와 1980년대에 기동성과 항속 거리를 위해 차륜형 차량을 이용해 독자적인 전투 차량을 설계했다. 보다 중무장한 라텔은 구경 90밀리미터 포를 갖추고 구경 20밀리미터 무장 차량에 화력을 지원한다.

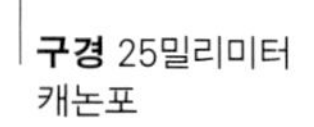

구경 25밀리미터 캐논포

◁ LAV-25
LAV-25

연도 1983년 **국가** 미국	
무게	12.9톤(14.2미국톤)
엔진	디트로이트 디젤 6V53T 디젤, 275마력
주무장	25밀리미터 M242 캐논포

미국 해병대 버전의 모바그 파나르 |이라고 할 수 있는 LAV-25는 주로 정찰용으로 사용되었다. 이 차량의 변형은 대전차, 지휘, 구난 차량을 포함하고 있다. 시간이 지남에 따라 페르시아 만과 아프가니스탄의 경험에 대응해 장갑, 현가장치, 사격 조준 장치를 업그레이드했다.

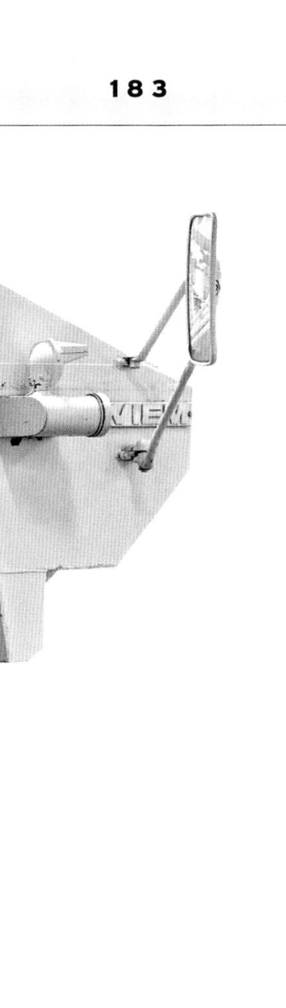

UN 휘장

전차장 큐폴라

관측창

◁ **AT 105 색슨**
AT 105 Saxon

연도 1983년 **국가** 영국
무게 11.7톤(12.9미국톤)
엔진 베드포드 500 디젤, 164마력
주무장 7.62밀리미터 L7 기관총

색슨은 전쟁이 발발하면 영국에서 독일로 이동하는 영국 보병 부대를 위해 개발되었다. 경장갑이지만 지뢰로부터 방호되는 이 차량은 생산 단가를 절감하기 위해 베드포드 TM 트럭 차대에 기초를 두고 있다. 발칸과 이라크, 아프가니스탄에서 군용으로 운용되었다.

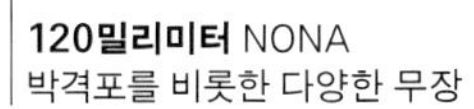

120밀리미터 NONA 박격포를 비롯한 다양한 무장

차체 후면의 엔진

▷ **BTR-80**
BTR-80

연도 1984년 **국가** 소련
무게 13.6톤(15미국톤)
엔진 카마즈(Kamaz) 7403 디젤, 260마력
주무장 14.5밀리미터 KPVT 기관총

BTR-80은 그 선행형인 BTR-70에 바탕을 두고 있다. 이 차량의 싱글 엔진은 두드러지게 선진적이며, 2개의 도어를 통해 7명의 보병들이 차량이 이동 중에도 안전하게 하차할 수 있다.

10명 탑승

◁ **BOV**
BOV

연도 1987년 **국가** 유고슬라비아
무게 9.4톤(10.4미국톤)
엔진 도이츠 F6L 413 F 디젤, 154마력
주무장 경우에 따라 다름

1980년대 초반에 개발된 BOV는 유고슬라비아군과 경찰에서 운용되었다. 경찰용 차량은 국내 보안과 폭동 통제에 최적화되어 있다. BOV는 국가가 분열된 유고슬라비아 전쟁 기간 중 대량으로 운용되었다. 이 차량은 유고 계승 국가에서 2010년대까지도 운용되고 있다.

대전차 방어

독일군은 1916년 9월 최초의 전차 공격 이후 신속하게 대전차 전술을 만들었다. 포병을 전선에 더 가깝게 이동시키는 것이었다. 승무원들은 포를 숨기고 인력으로 적을 공격할 수 있는 사격 위치로 이동했다. 구경 77밀리미터 야포(field gun)를 좀 더 쉽게 숨길 수 있도록 바퀴를 작게 만들어 대전차 무기로 개조했다. 구경 7.58센티미터 참호 박격포도 전차를 상대로 좀 더 쉽게 사격할 수 있도록 새로운 마운트를 부착했다. 새로운 구경 13밀리미터 대전차 소총도 생산에 들어갔다. 공병들은 전차를 멈추기에 충분할 정도로 깊게 구멍을 팠고, 참호의 폭도 그런 목적에 충분한 너비인 2.5미터(8피트)로 넓어졌다. 또 다른 간단한 전술은 예상 접근로에 포탄을 묻는 것이었다. 포탄에는 압력 신관을 설치했으며 압력을 받을 수 있는 면적을 넓히기 위한 판(board)을 놓았다. 무게 12~25킬로그램(27~55파운드)의 폭약은 전차를 파괴하는 데 충분하다고 간주되었다.

지뢰 운용 교리

대전차 지뢰 수십만 발이 제2차 세계 대전에서 사용되었다. 지뢰는 전차를 파괴할 필요는 없었고 그저 궤도를 폭파시키거나 파괴했다. 그러면 승무원들은 전차를 버리거나 혹은 수리하는 사이 기관총 사격이나 지뢰 부설 지역에 공격을 가하는 다른 무기에 취약해질 수밖에 없었다. 참호, 함정, 지뢰 위협 때문에 장애물을 극복하고 기갑 부대가 계속 전진할 수 있도록 전투 공병 트랙터 같은 다양한 공병 차량들이 개발되었다.

영국 제7 기갑 여단의 전투 공병 트랙터들이 1991년 1월 7일 지뢰를 제거하고 있다. 불과 1주일 후 쿠웨이트 해방을 시작했다.

공병 및 특수 차량

'호바트의 괴짜들(116~117쪽 참조)'은 제2차 세계 대전에서 자신의 가치를 증명했다. 그리고 전후에 특수 차량을 제조할 때 전차 차대를 이용하는 아이디어가 보편적이 되었다. 또한 병력 수송 장갑차(APC)도 보통 같은 대우를 받았기 때문에 차량 개발이 뒤섞이곤 했다. 이 다재다능한 차량은 박격포 탑재, 대전차 미사일 발사대, 통신 차량, 포병 관측소, 지휘 차량, 대전차 미사일 발사기, 그 외 여러 역할로 사용되었다.

▷ **센추리온 BARV**
Centurion BARV

연도 1960년 **국가** 영국
무게 40.6톤(44.8미국톤)
엔진 롤스로이스 미티어 마크 IVB 가솔린, 650마력
주무장 없음

해안 기갑 구난 차량(Beach Armored Recovery Vehicles, BARV)은 바다에서 차량을 끄집어내거나, 상륙정을 뒤에서 밀기 위해 사용된다. 센추리온 BARV는 수심 2.9미터(9 1/2피트)에서 주행할 수 있는데, 이 깊이에서 조종수는 전차장의 유도에 의존한다. 4명의 승무원 중 1명은 잠수사(diver)로 훈련받는다.

▽ **센추리온 기갑 공병차(AVRE)**
Centurion Armored Vehicle Royal Engineers (AVRE

연도 1963년
국가 영국
무게 50.8톤(56미국톤)
엔진 롤스로이스 미티어 마크 IVB 가솔린, 650마력
주무장 165밀리미터 L9 데몰리션 건(demolition gun)

AVRE는 표준적인 전차와 유사한 장갑 방호와 기동성을 갖추고, 공병들의 작업을 뒷받침하는 광범위한 장비를 탑재한다. 도저 블레이드 또는 지뢰 제거용 플라우(plough)를 장비하고 있으며 공병용 나무 다발 또는 롤 트렉웨이(trakway)를 탑재할 수 있다. AVRE는 1972년 북아일랜드와 1991년 걸프전에서 운용되었다.

장애물 파괴용 구경 165밀리미터 주포

캔버스 캐노피

△ **M548**
M548

연도 1965년 **국가** 미국
무게 13.4톤(14.8미국톤)
엔진 제너럴 모터스 모델 6V-53 디젤, 215마력
주무장 50구경 브라우닝 M2 기관총

장갑이 없는 화물 수송차인 M548은 M113 병력 수송 장갑차의 구동 장치를 사용한다. M548은 원래 포병 탄약과 포수 수송용으로 만들어졌다. 뛰어난 기동성과 5.4톤(6미국톤) 탑재 용량으로 인해 차파렐(Chaparra)과 래피어(Rapier) 지대공 미사일 발사대를 포함한 다양한 용도에 채택되었다. 베트남 전쟁, 욤 키푸르 전쟁, 걸프전 당시 군에서 운용되었다.

△ **MT-LB**
MT-LB

연도 1970년 **국가** 소련
무게 13.3톤(14.7미국톤)
엔진 YaMZ 238 V 디젤, 240마력
주무장 7.62밀리미터 PKT 기관총

수륙 양용의 MT-LB는 장갑화된 전 지형 포병 트랙터로 개발되어 지휘 차량, 화학전 정찰 차량, 전자전 차량, 미사일 수송 등 광범위하게 운용되었다. 또한 어떤 다른 차량에 비해서도 낮은 접지 압력으로 기동성이 향상되어 특히 북극 지방에서도 병력 수송 장갑차로 운용되었다.

▷ **치프텐 교량 가설 전차(AVLB)**
Chieftain Armored Vehicle Launched Bridge (AVLB)

연도 1974년 **국가** 영국
무게 53.3톤(58.7미국톤)
엔진 레이랜드 L60 멀티퓨얼, 750마력
주무장 없음

치프텐 교량 가설 전차(여기서는 교량이 없는 상태)는 기갑 부대가 강이나 장애물을 통과할 수 있도록 한다. 유압식 동력으로 차량은 단 3분 만에 교량을 가설하거나 회수할 수 있다. 치프텐에서 가설할 수 있는 가장 긴 교량은 넘버 8로 경간 길이 23미터(75피트) 간격을 극복할 수 있다.

◁ **치프텐 ARRV**
Chieftain ARRV

연도 1974년 **국가** 영국
무게 53.5톤(59미국톤)
엔진 레이랜드 L60 멀티퓨얼, 750마력
주무장 없음

치프텐 장갑 구난 수리차(armored recovery and repair vehicle, ARRV)는 치프텐 MK5의 차체와 현가장치에 바탕을 두고, 파손 차량을 들어 올릴 수 있는 아틀라스 크레인, 2개의 윈치, 도저 블레이드를 추가했다. 1991년 1차 걸프전에서 군용으로 사용되었다.

△ **FV432 심벨린 박격포 추적 레이더**
FV432 Cymbeline Mortar Locating Rada

연도 1975년 **국가** 영국
무게 15.2톤(16.8미국톤)
엔진 롤스로이스 K60 No4 Mk 4F 멀티퓨얼, 240마력
주무장 없음

심벨린 레이더는 신속한 반격을 위해 박격포 발사 지점을 추적할 수 있다. 마크 2 버전은 FV 432 병력 수송 장갑차(APC)에 탑재되어 있다. 크고 개방된 내부 공간은 다양한 역할에 적합하다. 기동성과 방호력으로 인해 차륜형 트럭보다 더 전방에서 운용할 수 있다.

▷ **챌린저 장갑 수리 구난차(CRARRV)**
Challenger Armored Repair and Recovery Vehicle(CRARRV)

연도 1991년 **국가** 영국
무게 61.2톤(67.4미국톤)
엔진 퍼킨스 CV12 V-12 디젤, 1,200마력
주무장 없음

장갑 수리 구난차는 비록 챌린저 2와 호환되도록 업그레이드되었음에도 불구하고 챌린저 1에 바탕을 두고 있다. 이 차량은 50톤(55.1미국톤)의 윈치와 6.5톤(7.2미국톤)의 크레인, 3명의 승무원, 고장 전차의 승무원들을 위한 탑승 공간이 있다. 이 버전은 반응 장갑과 전자 방해책(ECM), 취약부 방호 능력이 있다.

CVR(T) 계열 차량

1960년대에 영국 육군을 위해 개발된 CVR(궤도형 전투 정찰 차량) 계열 차량은 다양한 종류의 경량 차량으로 구성되어 있다. 이 계열 차량들은 제조가 간편하도록 공통 부품을 사용했고 알루미늄으로 된 경장갑을 갖추고 있어 손쉽게 항공기로 수송할 수 있다. 수십 년 동안 세계 각지의 군에서 운용된 이후 업그레이드되어 가솔린 엔진은 보다 강력한 디젤 엔진으로 교체되었고, 동시에 더 길어진 차대에 기초한 스토머도 개발되었다.

▷ **FV101 스콜피온**
FV101 Scorpion

연도 1972년 **국가** 영국
무게 8.1톤(8.9미국톤)
엔진 재규어 J60 No1 Mk100B 가솔린, 190마력
주무장 76밀리미터 L23A1 강선포

세계에서 가장 빠른 전차로 시속 82킬로미터(시속 51마일)를 낼 수 있는 스콜피온은 3인승의 경정찰 차량이다. 이 차량은 가장 광범위하게 수출된 CVR(T) 계열 차량으로, 약 20개국에 판매되었다. 구경 90밀리미터 포를 갖춘 업그레이드 변형도 뒤에 개발되었다.

◁ **FV107 시미타**
FV107 Scimitar

연도 1974년 **국가** 영국
무게 7.8톤(8.6미국톤)
엔진 재규어 J60 No1 Mk100B 가솔린, 190마력
주무장 30밀리미터 L21A1 RARDEN 캐논포

더 가볍고 사격 속도가 빠른 캐논포를 갖춘 시미타는 근접 정찰용으로 개발되었다. 접지 압력이 낮은 시미타와 스콜피온은 1982년 포클랜드에서 연약지나 진흙 지형에서도 운행 가능한 유일한 장갑 차량임을 입증했다.

▷ **FV102 스트라이커**
FV102 Striker

연도 1976년 **국가** 영국
무게 8.3톤(9.2미국톤)
엔진 재규어 J60 No1 Mk100B 가솔린, 190마력
주무장 스윙파이어 대전차 유도 미사일 발사대

스트라이커는 병력 수송 장갑차(APC) 차체 위에 스윙파이어 대전차 유도 미사일 5연장 발사대 박스를 탑재하고 있다. 스윙파이어는 유선-유도 미사일로 발사대의 위치를 숨기기 위해 비행 중 방향을 바꿀 수 있다. 1991년과 2003년 페르시아 만에서 운용되었다.

◁ **FV103 스파르탄**
FV103 Spartan

연도 1977년 **국가** 영국
무게 8.1톤(9미국톤)
엔진 재규어 J60 No1 Mk100B 가솔린, 190마력
주무장 7.62밀리미터 L7 기관총

병력 수송 장갑차(APC)로서 스파르탄은 5명의 보병과 2명의 승무원을 탑승시킬 수 있다. 이 같은 탑승 능력은 표준적인 영국 보병 반(section)에 비해서는 너무 작다. 그래서 일반적으로 대전차 미사일 팀이나 박격포 사격 통제 요원 같은 특기자들을 탑승시키는 데 사용된다.

◁ **FV105 술탄**
FV105 Sultan

연도 1977년 **국가** 영국
무게 8.6톤(9.5미국톤)
엔진 재규어 J60 No1 Mk100B 가솔린, 190마력
주무장 7.62밀리미터 L7 기관총

술탄은 다른 CVR(T) 변형들을 장비하고 있지 않은 부대를 포함해 모든 레벨의 지휘관에 의해 사용된다. 지도판과 책상을 위한 적재 공간과 여러 대의 무전기를 위한 여유 공간, 지휘관에게 좀 더 공간을 제공할 수 있도록 후면에 부착하는 텐트가 있다.

▷ **FV106 샘슨**
FV106 Samson

연도 1978년 **국가** 영국
무게 8.7톤(9.6미국톤)
엔진 재규어 J60 No1 Mk100B 가솔린, 190마력
주무장 없음

샘슨은 수리와 구난용 CVR(T) 계열 차량으로 설계되었다. 견인용으로 설정하거나 A-프레임과 결합해 크레인으로 사용할 수 있는 윈치, 차량을 고정할 수 있는 지상용 앵커, 작은 공구류, 수리 승무원을 위한 장비를 갖고 있다.

△ **FV104 사마리탄**
FV104 Samaritan

연도 1978년
국가 영국
무게 8.6톤(9.5미국톤)
엔진 재규어 J60 No1 Mk100B 가솔린, 190마력
주무장 없음

병사들이 내부에서 작업하기 충분한 공간 위해 루프가 높은 장갑 앰뷸런스이다. 또한 쉽게 접근이 가능하도록 대형 후방 도어가 있으며 의무요원들은 물론이고 눕거나 앉은 상태의 부상자 3명을 후송할 수 있다.

▷ **FV4333 스토머**
FV4333 Stormer

연도 1991년 **국가** 영국
무게 13.5톤(14.9미국톤)
엔진 커민스 6BTAAT250A 디젤, 250마력
주무장 스타스트릭 지대공 미사일 발사대

스토머는 CVR(T) 계열 차량의 대형 버전으로 개발되었다. 병력 수송 장갑차(APC), 앰뷸런스, 교량 가설차 등의 변형 차량이 인도네시아에 판매되었다. 영국군은 스타스트릭(Starstreak) 지대공 미사일 탑재용으로 채택했다. 또한 플랫 베드 버전은 쉴더(Shielder) 대전차 지뢰 부설 장비를 운용할 수 있다.

▽ **FV107 시미타 마크 2**
FV107 Scimitar Mark 2

연도 2011년 **국가** 영국
무게 12.2톤(13.4미국톤)
엔진 커민스 BTA 디젤, 235마력
주무장 30밀리미터 L21A1 라덴 캐논포

아프가니스탄에서 지뢰와 급조 폭발물(IED)의 위협으로 인해 시미타에 광범위하게 업그레이드가 이루어졌다. 마크 2는 재생한 스파르탄 차체, 보다 강력한 엔진, 업그레이드된 현가장치, 추가형 지뢰 방호, RPG 탄두를 막을 수 있는 펜스형 장갑을 사용한다.

바퀴 위의 장갑

최초의 AMX 10RC(160쪽 참조)는 1981년 프랑스군에게 지급되었다. RC는 바퀴 포(roues-canon) 또는 차륜형 포(wheeled gun)를 뜻한다. 알루미늄 포탑은 구경 105밀리미터 GIAT 주포를 탑재하고 있지만, 전차 규격의 포를 탑재한 차륜형 차량이 곧 전차인 것은 아니다.

바퀴 대 궤도

차륜(바퀴)형과 궤도형 차량의 능력 차이는 시간이 지남에 따라 줄어들 수 있지만 현재는 반드시 궤도가 있어야 전차로 간주된다. 일반적으로 궤도는 접지 압력이 작고 바퀴가 다닐 수 없는 지형에서 다닐 수 있으나 소리가 시끄럽고 더 빨리 닳는다. 결과적으로 궤도는 일반적으로 더 비싸다. 바퀴는 궤도보다 빠른 경향이 있으며 덜 위협적으로 보인다는 평가를 받아 궤도 차량보다 앞서 '평화 집행' 역할에 흔히 사용된다. 척후와 정찰 차량이 처음으로 지뢰를 발견할 수 있으므로, 지뢰가 폭발한 이후에도 이동할 수 있는 차륜 차량의 능력에 적합하다. 바퀴가 여러 개인 차륜형 장갑 차량은 바퀴 하나 혹은 심지어 2개를 잃더라도 계속 이동할 수 있다. 반대로 차량의 이동에는 2개의 궤도가 필요하기 때문에 궤도가 부서진 차량은 기동성을 상실한 것으로 간주된다.

1991년 걸프전이 끝났을 때 프랑스 승무원들이 AMX 10RC 차륜형 정찰 차량 앞에서 도열하고 있다.

스콜피온 궤도형 전투 정찰차

스콜피온의 설계는 영국 육군에서 궤도형과 차륜형 정찰 차량이 둘 다 필요했던 1960년대에 이루어졌다. 스콜피온은 궤도형 전투 정찰 차량 역할에 대한 수요를 충족시키기 위해 만들어졌다.

스콜피온은 동일한 엔진과 변속기를 사용해 영국 제조업체 앨비스 사에서 만든 계열 차량의 일부이다. 설계의 요소 중 하나는 항공기 탑재가 가능해야 한다는 것이었다. 무게를 줄이기 위해 알루미늄 클래드(clad) 재질의 장갑으로 되어 있어 스콜피온 2대가 C130 허큘리스 수송기에 탑재될 수 있다. 경량화된 설계는 궤도의 접지 압력을 사람의 발보다 적도록 만들었다. 가볍기 때문에 다른 군용 차량들을 접근할 수 없는 연약 지반도 통과할 수 있었고 1982년 영국 육군의 포클랜드 전역에서 매우 유용함이 입증되었다.

02FD88

후면

스콜피온은 처음에 재규어 사가 자사의 유명한 E-타입 스포츠카에 쓴 것과 유사한 J60 4.2리터 가솔린 엔진을 장착했다. 많은 영국 차량들처럼 이 엔진은 훗날 보다 안전한 것으로 간주되는 디젤 엔진으로 교체되었다. 스콜피온은 구경 76밀리미터 저속포(low velocity gun)로 무장하고 있는데 이 포는 연막탄, 고폭탄, 고폭 플라스틱탄(HESH), 캐니스터탄 등 다양한 종류의 발사체를 사격할 수 있다. 이론적으로 HESH탄은 대전차 파괴 능력을 보여야 하지만, 스콜피온의 알루미늄 장갑은 소화기(小火器)보다 더 무거운 모든 것에 취약했다. 스콜피온은 무거운 전차들과의 교전에서 살아남기 위해 속도와 기동성에 의존해야만 했다.

제원	
명칭	FV101 스콜피온
연도	1973년
제조국	영국
생산량	3,000대 이상
엔진	커민스 BTA 5.9리터 디젤, 190마력
중량	8.1톤(9미국톤)
주무장	구경 76밀리미터 L23A1
부무장	구경 7.62밀리미터 L34A1
승무원	3명
장갑 두께	12.7밀리미터(0.5인치)

전차장

포수

조종수

엔진

차량 명칭
스콜피온이라는 이름은 전갈이 꼬리에 독침을 가진 것처럼 포탑이 후방에 장착된 데서 따온 것이다. 스콜피온 개별 차량(단차)들도 리탈리에이터(복수자)처럼 신속하게 반응할 만한 연상 작용을 일으키는 이름을 가지고 있다.

액션맨의 차량
스콜피온 CVR(T)는 엄청나게 성공을 거두고 어린이용 장난감 액션맨이 조종하는 차량으로도 선택되었다.

외부

스콜피온은 정찰과 경계(주력 부대에 대한 엄호 제공) 같은 임무를 수행하도록 만들어졌다. 외부의 특징에도 그 역할이 나타나는데 예를 들어 포탑 측면의 케이블 드럼은 관측차가 휴대용 무전기로 차량에서 관측소로 통신할 수 있도록 뒷받침한다. 두께 12.7밀리미터(0.5인치)의 가벼운 알루미늄 장갑은 소화기나 파편을 방호할 수 있지만 더 무거운 것은 불가능하다.

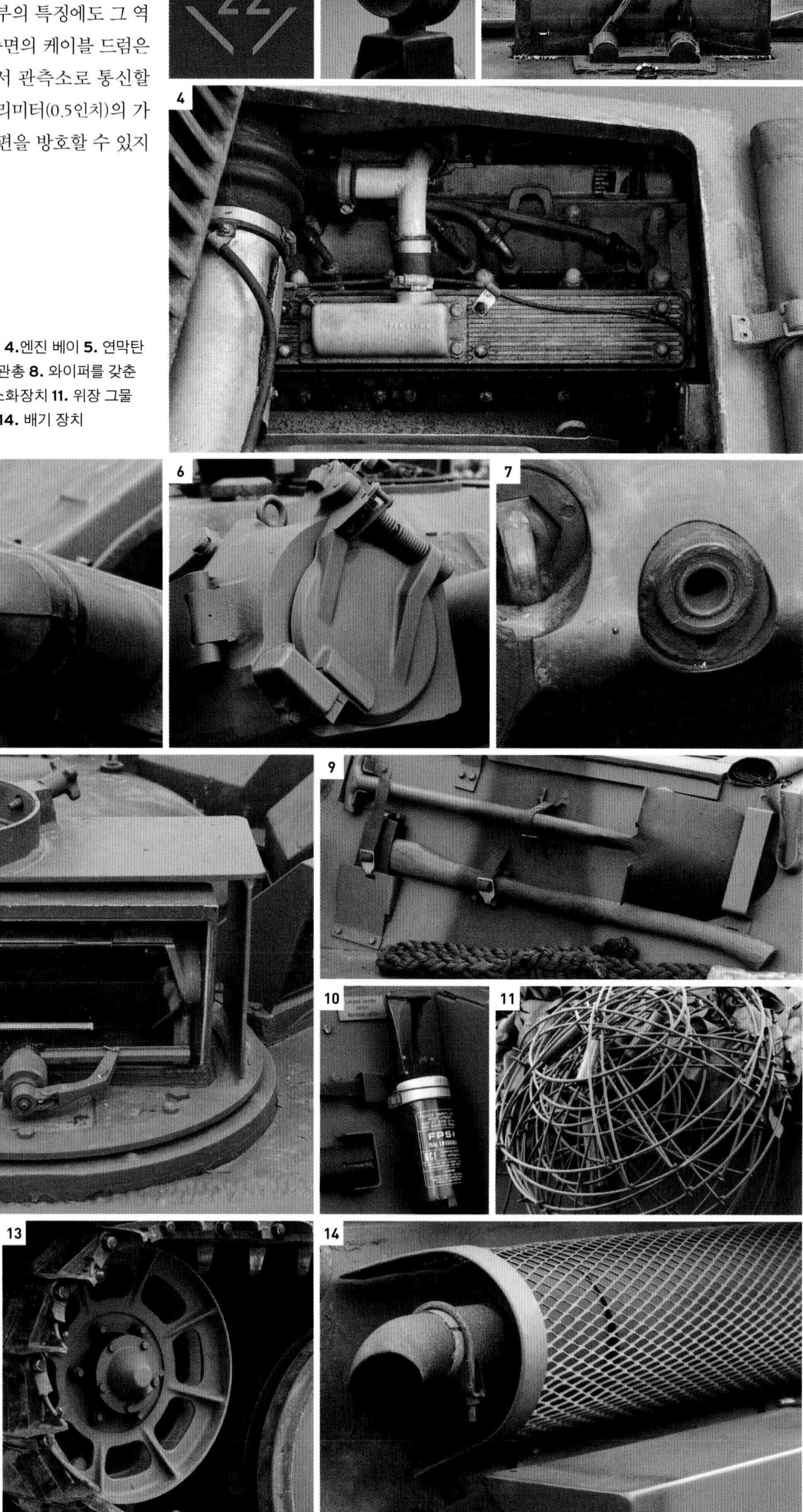

1. 휘장. **2.** 기동용 라이트 **3.** 조종수 잠망경 **4.**엔진 베이 **5.** 연막탄 발사기 **6.** 적외선 라이트 캐스팅 **7.** 공축 기관총 **8.** 와이퍼를 갖춘 전차장 잠망경 **9.** 차체에 탑재한 공구 **10.** 소화장치 **11.** 위장 그물 바스켓 **12.** 케이블 드럼 **13.** 궤도와 유동륜 **14.** 배기 장치

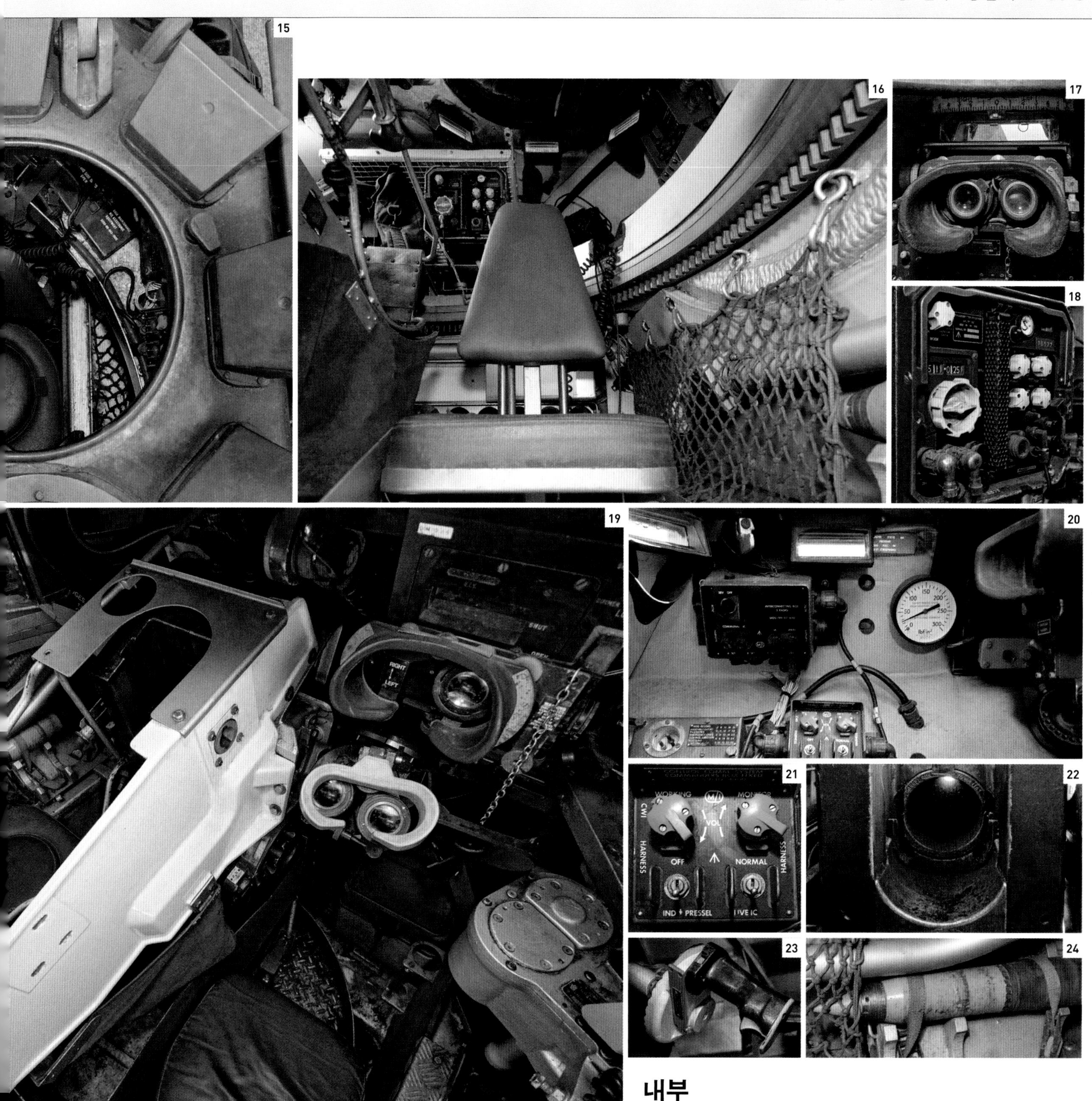

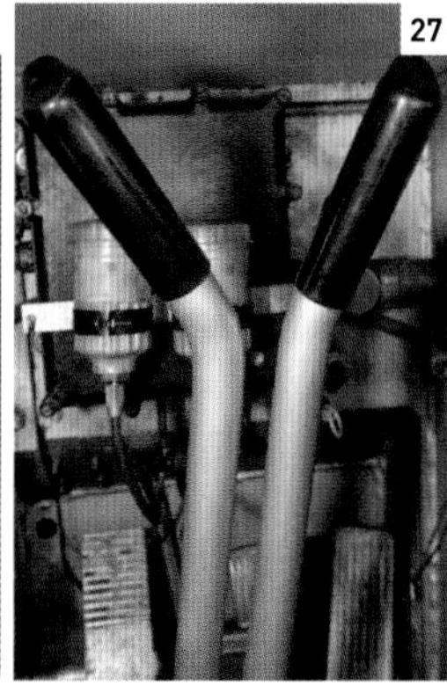

내부

스콜피온은 주포용 포탄 40발과 공축 기관총 탄환 3,000발을 탑재할 수 있다. 그러나 전장에서 최선의 방어는 속도와 기동성이었다. 군용 차량들은 NBC 방호 장비, 주포와 전차장을 위한 영상 증폭식 야간 사격 조준기, 소형 물탱크, 조리를 위한 가열 기구를 표준으로 장착하고 있었다.

15. 위에서 본 전차장석 **16.** 포수석 **17.** 전차장 쌍안식 사격 조준경 **18.** 무전기 **19.** 전차장석에 본 포탑 내부 **20.** 포수 계기판 및 잠망경 **21.** 통신 장비 조종 패널 **22.** 주포 포미(폐쇄기) **23.** 전자 제어식 주포 선회 휠 **24.** 포수석 옆의 포탄 가대 **25.** 위에서 본 조종석 **26.** 조종수 계기판 **27.** 조향 레버

1991년 이후

탈냉전 시대

א1

탈냉전 시대

1989년 11월 베를린 장벽이 붕괴했다. 1991년에는 소련이 몰락해서 사라지고 냉전이 끝났다. 이 시대가 끝나며 군사력 면에서 국제적 긴장이 큰 폭으로 줄어들었다. 많은 국가들이 심지어 1950년대로 거슬러 올라가는 구식 전차들을 대규모로 퇴역시키고 현대적인 차량들을 중고로 할인해서 구입했다. 동유럽의 구 공산권 국가들도 NATO에 다수 가입함과 동시에 군대를 서방식으로 구조 조정했다.

장갑 차량들은 구 유고슬라비아 분쟁에서 새로운 역할을 발견했다. UN과 NATO의 평화 유지군들은 시민들을 보호하고 전투 중인 파벌들을 압박하고 서로 떼어 놓기 위해 장갑 차량의 존재를 이용했다.

유럽 밖에서는 안보 위협이 계속되면서 이스라엘, 한국, 일본, 중국, 터키, 인도, 파키스탄 같은 국가들은 전차 발전과 함께 새로운 차량들을 개발했다. 오래된 전차들은 세계 각지의 분쟁에서, 특히 비정규군과의 전투에서 유용함을 증명해 왔다.

선진적인 기술은 장갑 차량 분야에서 더 커진 역할을 맡기 시작했다. 카메라, 열상 조준기, 네트워크 통신의 발전을 통해 차량과 전장 양쪽에서 승무원들의 상황 인식 능력이 향상되었다. 점점 더 강력해진 대전차 무기는 특히 체첸이나 시리아 같은 도시 환경에서 능동 방호 장비를 포함해서 방호 영역에서 개선이 이루어지도록 자극을 가했다. 이들 중 몇몇은 날아 들어오는 발사체를 자동으로 되받아 쏜다. 동시에 다른 것들은 유도 시스템을 방해하거나 전차를 은폐할 수 있다. 전장에서의 위치가 다시 위협받더라도 전차가 계속 살아남을 것임을 시사한다.

△ **제2차 걸프전을 알리는 잡지 표지**
잡지들이 이라크 침공에서의 전차 전투를 다루고 있다. 이라크 침공은 흔히 미국의 M1 에이브럼스 전차들이 구식 소련 기갑(장비)으로 무장한 이라크군을 패배시킨 것으로 기억된다.

> **"전방에 배치된 전차는 공세 작전의 지표였고, 종심에서의 전차는 방어 작전의 지표였다."**
>
> **노만 슈와르크츠코프, 전 미국 육군 대장**

◁ **이스라엘 국방군의** 메르카바 IV 전차가 자체 전면에 부착된 지뢰 제거 장비와 함께 기동하고 있다.

주요 사건

▷ **1992년 7월 17일** 유럽 재래식 무기 감축 조약(CFE)이 NATO와 바르샤바 조약국 소유 군사 장비의 총수를 제한했다.

▷ **1994년 4월 29일** 보스니아에서 덴마크군이 레오파르트 1 전차를 첫 실전 운용하는 뵐리반크(Bøllebank) 작전이 시작되었다.

▷ **1994년 12월 31일** 러시아는 대규모 사상자를 내며 기갑 부대로 체첸 그로즈니 장악을 시도했다.

▷ **2003년 3월** 미국과 영국의 기갑 부대가 이라크를 침공했다.

△ **2004년 야간의 이라크 전쟁**
브래들리 M2A2 보병 전투차가 이라크 사마라(Samarra)에서 사격하고 있다.

▷ **2006년 7월** 이스라엘-헤즈볼라 전쟁의 기갑전에서 이스라엘군의 약점이 헤즈볼라의 정교한 전술과 장비에 의해 노출되었다.

▷ **2006년 9월** NATO가 처음으로 캐나다군의 레오파르트 C2 전차를 아프가니스탄에 배치했다. 덴마크의 레오파르트 2A5와 미국 해병대의 M1A1 또한 거기에서 싸웠다.

▷ **2011년~현재** 시리아 내전에서 시리아군 기갑 부대와 반란군 사이에 격렬한 시가전이 치열하게 벌어졌다.

▷ **2014년 8월** 현대적인 러시아 전차들이 동부 우크라이나에서 정부군과 러시아가 후원하는 분리주의자들 간 벌어진 전투에서 목격되었다.

▷ **2015년** 사우디가 주도하는 예멘 개입(intervention)에서 후티 반군들이 현대적인 대전차 유도 무기를 사용해 사우디 전차를 격파했다.

▷ **2015년 5월** 제2차 세계 대전 시대의 T-34/85와 SU-100이 예멘에서 사용되었다.

대반란 차량 1

일반 차량은 보통 지면까지의 높이가 낮고 하부의 장갑이 적어 지뢰에 취약하다. 1970년대에 저항 분자들과 테러리스트들이 지뢰 사용을 늘리자 이를 방호할 수 있도록 특별하게 설계된 장갑 차량들이 발전했다. 로디지아(Rhodesia, 오늘날 짐바브웨)에서 이 문제에 처음 마주쳤다. 해결책은 승무원 구획의 높이를 높이고 차량 하부를 각 지게 만들어서 폭발을 빗나가게 하는 것이었다. 차량 바퀴를 잃어도 승무원은 생존할 수 있었다.

△ **험버 '피그'**
Humber "Pig"

연도 1958년 **국가** 영국
무게 5.8톤(6.4미국톤)
엔진 롤스로이스 B60 Mk 5A 가솔린, 120마력
주무장 없음

8인승 병력 수송 장갑차로 설계된 피그는 북아일랜드 분쟁 악화로 부가 장갑을 부착해 급하게 재투입되었다. 몇몇 피그는 특기병들을 위해 개조되었다. 1990년대까지 사용되었다.

▷ **슈어랜드 마크 I**
Shorland Mark 1

연도 1965년 **국가** 영국
무게 3.1톤(3.5미국톤)
엔진 로버 4기통 가솔린, 67마력
주무장 7.62밀리미터 기관총

로열 울스터 경찰 보안군과 울스터 방어 연대가 사용한 슈어랜드 마크 I은 랜드 로버 시리즈 IIA 차대에 기초를 두고 있다. 장갑 차체의 제일 위에는 기관총 포탑이 있다. 연속적인 업그레이드로 장갑과 엔진 파워가 개선되었으며, 마지막 버전은 보다 현대적인 랜드 로버 디펜더의 차대에 기초를 두고 있다.

방풍창 장갑

△ **사라센 특수 살수차**
Saracen Special Water Dispenser

연도 1972년 **국가** 영국
무게 13.7톤(15미국톤)
엔진 롤스로이스 B80 Mk 6A 가솔린, 160마력
주무장 물대포

원래 폭동 진압용으로 만들어진 물 대포(water cannon)를 장비하고 있었다. 실험 결과 물 대포는 사람에게 명중될 경우 심각한 부상을 입힐 정도로 강력해 폭발물 처리반(EOD)에서 사용하고 있다. 물은 폭탄을 폭발시키지 않고도 파괴할 만큼 강력했다.

▷ **캐스퍼**
Casspir

연도 1979년
국가 남아프리카공화국
무게 10.9톤(12미국톤)
엔진 메르세데스벤츠 OM-352A 디젤, 166마력
주무장 없음

폭동 진압과 국경 전쟁에서의 전투에 모두 참가하는 남아프리카 경찰을 위해 설계된 캐스퍼는 밀폐형 장갑 차체와 창문을 갖췄다. 12명을 탑승시킬 수 있는 이 다목적 차량은 지뢰 제거, 구난, 박격포 탑재, 탱커를 포함한 다양한 용도에 투입되고 있다.

◁ **뷔펠**
Buffel

연도 1978년
국가 남아프리카공화국
무게 6.1톤(6.7미국톤)
엔진 메르세데스벤츠 OM-352 디젤, 125마력
주무장 없음

뷔펠의 차대와 엔진은 우니모크 트럭으로부터 왔다. 지뢰 저항 능력을 갖춘 탑승 공간은 오픈-탑 구조이며, 10명의 탑승자들에게 탁월한 시야를 제공한다. V-형 바닥은 폭발이 탑승자들을 빗나가게 하며, 물이 충전된 타이어가 추가적인 방산(放散)을 돕는다. 뷔펠은 남아프리카공화국 육군이 1990년대까지 운용했다.

△ **스내치 랜드 로버**
Snatch Land Rover

연도 1992년	**국가** 영국
무게 4.1톤(4.5미국톤)	
엔진 랜드 로버 300Tdi 디젤, 111마력	
주무장 없음	

영국 육군은 다양한 종류의 장갑 랜드 로버를 북아일랜드에서 운용했다. 차량 방호 키트를 장비한 시리즈 III 피그렛(Piglet)은 글로버-웹 장갑 순찰 차량(APV)으로 대체되고, 그런 다음에는 스내치(Snatch)로 대체되었다. 이라크와 아프가니스탄에 배치된 스내치의 승무원들 중에 많은 사상자가 나와서 차량 교체로 이어졌다.

△ **맘바**
Mamba

연도 1995년	**국가** 남아프리카공화국
무게 6.8톤(7.5미국톤)	
엔진 다임러-벤츠 OM352A 디젤, 123마력	
주무장 없음	

남아프리카 육군은 뷔펠을 루프(천장)와 장갑을 씌운 윈도우를 추가한 맘바로 교체했다. 마크 I은 2륜 구동이며 병력 5명을 탑승시킬 수 있고, 후기 모델은 4륜 구동에 9명의 승객을 탑승시킬 수 있다. 마크 II와 그 변형 RG-31은 높은 방호 성능과 위협적이지 않은 겉모습으로 인기를 끌었다. 21세기에도 계속 개발 중이다.

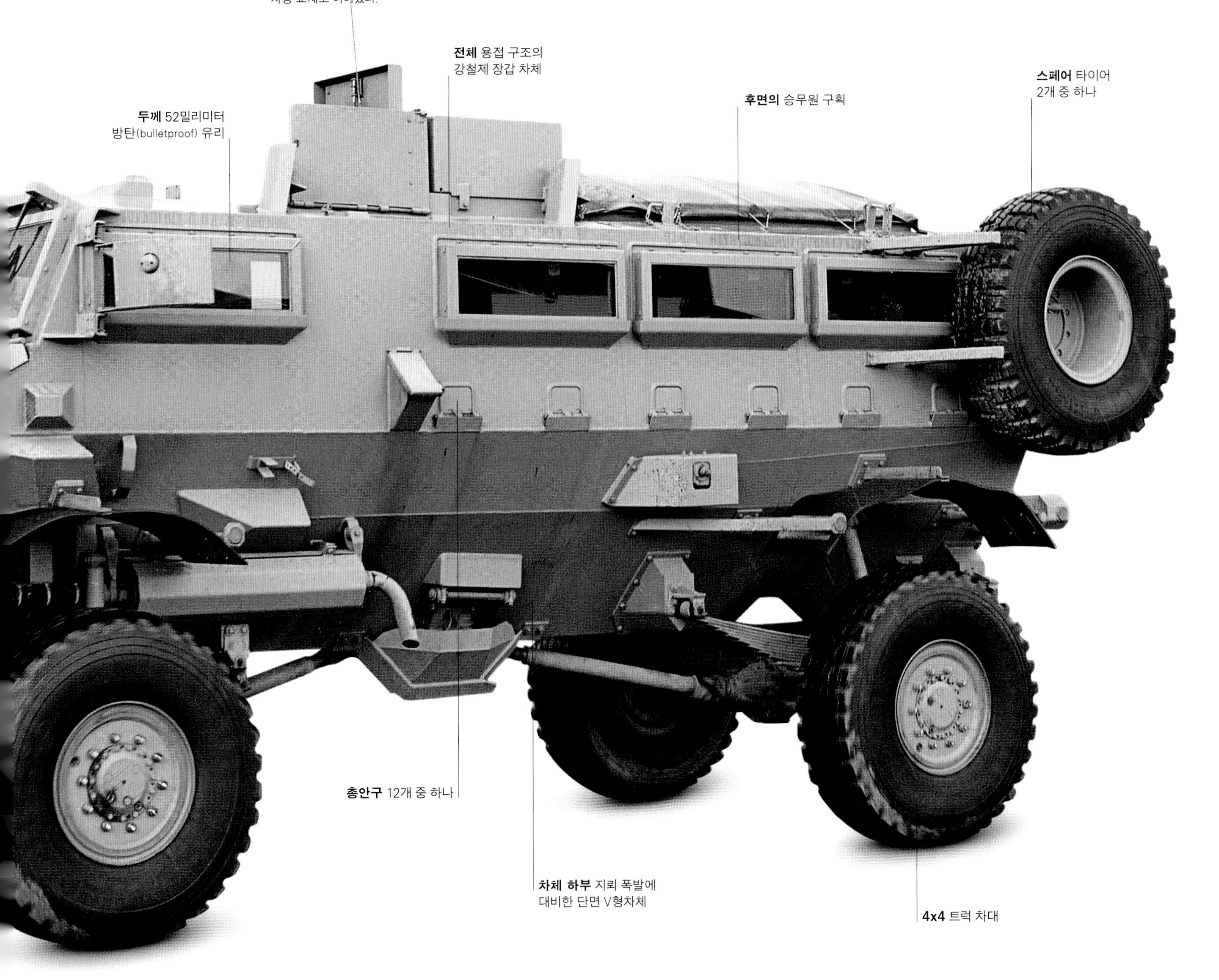

대반란 차량 2

정치적 고려가 대반란(폭동 진압) 작전에서 운용할 수 있는 차량의 종류를 흔히 부가 장갑을 장착한 가벼운 차륜형 차량으로 제한시켰다. 1980년대 남아프리카공화국 국경 전쟁에서 지뢰와 직접 사격으로부터 둘 다 방호되는 차량의 발전이 이루어졌다. 21세기에 이라크와 아프가니스탄에서 급조 폭발물(IED) 위협이 증가하기 시작함에 따라, 이 설계들로부터 미국의 지뢰 방호 차량(MRAP) 프로그램이 출발했다.

△ **버팔로**
Buffalo

연도 2002년 **국가** 미국
무게 34.5톤(38.1미국톤)
엔진 캐터필러 C13 디젤, 440마력
주무장 없음

폭발물 제거(EOD) 요원을 탑승시키기 위해 설계된 버팔로는 지뢰 방호 차량(MRAP)에 비해 두드러지게 길고 높다. 이 차량은 급조 폭발물(IED)을 발견하고, 무력화시킬 수 있는 길이 10미터(33피트)의 관절식 조정 암을 장비하고 있다. 또한 영국, 캐나다, 프랑스, 이탈리아, 파키스탄 군대에서 운용되고 있다.

△ **마스티프**
Mastiff

연도 2002년 **국가** 영국
무게 23.6톤(26미국톤)
엔진 캐터필러 C7 디젤, 330마력
주무장 50구경 브라우닝 M2 기관총

마스티프는 영국군 버전의 부대 방호용 쿠거 지뢰 방호 차량(MRAP)에 해당한다. 이 차량은 이라크와 아프가니스탄에서 수천 명의 목숨을 구했다. 쿠거와 달리 마스티프는 장갑 측면 윈도우 대신에 장갑판을 갖추고 있고, 펜스형 장갑을 장비하고 있다.

▷ **부시마스터**
Bushmaster

연도 2003년 **국가** 오스트레일리아
무게 15.4톤(17미국톤)
엔진 캐터필러 3126E 디젤, 300마력
주무장 경우에 따라 다름

부시마스터는 9명으로 구성된 보병 반(section)에게 '방호를 갖춘 기동성'을 제공하기 위해 설계되었다. 장갑과 지뢰 방호 능력 때문에 이라크와 아프가니스탄에서 인기 있었다. 오스트레일리아는 지휘 차량, 박격포, 앰뷸런스, 방공, 통로 확보를 포함한 변형 1,000대를 주문했다.

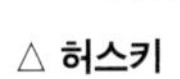

△ **허스키**
Husky

연도 2009년 **국가** 영국
무게 6.9톤(7.6미국톤)
엔진 맥스포스 D6.0L 디젤, 340마력
주무장 7.62밀리미터 L7 기관총

영국은 인터내셔널 MXT 트럭을 허스키 중형(medium) 전술 지원 차량(tactical support vehicle, TSV)으로 채택했다. TSV 프로그램은 전투 차량과 동급 수준의 방호 능력을 물자 수송 차량에 제공해 동시에 작전할 수 있도록 한다.

△ **맥스프로**
MaxxPro

연도 2007년 **국가** 미국
무게 13.4톤(14.8미국톤)
엔진 맥스포스 D9.316 디젤, 330마력
주무장 경우에 따라 다름

내비스타 인터내셔널 사는 아프가니스탄과 이라크의 미군을 위해 다양한 맥스프로 MRAP을 제조했다. MRAP 설계 적용 차량 중 가장 널리 사용되었으며, 지금까지 7,000대 이상이 만들어졌다. 맥스프로가 승무원에게 탁월한 지뢰 방호를 제공했음에도 불구하고, 오프로드 성능이 빈약하고 쉽게 전복(roll over)하는 경향이 있다.

△ **M-ATV**
M-ATV

연도 2009년 **국가** 미국
무게 14.6톤(16.1미국톤)
엔진 캐터필러 C7 디젤, 370마력
주무장 경우에 따라 다름

MRAP의 오프로드 기동성이 안 좋은 데 대한 우려, 특히 아프가니스탄에서의 우려로 M-ATV가 개발되었다. 폭발 시 장갑화된 방호 능력이 있는 대형 MRAP이지만 미국 해병대 표준 지급 트럭의 차대를 사용해 기동성이 더 뛰어나다.

▷ **폭스하운드**
Foxhound

연도 2012년 **국가** 영국
무게 7.5톤(8.3미국톤)
엔진 슈타이어-다임러-퓨흐 M160036-A 디젤, 214마력
주무장 경우에 따라 다름

스내치를 교체하고자 디자인된 폭스하운드는 비교할 수 없는 기동성과 폭발 방호 능력을 제공한다. 많은 부분에 금속 대신에 첨단 복합 물질을 사용해 무게를 줄였으며 6명이 탑승할 수 있다.

뷔펠

아프리칸스 어로 '버팔로 들소'를 뜻하는 뷔펠은 지뢰 방호 병력 수송 장갑차를 목적으로 만들어진 최초의 차량이다. 남아프리카공화국에서 남아프리카 국경 전쟁 때 만들어졌다. 남아프리카 국경 전쟁은 1966~1990년 남서아프리카(현재의 나미비아), 앙골라, 잠비아에서 일어난 일련의 분쟁이다.

많은 차량들이 차량 하부에서 지뢰 폭발 방향을 굴절시키기 위해 V 혹은 보트 모양의 차체를 사용할 동안(예를 들어 사라센 병력 수송 장갑차, 180쪽 참조) 뷔펠은 조종수와 탑승 병력의 생존성에 설계 개요 상의 우선 순위를 둔 최초의 차량이었다. 2000년대 지뢰 저항 매복 방호(mine-resistant ambush protected, MRAP) 개념을 이끈 설계의 결과로 1만 대가 넘는 차량들이 이라크와 아프가니스탄에서 사용하기 위해 만들어졌다.

뷔펠은 지뢰 방호를 위해 기초적 수준으로 개조한 메르세데츠벤츠 우니모크 트럭이라고 할 수 있는 초창기 보스바크(Bosvark) 차량을 발전시킨 것이다. 뷔펠은 그 설계를 같은 메르세데츠벤츠 U416-162 우니모크 차대에서 가져왔지만, 조종수석 전방 차축 뒤의 지면에서 높이 떨어트려 놓았고 전면과 측면에 방탄 창문을 갖췄다. 오픈-탑 구조의 후면 병력 구획은 10명의 병력을 탑승시킬 수 있는데, 각 인원은 4점식 좌석 벨트를 하고 서로 등을 맞대게 된다. 차량에 승차할 때는 구획의 측면을 넘어서 들어가며, 그곳에는 장갑판을 아래로 접을 수 있도록 힌지(hinge)가 달려 있다.

후면

제원	
명칭	뷔펠 병력 수송 장갑차
연도	1978년
제조국	남아프리카공화국
생산량	약 2,400대
엔진	메르세데스벤츠 OM-352 디젤, 125마력
무게	6.1톤(6.7미국톤)
주무장	없음
부무장	없음
승무원	1~10명
장갑 두께	차체: 미공개, 방풍창: 두께 40밀리미터(1.6인치) 장갑 유리

탑승 보병용 좌석

조종수

엔진

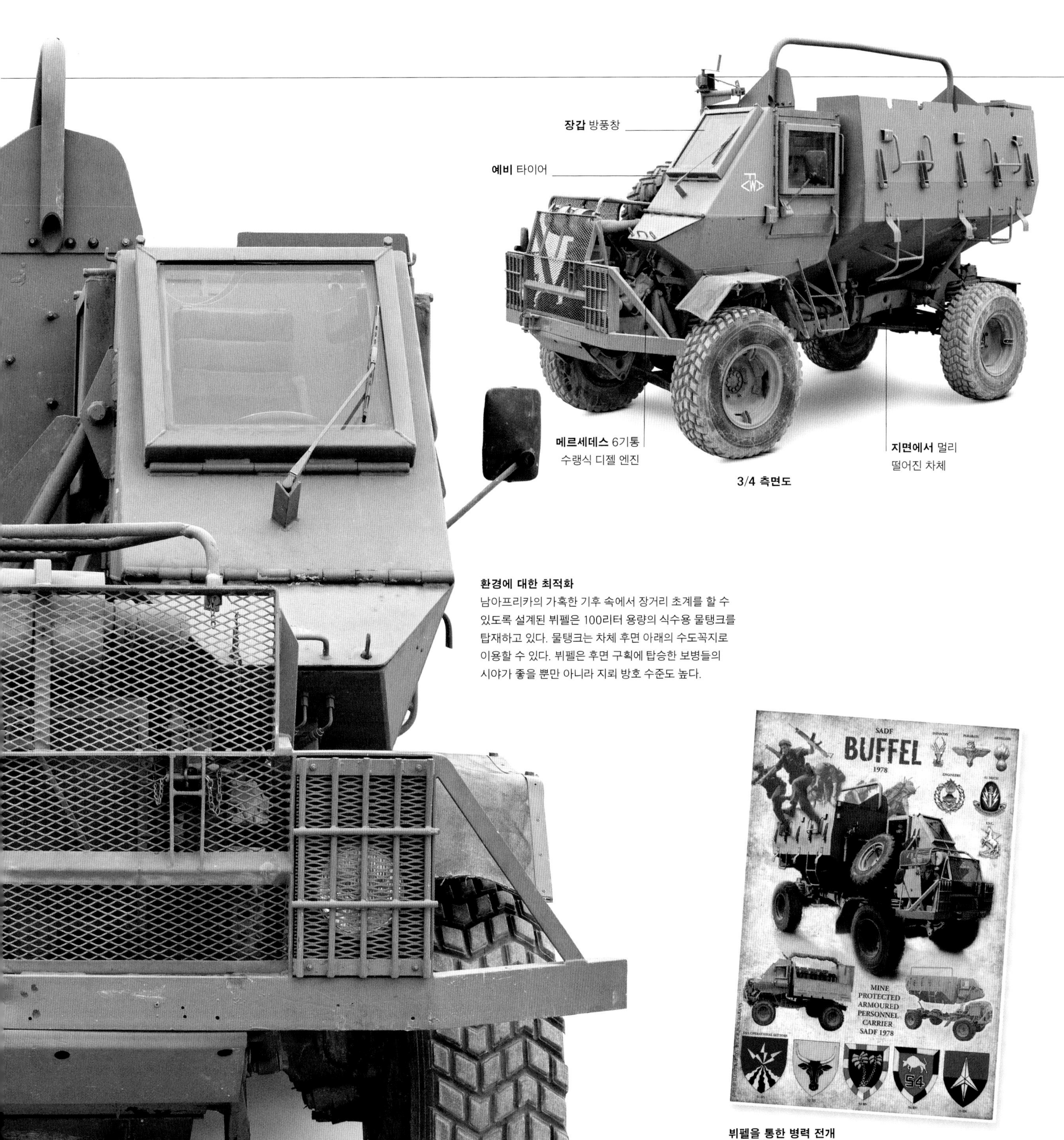

3/4 측면도

환경에 대한 최적화
남아프리카의 가혹한 기후 속에서 장거리 초계를 할 수 있도록 설계된 뷔펠은 100리터 용량의 식수용 물탱크를 탑재하고 있다. 물탱크는 차체 후면 아래의 수도꼭지로 이용할 수 있다. 뷔펠은 후면 구획에 탑승한 보병들의 시야가 좋을 뿐만 아니라 지뢰 방호 수준도 높다.

뷔펠을 통한 병력 전개
뷔펠에서 보병들이 뛰어 내리는 모습을 보여 주는 이 포스터에는 측면 장갑 패널을 내린 상태로 묘사되어 있다. 배지는 남아프리카공화국 방위군에서 뷔펠 전차를 타는 부대들의 것이다.

외부

뷔펠은 매우 성공적인 우니모크 트럭의 구동 장치에 기초를 둔 상대적으로 간단한 차량으로, 남아프리카 공화국 방위군이 다양한 임무를 위해 1만 2000대 이상 구입했다. 지뢰 폭발 방호에 추가해 차체는 탑승자들은 소화기 사격으로부터 보호한다. 뷔펠은 또한 밀폐 보병 탑승실과 창문을 갖춘 버전으로도 만들어졌다.

1. 헤드라이트 그릴 **2.** 전방 견인 포인트 **3.** 캡 노즈 플랩(열린 상태) **4.** 방탄 방풍 유리창. **5.** 타이어 등 물품을 들어 올리기 위한 윈치 **6.** 메인 엔진 **7.** 엔진 세부 **8.** 메인 차대 프레임 **9.** 승차용 발판 **10.** 현가장치 암 **11.** 수직 스프링 현가장치 **12.** 폭발을 흡수하기 위해 12.50x20 규격 타이어 안에 보통 물을 채운다. **13.** 식수 수도꼭지 **14.** 후미등 **15.** 후면 견인 후크

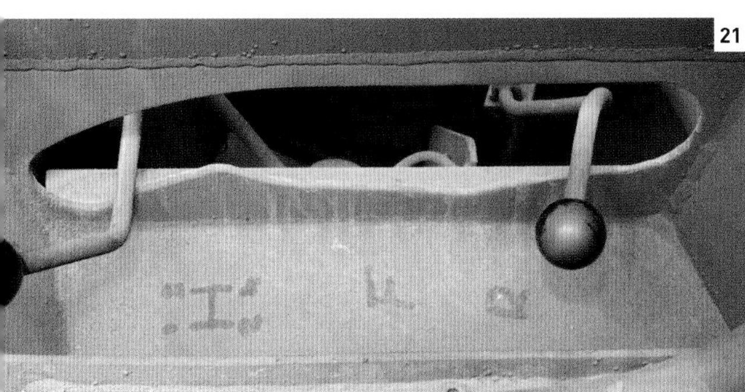

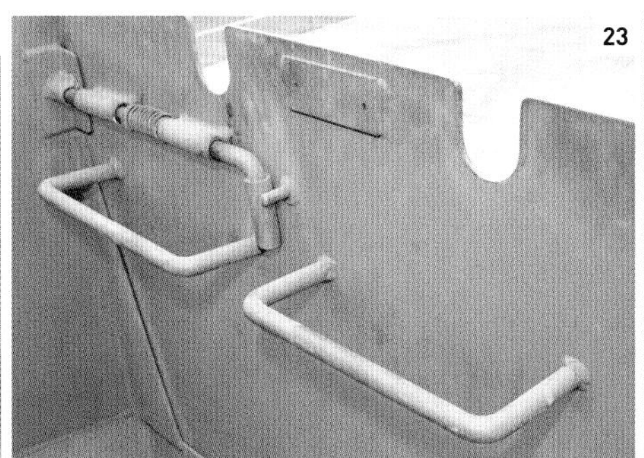

내부

남아프리카공화국의 대반란전 경험은 많은 국가들에서 전술과 장비 연구로 이어졌다. 뷔펠은 스리랑카에 팔렸는데 그보다 중요한 것은 이후 MRAP 차량 개발이 뷔펠의 독특한 설계 특성을 모방했다는 점이다.

16. 조종수실을 내려다본 모습 **17.** 조종수 의자 **18.** 계기 패널 **19.** 경고 표시등 **20.** 조종수 패널 스위치 **21.** 기어와 방향 레버 **22.** 초크 레버 **23.** 손잡이 겸 발판과 사이드 패널 개폐 장치 **24.** 안전띠 **25.** 보병 의자

49960

25TH TRANSPORTATION BAT

전차 전개의 군수

전차의 이동은 전략, 작전과 전술, 전장 등 3개 영역으로 나뉜다. 전략적 레벨에서는 전차를 주둔지 또는 저장고에서 작전 지역으로 이동시키는데, 다른 대륙으로 수송하는 것을 의미한다. 예를 들어 2대의 에이브럼스 전차는 C5 갤럭시 수송기 1대로 수송할 수 있다. 그러나 통상적인 방법은 항구와 로로선(roll-on roll-off ship)까지 도로용 수송 차량 또는 기차를 이용하는 것이다. 사실 철도를 사용한 전차 이동은 전차 설계에도 상당한 영향을 미친다. 유럽의 베른 국제 화물 적재 기준은 대부분의 유럽 철도에서 안전하게 수송할 수 있는 최대 폭을 3.5미터로 제한한다. 그러나 영국의 적재 기준은 더 좁은 2.67미터이다. 작전적 레벨, 즉 전투가 일어날 수도 있는 지역에서는 도로 및 교량 제한, 도시 지역에서 피해 위험 등의 문제가 생길 수 있다. 멀리 떨어져 있는 전차는 주행을 해야 하는데, 먼 거리일수록 연료 소요와 고장 가능성이 커진다. 전장에서는 직접 접지(接地)가 전차의 기동성에 영향을 미치고, 작전할 수 있는 길을 제한할 수 있다. 빠른 속도는 전차를 표적으로 삼아 명중시키기 어렵게 만드는 데 도움을 주며 두꺼운 장갑이 취약성을 줄일 수 있어 무사히 전장을 통과할 수 있는 길을 선택할 수 있게 해 준다.

M1A2 에이브럼스 전차와 M2A3 브래들리 보병 전투차가 2014년 2월 한국의 방어를 강화하기 위해 미국 텍사스 주에서 이동해 부산에 도착하고 있다.

궤도형 병력 수송차

냉전의 끝은 보병 전투차(IFV)의 발전을 둔화시켰다. 많은 국가들은 21세기의 첫 10년 동안 대반란(폭동 진압) 작전에 초점을 맞추었다. 이것은 몇 가지 교체용 설계들이 2010년 이후 생산을 시작했음에도 불구하고 냉전 시대의 차량들이 계획했던 것보다 더 오랫동안 군에서 운용되어야 한다는 것을 의미했다. 특히 재래식 위협 가능성이 높은 이스라엘과 한국 같은 나라에서는 IFV의 발전이 계속되었다.

▽ CV90

CV90

연도 1993년	**국가** 스웨덴
무게 22.8톤(25.1미국톤)	
엔진 스카니아 DI 14 디젤, 550마력	
주무장 40밀리미터 보포스 70구경장 캐논포	

1980년대 후반에 개발된 CV90(또는 Stridsfordon 90)은 보병 6~8명을 탑승시킬 수 있다. 이 차량의 변형은 지휘, 대공, 전방 관측, 구난 차량을 포함하고 있다. 구경 30밀리미터 또는 35밀리미터 캐논포를 무장한 버전도 주로 북유럽에 수출되었다. 스웨덴, 노르웨이, 덴마크 차량들은 아프가니스탄에서 실전을 겪었다.

구경 30밀리미터 캐논포

차체 위의 그라우저

◁ ASCOD 보병 전투차

ASCOD Infantry Fighting Vehicle

연도 1996년	**국가** 오스트리아/스페인
무게 30톤(33미국톤)	
엔진 MTU 8V-199-TE20 디젤, 720마력	
주무장 30밀리미터 MK30-2 캐논포	

오스트리아 스페인 공동 개발(Austrian Spanish Cooperation Development)에 따라 ASCOD로 이름 붙은 이 차량의 스페인 버전은 피사로이고 오스트리아 버전(옆의 사진)은 울란이다. 두 차량은 모두 같은 주무장, 현가장치, 8명의 보병 탑승 능력을 갖고 있다. 그러나 엔진, 사격 통제 장비, 장갑 규격은 다르다. 변형을 포함해 400대 가까이 만들어졌다.

▷ 다르도

Dardo

연도 2002년	**국가** 이탈리아
무게 23톤(25.3미국톤)	
엔진 이베코 8260 디젤, 520마력	
주무장 25밀리미터 오리콘 KBA 캐논포	

이탈리아군은 200대의 다르도를 주문해 M113 VCC-1 병력 수송 장갑차(APC)를 대체했다. 다르도는 TOW 또는 스파이크 대전차 미사일로 무장할 수 있다. 6명의 보병을 탑승시킬 수 있으며, 측면과 후면 램프에 총안구가 있다. 이탈리아군과 함께 이라크, 아프가니스탄, 레바논에 전개되었다.

△ **BvS 10 바이킹**
BvS 10 Viking

연도 2004년 **국가** 스웨덴
무게 11.3톤(12.4미국톤)
엔진 커민스 ISBe250 30 디젤, 275마력
주무장 7.62밀리미터 L7 기관총

영국 해병대를 위한 개발된 바이킹은 더 작고 장갑이 없는 Bv206에서 발전시킨 경장갑 차량이다. 고무 궤도로 주행하며, 2개의 캡 사이에 있는 유압식 램(ram)으로 조향해 모래와 눈에서도 기동성이 탁월하다. 아프가니스탄에서 작전을 겪은 차량들은 부가 장갑을 장착하고 있다.

▽ **네이머**
Namer

연도 2008년 **국가** 이스라엘
무게 62톤(68.3미국톤)
엔진 콘티넨털 AVDS-1790 디젤, 1,200마력
주무장 50구경 브라우닝 M2 기관총

이스라엘의 시가전 경험으로 M113 병력 수송 장갑차의 취약성이 드러나자 현존하는 차대를 기초로 몇 개의 대체형들이 개발되었다. 네이머는 기동성 높은 메르카바 4의 차대를 사용하고, 더 중장갑을 장착했다. 대전차 유도 미사일(ATGM)에 대한 방호를 강화하기 위해 트로피 APS(221쪽 참조)를 장비하고 있다.

◁ **쉬첸판처 퓨마**
Schützenpanzer Puma

연도 2010년 **국가** 독일
무게 43톤(47.4미국톤)
엔진 MTU MT 892 Ka-501 디젤, 1,090마력
주무장 30밀리미터 MK30-2/ABM 캐논포

훌륭한 마르더를 대체하기 위한 퓨마는 무인 포탑을 사용하고 있고, 3명의 승무원과 6명의 보병들을 함께 차체 내에 태울 수 있다. 모듈 장갑은 위협 수준에 따라 탈부착이 가능해 공중 수송 때는 무게를 31톤(34.2미국톤)으로 줄일 수 있다.

▽ **에이젝스**
Ajax

연도 2016년 **국가** 영국
무게 38톤(41.9미국톤)
엔진 MTU 199 디젤, 800마력
주무장 40밀리미터 CTAI CT40 캐논포

영국 영국을 위해 개발된 정보, 감시, 표적 획득, 정찰(ISTAR) 차량인 에이젝스는 ASCOD 차량의 설계에 기초하고 있다. 디지털 전자 아키텍처는 정보를 우군과 공유할 수 있게 한다. 특수 요원 수송차, 공병 정찰, 수리, 복구, 지휘 등 다양한 변형들이 계획되어 있다.

△ **BMD-4M 공정 강습차**
BMD-4M Airborne Assault Vehicle

연도 2014년 **국가** 러시아
무게 14톤(15.5미국톤)
엔진 UTD-29 멀티퓨얼, 500마력
주무장 1x100밀리미터 2A70 활강포, 1x30밀리미터 2A72 캐논포

BMD-3 차체에 기초한 오리지널 BMD-4는 단지 60대만 도입되었음에도 불구하고 2004년 러시아 공정군(VDV)에서 운용을 시작했다. 개선된 BMD-4M은 생산 단가 절감, 군수와 정비 상의 편의를 위해 BMP-3로부터 가져온 엔진과 다른 차량 부품을 사용했다. 병력 수송 장갑차 변형인 BMD-MDM 또한 생산되었다.

차륜형 병력 수송차 1

차륜형 병력 수송차는 냉전 종식 이후에도 계속 인기가 있었고, 특히 8x8륜 차량들이 그랬다. 자동차의 발전은 그들에게 궤도형 차량과 비슷한 야지 횡단 기동성을 부여했다. 그리고 차륜형은 여전히 궤도에 비해 좀 더 안정성과 내구성이 있었다. 별도의 수송 차량이 필요 없는 차륜형 차량의 장거리 직접 전개 능력은 2013년 말리에서 입증되었다. 차륜형 차량은 또한 지뢰와 급조 폭발물에 좀 더 잘 대항할 수 있었다. 대부분의 현대적 8x8륜 차량들은 심지어 바퀴가 여러 개 부서져도 주행할 수 있었다.

△ ASLAV
ASLAV

연도 1992년 **국가** 오스트레일리아
무게 13.4톤(14.8미국톤)
엔진 디트로이트 디젤 6V53T 디젤, 275마력
주무장 25밀리미터 M242 캐논포

미국 해병대 LAV-25와 캐나다 바이슨에 기초를 둔 총 257대의 ASLAV 차량은 두 가지 규격으로 구입되었다. 무포탑 병력 수송차 차체는 제거 가능 가능한 키트를 사용해 지휘, 감시, 매복용으로 개조되었다. ASLAV는 이라크와 아프가니스탄에서 군에서 운용되었다.

▽ XA-185
XA-185

연도 1994년 **국가** 핀란드
무게 13.5톤(14.9미국톤)
엔진 발멧 612 DWI 디젤, 246마력
주무장 12.7밀리미터 NSV 기관총

최초의 XA 계열 차량인 XA-180은 1984년에 선을 보였다. XA-185는 엔진이 더 강력해졌다. 추가적인 업그레이드가 XA-186, XA-188, 대형의 XA-203으로 이어졌는데, XA-203은 더 이상의 수륙 양용 능력이 없었다. XA 차량은 핀란드, 노르웨이, 스웨덴, 에스토니아, 네덜란드에 판매되었다. XA-185는 평화 유지 임무뿐만 아니라 아프가니스탄에서도 운용되었다.

△ 96식
Type 96

연도 1995년 **국가** 일본
무게 14.5톤(16미국톤)
엔진 고마쓰 디젤, 360마력
주무장 50구경 브라우닝 M2 기관총

96식은 승무원 2명과 보병 8명을 위한 탑승 공간을 가졌는데, 후면 램프나 5개의 루프 해치를 이용해 승하차했다. 각 측면에 총안구 2개가 있었다. 수출된 적은 없었지만 96식은 2004~2006년 일본 이라크 재건 및 지원단이 사용했다.

△ 판두르 I
Pandur I

연도 1995년 **국가** 오스트리아
무게 13.5톤(14.9미국톤)
엔진 슈타이어 WD 612.95 디젤, 260마력
주무장 50구경 브라우닝 M2 기관총

6x6 구동식의 판두르 I은 오스트리아, 슬로베니아, 쿠웨이트, 벨기에 등에서 사용되었다. 몇몇은 또한 미국 특수전 사령부로 공급되었다. 벨기에 차량들은 정찰용으로 운용되었으며 몇몇 쿠웨이트 차량들은 구경 90밀리미터 주포로 무장했다. 업그레이드된 판두르 II는 8x8륜 구동식으로 2005년부터 만들어져 이용할 수 있게 되었다.

▷ 피라냐 III
Piranha III

연도 1998년 **국가** 스위스
무게 22톤(24.3미국톤)
엔진 캐터필러 C9 디젤, 400마력
주무장 경우에 따라 다름

피라냐 III는 표준형 병력 수송 장갑차(APC)부터 전자전과 돌격포에 이르기까지 여러 영역의 변형이 12개 국가 이상에 판매되었다. 캐나다 변형인 LAV-III는 캐나다와 뉴질랜드에 운용되었고, 미국 육군 스트라이커 계열 차량들의 기반이 되었다.

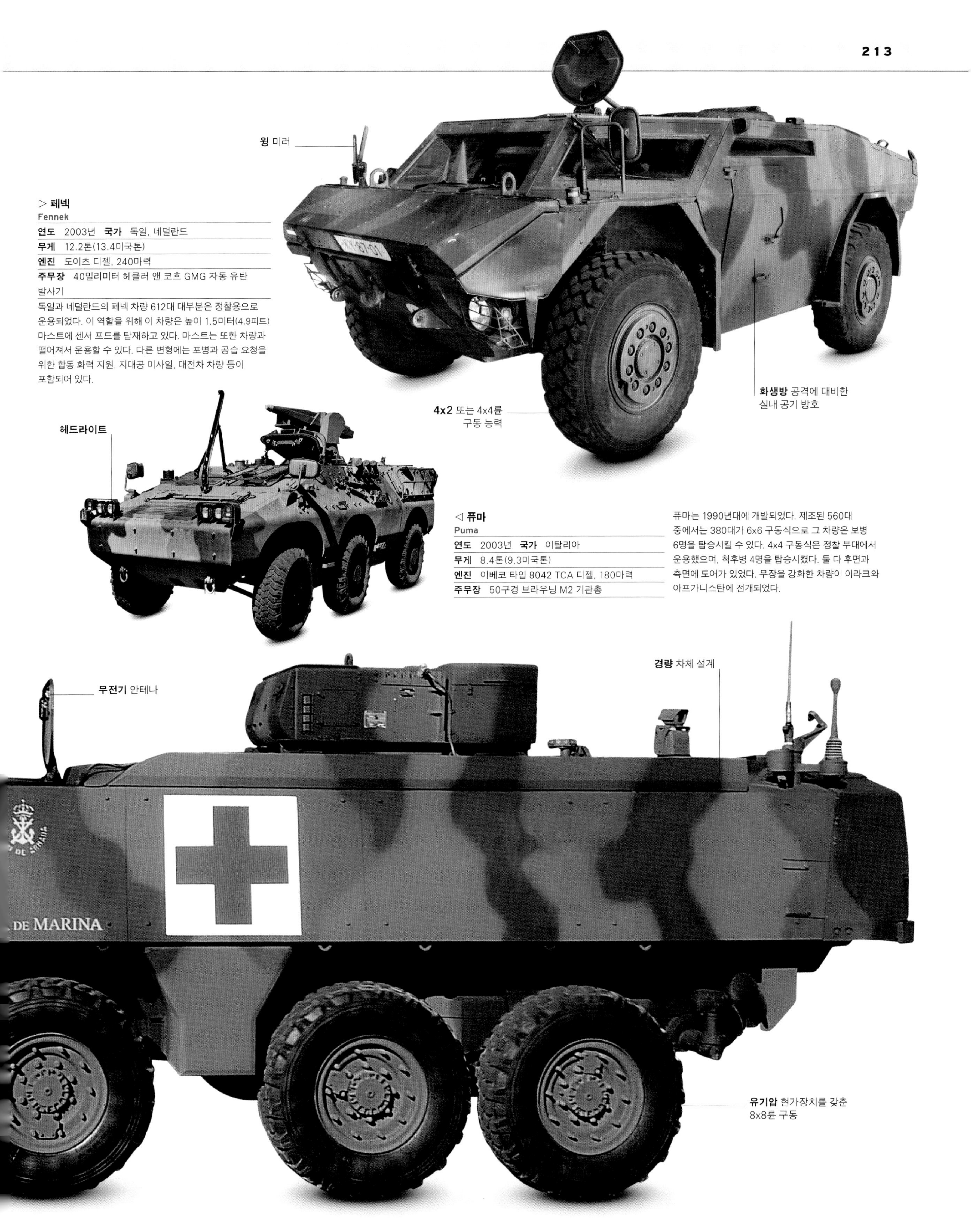

▷ 페넥
Fennek

연도 2003년 **국가** 독일, 네덜란드
무게 12.2톤(13.4미국톤)
엔진 도이츠 디젤, 240마력
주무장 40밀리미터 헤클러 앤 코흐 GMG 자동 유탄 발사기

독일과 네덜란드의 페넥 차량 612대 대부분은 정찰용으로 운용되었다. 이 역할을 위해 이 차량은 높이 1.5미터(4.9피트) 마스트에 센서 포드를 탑재하고 있다. 마스트는 또한 차량과 떨어져서 운용할 수 있다. 다른 변형에는 포병과 공습 요청을 위한 합동 화력 지원, 지대공 미사일, 대전차 차량 등이 포함되어 있다.

◁ 퓨마
Puma

연도 2003년 **국가** 이탈리아
무게 8.4톤(9.3미국톤)
엔진 이베코 타입 8042 TCA 디젤, 180마력
주무장 50구경 브라우닝 M2 기관총

퓨마는 1990년대에 개발되었다. 제조된 560대 중에서는 380대가 6x6 구동식으로 그 차량은 보병 6명을 탑승시킬 수 있다. 4x4 구동식은 정찰 부대에서 운용했으며, 척후병 4명을 탑승시켰다. 둘 다 후면과 측면에 도어가 있었다. 무장을 강화한 차량이 이라크와 아프가니스탄에 전개되었다.

차륜형 병력 수송차 2

많은 21세기 설계들은 무인 무기 스테이션에 부착한 기관총부터 통상적으로 보병 전투차에 탑재하는 캐논포로 무장한 포탑에 이르기까지 다양하고 다른 무기들을 탑재할 수 있다. 그러한 옵션들은 이들 차륜형 병력 수송 장갑차들을 더욱 인기 있게 만들었다. 그러나 화력과 방호력에서의 개선은 차량 높이와 무게를 두드러지게 증가시켰다. 몇몇 차량들은 30톤(33미국톤)에 근접해 눈에 잘 띄는 표적이 되었고 항공기 수송도 어려웠다.

△ **이글 IV**
Eagle IV

연도	2003년 **국가** 스위스
무게	7톤(7.7미국톤)
엔진	커민스 ISB 6.7 E3 디젤, 245마력
주무장	경우에 따라 다름

이글 I, II, III은 험비(HMMWV) 차대에 기초를 두고 있다. 이에 반해 듀로 III 트럭을 그 기초로 이용한 이글 IV, V는 적재량이 더 컸다. 정찰, 초계, 지휘 차량, 앰뷸런스로 운용되었다. 이글 IV, V는 덴마크, 독일, 스위스를 위해 750대 이상 만들어졌다.

△ **파트리아 AMV**
Patria AMV

연도	2004년 **국가** 핀란드
무게	22톤(24.3미국톤)
엔진	스카니아 DC13 디젤, 483마력
주무장	50구경 브라우닝 M2 기관총

파트리아 AMV는 다양한 종류의 엔진, 변속기, 무기 스테이션, 임무에 적합한 장비와 함께 이용 가능했다. 부착된 포대에 따라 최대 10명의 보병이 탑승할 수 있었다. 1,500대 이상의 AMV가 7개국에 판매되었다. 이 차량을 가장 많이 보유한 국가는 폴란드로, 아프가니스탄에서 로소막(Rosomak)이라고 명명한 곳에 배치했다.

△ **ATF 딩고 2**
ATF Dingo 2

연도	2005년 **국가** 독일
무게	12.5톤(13.8미국톤)
엔진	메르세데스벤츠 OM 924 LA 디젤, 222마력
주무장	경우에 따라 다름

딩고는 우니모크 트럭 차대에 기초를 두고 장갑 차체와 차체 하부 지뢰 방호 능력을 갖췄다. 승무원은 8명이다. 6개국에서 딩고 2를 NBC 정찰, 의무 후송, 초계, 전장 감시 같은 역할로 운용했다. 발칸, 레바논, 아프가니스탄에도 배치되었다.

▷ **VBCI**
VBCI

연도	2008년 **국가** 프랑스
무게	29톤(31.9미국톤)
엔진	볼보 디젤, 550마력
주무장	25밀리미터 GIAT M811 캐논포

차륜형 차량으로는 이례적으로 VBCI는 병력 수송 장갑차(APC)보다는 보병 전투차(IFV)로 설계되었다. 승무원 3명과 최대 9명의 보병이 탑승할 수 있었다. 프랑스는 630대를 운용했는데, 그중 110대는 지휘 차량용이었다. VBCI는 레바논, 아프가니스탄, 말리에 전개되었으며 말리에서는 안정 장치를 갖춘 캐논포가 높은 효과를 입증했다.

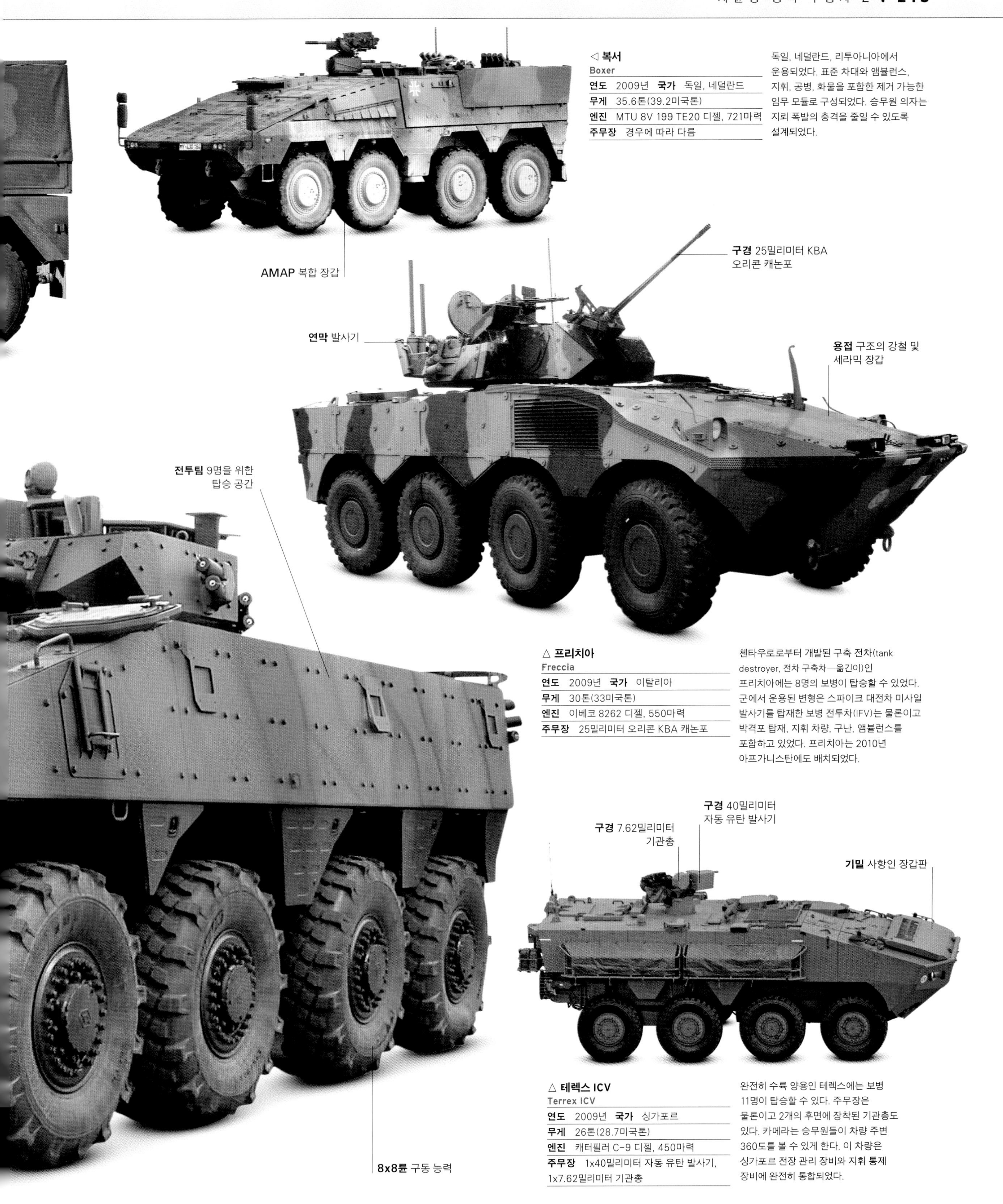

◁ **복서**
Boxer

연도 2009년 **국가** 독일, 네덜란드
무게 35.6톤(39.2미국톤)
엔진 MTU 8V 199 TE20 디젤, 721마력
주무장 경우에 따라 다름

독일, 네덜란드, 리투아니아에서 운용되었다. 표준 차대와 앰뷸런스, 지휘, 공병, 화물을 포함한 제거 가능한 임무 모듈로 구성되었다. 승무원 의자는 지뢰 폭발의 충격을 줄일 수 있도록 설계되었다.

△ **프리치아**
Freccia

연도 2009년 **국가** 이탈리아
무게 30톤(33미국톤)
엔진 이베코 8262 디젤, 550마력
주무장 25밀리미터 오리콘 KBA 캐논포

첸타우로로부터 개발된 구축 전차(tank destroyer, 전차 구축차—옮긴이)인 프리치아에는 8명의 보병이 탑승할 수 있었다. 군에서 운용된 변형은 스파이크 대전차 미사일 발사기를 탑재한 보병 전투차(IFV)는 물론이고 박격포 탑재, 지휘 차량, 구난, 앰뷸런스를 포함하고 있었다. 프리치아는 2010년 아프가니스탄에도 배치되었다.

△ **테렉스 ICV**
Terrex ICV

연도 2009년 **국가** 싱가포르
무게 26톤(28.7미국톤)
엔진 캐터필러 C-9 디젤, 450마력
주무장 1x40밀리미터 자동 유탄 발사기, 1x7.62밀리미터 기관총

완전히 수륙 양용인 테렉스에는 보병 11명이 탑승할 수 있다. 주무장은 물론이고 2개의 후면에 장착된 기관총도 있다. 카메라는 승무원들이 차량 주변 360도를 볼 수 있게 한다. 이 차량은 싱가포르 전장 관리 장비와 지휘 통제 장비에 완전히 통합되었다.

현장의 궤도

미국 육군의 M1A2 에이브럼스 전차를 한국 같은 동맹국으로 이동시키는 것은 한 국가가 또 다른 국가를 군사적, 정치적으로 지원하는 것을 공개적으로 보여 주는 것이다.

힘의 과시

전차는 강력한 구경 120밀리미터 포를 사격할 때 볼 수 있는 바와 같이 명백하게 전술적 능력을 가지고 있다. 동시에 그 같은 전차의 이동은 또한 국제 정치에서 전력 투사(power projection)의 전형적인 상징인 것은 물론이고 동맹 혹은 우호국을 안심시키는 원천이다. 전차보다 강력하고 선진적이며 값비싼 군사 자산들이 합동 연습에 전개될 수 있음에도 불구하고, 흔히 언론의 사건 보도에서 전차가 사진에 찍히고 게재될 것이다. 전차는 일반 대중에게 독특하고 크고 강력한 무기로 받아들여지기 때문에 국가의 군사적 우월성과 지정학적 힘을 대표하기 위해 가장 많이 보여 주는 상징적인 군사 장비가 되어 왔다.

M1A2 에이브럼스 전차가 2011년 한미 연합 훈련 중 한국 포천의 사격장에서 사격하고 있다.

탈냉전 시대 전차 1

냉전의 종식은 전차의 발전 속도도 늦추었으나 발전의 끝을 의미하지는 않는다. 과거의 적들은 군대 규모를 축소하고, 더 이상 대규모 군대가 필요하지 않게 됨에 따라 차량을 매각하거나 폐기했다. 1980년대 후반에 개발 중이던 차량 중 상당수가 개발이 늦어지고 소량만 군에 도입되었다. 반면에 몇몇 전차들은 55구경장 구경 120밀리미터 포를 도입한 독일 레오파르트 2A6 전차처럼 계속 업그레이드되었다.

△ M1A2 에이브럼스
M1A2 Abrams

연도 1992년 **국가** 미국
무게 63톤(69.4미국톤)
엔진 텍스트론 라이코밍 AGT1500 가스 터빈, 1,500마력
주무장 120밀리미터 M256 44구경장 활강포

1985년에 선보인 M1A1은 M1에 비해 효과적인 구경 120밀리미터 포와 개선된 현가장치, 변속기를 갖고 있다. M1A2는 전차장용 독립 열상 조준기(CITV)를 추가해 전차장이 포수와 다른 방향을 볼 수 있게 했다. 걸프전 경험 또한 성능 향상을 이끌었는데, 특히 전자 장비와 컴퓨터 장비 쪽이 그러했다.

▽ 90식
Type 90

연도 1991년 **국가** 일본
무게 50톤(55.1미국톤)
엔진 미쓰비시 10ZG 디젤, 1,500마력
주무장 120밀리미터 44구경장 활강포

주포를 제외하고 90식의 모든 부품들은 일본에서 설계되고 제작되었다. 자동 장전 장치 덕분에 승무원은 3명으로 줄었다. 일본의 험난한 산악, 도시 지형 때문에 90식 전차 341대 대부분은 크기와 무게의 제약을 덜 받는 홋카이도에 배치되었다.

△ 르끌레르
Leclerc

연도 1992년 **국가** 프랑스
무게 56.5톤(62.3미국톤)
엔진 바르질라(Wartsila) V8X T9 디젤, 1,500마력
주무장 120밀리미터 CN120-26 52구경장 활강포

르끌레르는 보다 가벼운 AMX-30를 대체했다. 총 406대가 프랑스를 위해 제조되고, 388대가 아랍에미리트연합(UAE)을 위해 만들어졌다. 자동 장전 장치로 인해 승무원은 3명으로 줄었다. 전자 장비와 장갑은 각 생산 회사들에 걸쳐 꾸준히 향상되었다. 프랑스 르끌레르는 코소보와 레바논의 평화 유지 활동에서 사용되었다. UAE 전차들은 예멘에서 운용되었다.

▷ 챌린저 2
Challenger 2

연도 1994년 **국가** 영국
무게 74.9톤(82.5미국톤)
엔진 퍼킨스 CV12 V12 디젤, 1,200마력
주무장 120밀리미터 L30A1 55구경장 강선포

명칭에도 불구하고 챌린저 2의 부품 중 오직 5퍼센트만이 챌린저 1과 호환된다. 영국이 386대를 주문할 동안 오만은 38대를 운용했다. 부가 장갑을 장비하고 2003년 이라크 침공에 참가했다. 차체와 포탑 측면의 레벨 2l 도체스터 장갑 모듈, 전자 방해책(ECM), 그리고 열과 레이더를 흡수하는 태양열 차단 위장막(solar shield camouflage) 등이 특징이다.

▷ T-90S
T-90S

연도 1994년 **국가** 러시아
무게 48.6톤(53.5미국톤)
엔진 ChTZ V92S2 V12 디젤, 1,000마력
주무장 125밀리미터 2A46M5 48구경장 활강포

원래 명칭이 T-72BU였던 T-90은 이전 소련 전차들을 대체하기 위해 개발되었다. 이 전차의 모든 탑재 장비는 T-80의 특징과 쉬토라(Shtora) 능동 방호 장비(APS)와 통합되어 업그레이드되었다. 7개의 운용국 중에 가장 큰 운용자인 인도는 약 1,250대의 T-90를 갖고 있고, 약 550대의 전차를 가진 러시아가 뒤따른다. T-90은 우크라이나와 시리아에서 전투를 겪었다.

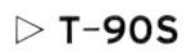

▷ 아리에테
Ariete

연도 1995년
국가 이탈리아
무게 54톤(59.5미국톤)
엔진 이베코 MTCA V12 디젤, 1,275마력
주무장 120밀리미터 오토 메라라 44구경장 활강포

아리에테는 냉전 기간 중 이탈리아의 M60과 레오파르트 1을 대체하기 위해 설계되었다. 200대의 전차가 1995~2002년에 이탈리아군에 지급되었다. 미사일 방호를 위해 레이저 수신 경보기를 갖추고 있으며 2004년 이라크에서 운용했을 때 부가 장갑을 포탑에 부착과 차체 측면에 부착했다.

◁ PT 91 트와르디
PT 91 Twardy

연도 1995년 **국가** 폴란드
무게 45.9톤(50.6미국톤)
엔진 PZL-볼라 타입 S12U 멀티퓨얼, 850마력
주무장 125밀리미터 D81TM 활강포

T-72M을 업그레이드시킨 트와르디는 부가 폭발 반응 장갑(ERA), 보다 효과적인 포 안정장치, 더 강력한 엔진과 변속기를 갖췄다. 폴란드는 장갑 구난과 공병 변형을 아울러 233대를 구입했다. 말레이시아는 48대, 인도는 550대의 구난 변형을 구입했다.

▽ 96식
Type 96

연도 1996년 **국가** 중국
무게 42.8톤(47.2미국톤)
엔진 노린코 디젤, 780마력
주무장 125밀리미터 48구경장 활강포

1991년 걸프전에서의 M1A1 에이브럼스와 챌린저의 효율성에 충격을 받은 중국은 그들을 상대하기 위해 자신들의 전차를 업그레이드하기 시작했다. 몇 종류를 개발한 뒤에 96식이 채택되었다. 96식은 중국에서 신속하게 교체할 수 있는 모듈 장갑을 채택한 최초의 전차였다. 포는 장전 방식이다. 더 선진적인 96B는 2016년에 첫 선을 보였다.

탈냉전 시대 전차 2

1989년 이래 분쟁들은 전차들이 전장에서 여전히 역할이 있음을 보여 주었다. 전개하기 무겁고 어려웠음에도 불구하고, 필요할 때 전차는 정교한 화력에 더해 필적할 수 없는 방호력, 전천후, 장거리 감시를 제공했다. 전차는 이라크와 아프가니스탄에서의 대반란 작전과 시리아, 예멘, 우크라이나에서의 재래전은 물론이고 발칸과 레바논에서의 평화 유지 작전에서도 사용되었다. 21세기 동안에 새로운 전차 설계를 내놓은 몇몇 나라에서 얼마간 새로운 차량들이 군에 도입되기 시작했다.

△ **99식**
Type 99

연도	2001년 **국가** 중국
무게	50톤(55.1미국톤)
엔진	WD396 V8 디젤, 1,200마력
주무장	125밀리미터 ZPT-98 활강포

96식과 함께 99식은 중국 육군 전차의 핵심 주축을 이루고 있다. 선진적인 폭발 반응 장갑(ERA)과 레이저 경보 장치의 방호를 받는 이 전차는 보다 현대적인 열영상 사격 조준기, 포 안정 장치, 그리고 헌터-킬러 능력을 가지고 있다. 99A와 99A2는 추가 업그레이드를 받았다.

연막탄 발사기

포탑 전면의 공간 장갑(spaced armor)

△ **레오파르트 2A6**
Leopard 2A6

연도	2001년 **국가** 독일
무게	62.4톤(68.8미국톤)
엔진	MTU MB 873 Ka-501 디젤, 1,500마력
주무장	120밀리미터 라인메탈 120 55구경장 활강포

냉전 시기의 2A4를 두드러지게 업그레이드한 2A6은 포탑 위의 독특한 쐐기(wedge) 모양 공간 장갑, 보다 강력한 55구경장 포를 포함하고 있다. 포수의 사격 조준기는 포탑 루프로 이동했다. 지금의 포탑은 유압식으로 구동된다기보다는 전기 동력식이 되었다.

구경 12.7밀리미터 대공 기관총

복합 장갑

▷ **알칼리드**
Al-Khalid

연도	2001년 **국가** 파키스탄/중국
무게	48톤(52.9톤)
엔진	KMDB 6TD-2 멀티퓨얼, 1,200마력
주무장	구경 125밀리미터 활강포

파키스탄과 중국이 공동 작업한 알칼리드 또는 MBT-2000은 파키스탄이 자신들의 전차들을 업그레이드하기 위한 프로젝트의 가장 선진적 부분이다. 승무원 3명, 폭발 반응 장갑, 레이저 경보 체계를 갖췄다. 2016년 업그레이드 개발 중에 있다.

▷ **메르카바 마크 4**
Merkava MARK 4

연도 2004년 **국가** 이스라엘
무게 65톤(71.1미국톤)
엔진 MTU 883 V12 디젤, 1,500마력
주무장 120밀리미터 IMI MG253 44구경장 활강포

최신형 메르카바인 마크 4는 고유의 전면 탑재 엔진과 후면 도어를 통한 접근을 유지하고 있다. 자동 사격 방호, NBC 장비, 트로피 능동 방호 장비(APS) 같은 특징들은 승무원 보호에 초점을 두고 있다. 자동 표적 추적 체계나 전장 관리 체계 같은 전자 장비들 덕분에 전차들을 보다 효과적으로 작동했다. 레바논과 가자 지구에서 실전을 겪었다.

구경 12.7밀리미터 기관총

▷ **10식**
Type 10

연도 2012년 **국가** 일본
무게 44톤(48.5미국톤)
엔진 미쓰비시 V8 디젤, 1,200마력
주무장 120밀리미터 일본 스틸웍스 44구경장 활강포

최신형 일본 전차인 10식은 정보 공유를 위한 컴퓨터화 네트워크, 차량의 높이를 높이거나 낮출 수 있는 능동식 현가장치, 전진과 후진에서 같은 속도를 가능하게 하는 변속장치는 물론이고 업그레이드할 수 있는 모듈형 장갑 등의 특징을 갖고 있다.

전차 휠 보호를 위한 장갑 스커트

고무 패드를 부착한 궤도

엔진과 기동륜 보호용 펜스형 장갑

◁ **T-14 아르마따**
T-14 Armata

연도 2015년 **국가** 러시아
무게 미상
엔진 ChTZ 12N360 V12 디젤, 1,500마력 이상
주무장 125밀리미터 2A82-1M 활강포

T-14는 이전 소련과 러시아 전차 설계의 단절을 대표한다. T-14가 좀 더 길고, 더 높은데 3명의 승무원은 차체의 전면에 앉는다. 무인 포탑은 포와 자동 장전 장치를 포함하고 있다. 포탑은 또 조준기와 하드 킬 및 소프트 킬 능동 방호 장치를 둘 다 가지고 있다.

러시아 휘장

구경 125밀리미터 활강 주포

▷ **알타이**
Altay

연도 2016년 **국가** 터키
무게 65톤(71.7미국톤)
엔진 MTU MT 883 Ka-501 디젤, 1,500마력
주무장 120밀리미터 55구경장 활강포

터키는 M60과 레오파르트를 업그레이드했다. 그러나 알타이는 새로운 설계를 향한 중요한 발걸음을 대표한다. 선진적인 사격 통제 장비와 조준기를 포함한 대부분의 부품은 터키 회사에 의해 개발되었다. 승무원이 4명이며 모두 1,000대가 계획되어 있다.

M1A2 에이브럼스

미국의 에이브럼스는 대량(약 1만 1000대)으로 만들어졌고, 현재 7개국 군대가 장비하고 있다. 그럼에도 불구하고 전차에 대한 서방의 상호 모순적 입장의 영향을 받아 왔다. 군사 예산 삭감에 둘러싸여 공장 수용력에 압박받는 것에 비해서, 잠재적으로 전차를 필요로 하고 또 다른 이들이 여전히 전차를 개발하는 것을 봐야 하는 딜레마 때문이다.

후면

에이브럼스는 소련권 전차들을 가장 가능성이 높은 적으로 간주했던 시기에 M60을 대체하기 위한 설계였다. 최초의 모델은 영국제 L7 구경 105밀리미터 포와 승무원을 보호하기 위한 블로우 아웃 구획 내에 있는 분리된 탄약 저장고와 작고 믿기 힘들 정도로 강력하지만 동급 디젤 엔진에 비해 연료 소모가 2배인 가스 터빈 엔진을 갖추고 있었다. 1973년 미국 팀은 영국 방문 중 최신 초밤 장갑의 발전을 보았다. 이로 인해 새로운 방호 시스템을 포함시키기 위한 재설계가 이루어졌다. 뒤에 열화 우라늄을 포함한 새로운 버전의 적층 장갑(laminate armor)이 M1A1 모델에 장착되어 방호 수준을 2배로 높였다. M1A1은 또한 독일제 구경 120밀리미터 활강포를 장비했는데, 이 포는 1991년 걸프전에서 대단한 이점을 제공했다.

새로운 사격 통제 장치를, 전차장용 독립 열상 관측 장비, 개선된 디지털 장비 같은 추가 업그레이드가 M1A2 모델을 이끌어 내었다. 이라크 시가전은 2006년 전차 도시 생존 키트(TUSK)의 발전으로 이어져 도시 지역에서 방호력을 향상시키기 위해 전구 내의 전차들에 정착되었다.

에이브럼스는 전투에서 가치를 거듭 증명했다. 의심의 여지없이 앞으로 수십 년 동안에도 계속 강력한 무기가 될 것이다.

제원	
명칭	M1A2 에이브럼스
연도	1992년
제조국	미국
생산량	1,500대
엔진	텍스트론 라이코밍 AGT1500 가스 터빈, 1,500마력
무게	63톤(69.4미국톤)
주무장	구경 120밀리미터 M256 활강포
부무장	50구경 브라우닝 M2HB, 2x7.62밀리미터 M240 MGs
승무원	4명
장갑 두께	미공개

엔진
전차장
포수
탄약수
조종수

3/4 측면도

전차 배지
조지아 주 포트 베닝에 위치한 미국 육군 기동 센터 배지. 센터는 보병 학교와 기갑 학교를 단일 지휘 하에 통합했다. 미국 보병, 기병, 포병의 전통적 색깔인 청색, 노란색, 적색으로 구성된 원색의 배지는 검은색으로 교체되었다.

기동성 있는 최강자
에이브럼스의 최신 버전인 M1A2 SEPv2(system enhancement package, 체계 향상 패키지)로 보조 파워 유닛, 열관리 시스템, 통신 및 디스플레이 스크린, 조준기를 포함한 전자 장비를 업그레이드했다.

외부

M1A2는 세계에서 가장 무거운 주력 전차 중 하나다. 부분적으로 그것은 가공할 만한 복합 장갑 때문이다. 장갑은 차체와 포탑에 추가된 열화 우라늄 메시로 더 향상되었다. 이 놀라운 장갑은 모든 알려진 대전차 무기로부터의 방호를 제공한다.

1. 견인 고리 **2.** 보기륜 허브 **3.** 보기륜과 궤도 **4.** 고무 패드가 부착된 궤도 **5.** 전차장과 탄약수 해치 **6.** 전차장 큐폴라 **7.** 탄약수 구경 7.62밀리미터 M240 기관총 **8.** 공통 원격 조종 무기 스테이션 조준기 **9.** 화생방 방호 장치 벤트 **10.** 열 관리 시스템의 일부인 증기 압축 시스템 유닛 **11.** 보병 전화기 **12.** 기동륜

1
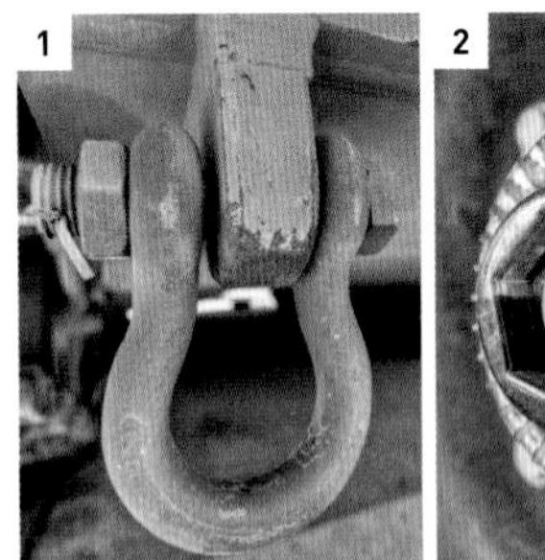

2
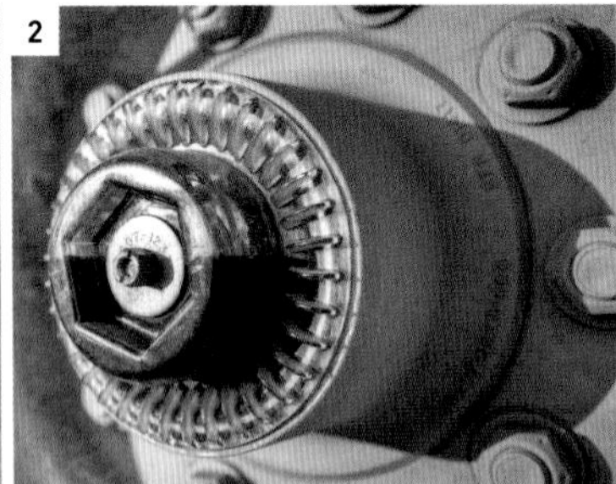

3

4
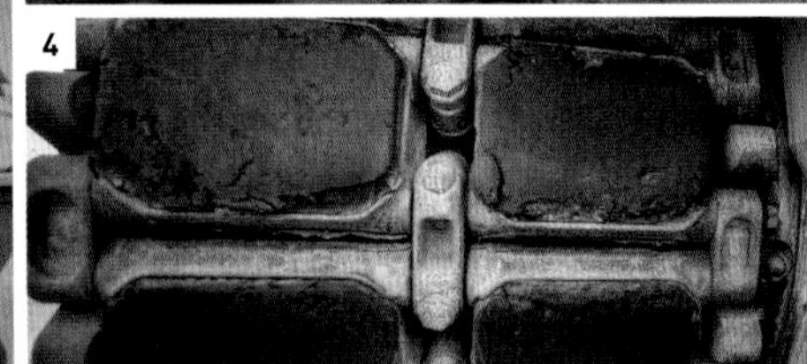

5
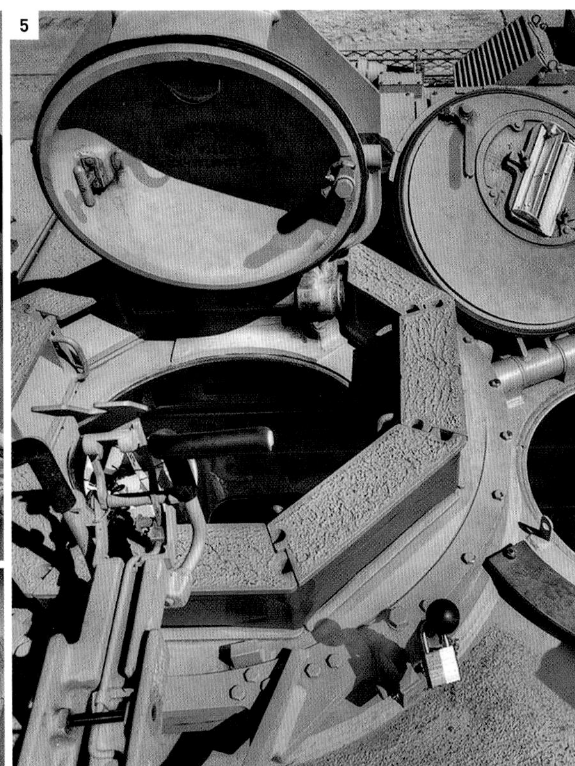

6
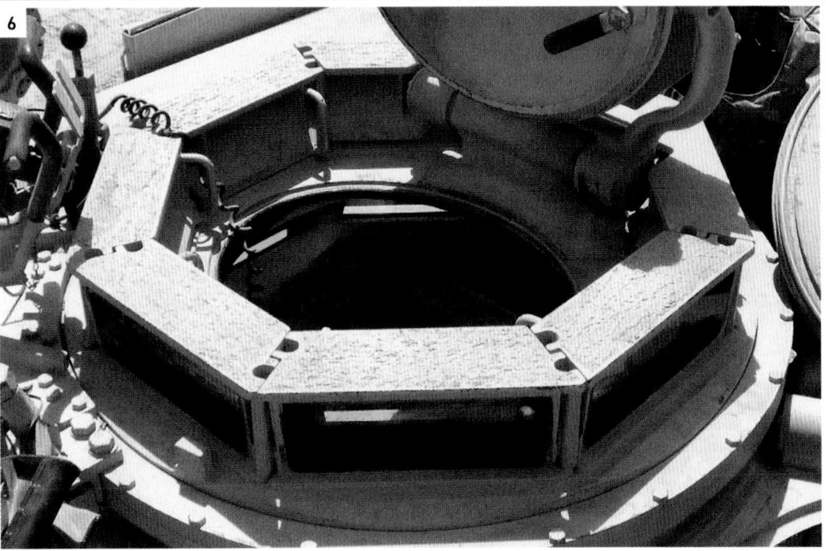

7

8

9

10

11

12

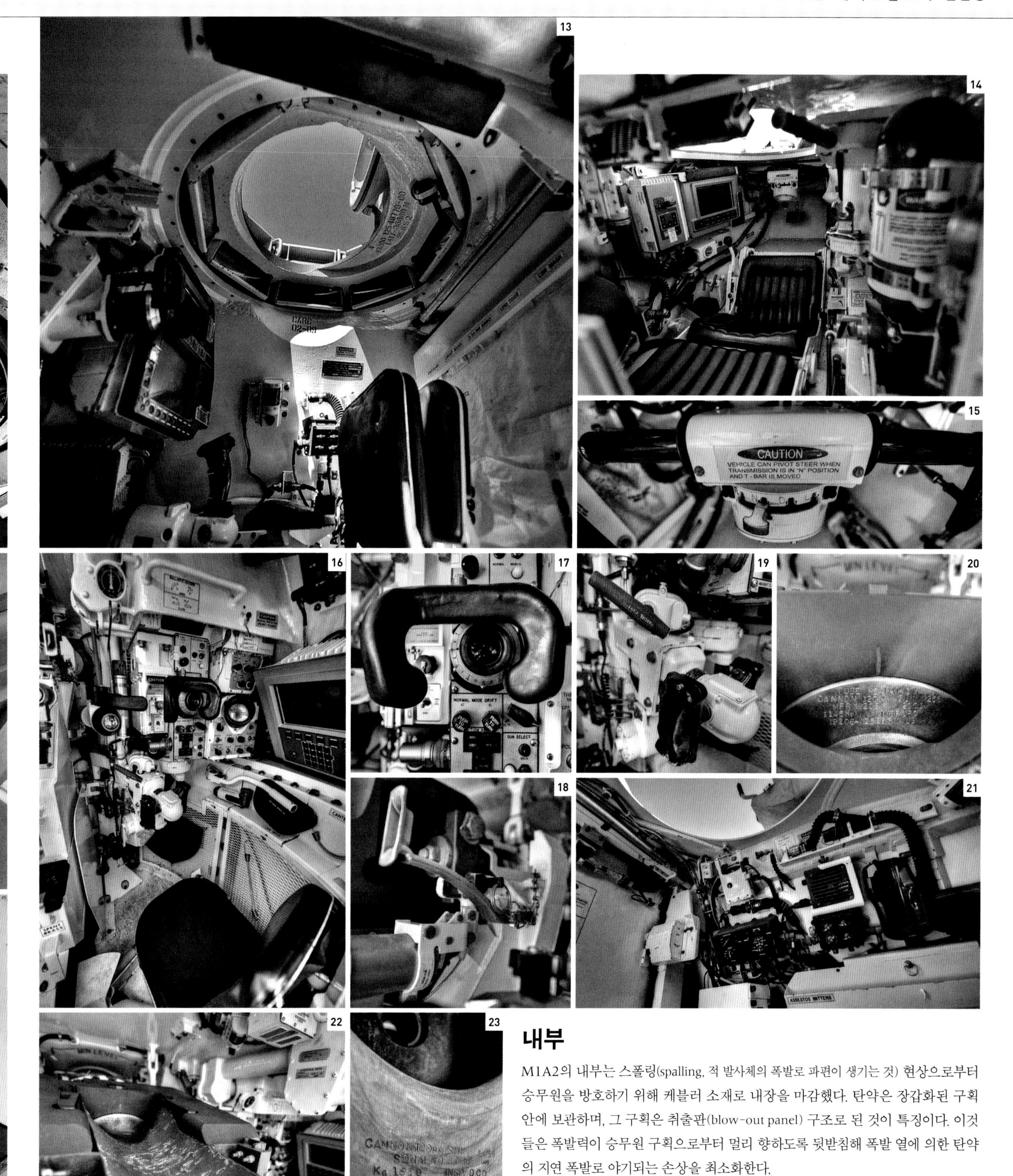

내부

M1A2의 내부는 스폴링(spalling, 적 발사체의 폭발로 파편이 생기는 것) 현상으로부터 승무원을 방호하기 위해 케블러 소재로 내장을 마감했다. 탄약은 장갑화된 구획 안에 보관하며, 그 구획은 취출판(blow-out panel) 구조로 된 것이 특징이다. 이것들은 폭발력이 승무원 구획으로부터 멀리 향하도록 뒷받침해 폭발 열에 의한 탄약의 지연 폭발로 야기되는 손상을 최소화한다.

13. 오른쪽에서 본 전차장석 **14.** 앞에서 본 조종수석 **15.** 조종수 조향 및 스로틀 T-바 컨트롤 **17.** 포수 주 사격 조준경 **18**. 구경 7.62밀리미터 공축 기관총 마운트(기관총 미부착 상태) **19.** 포수 컨트롤 핸들 **20.** 포미 상부(폐쇄기 폐쇄 상태) **21.** 왼쪽에서 본 탄약수석 **22.** 주포 포미(폐쇄기 폐쇄 상태)와 탄피 방출 보호대(case deflector tray) **23.** 주포 포미 하부(개방 상태)

2010년 영국에서 열린 판보로 에어쇼에 설치된 BAE 전시관

핵심 제조사

BAE 시스템스

BAE 시스템스는 세계 최대급 방위 산업체 중 하나이다. 항공 모함, 핵추진 잠수함부터 소총과 탄약까지 사실상 모든 군사 제품을 생산하며 주력 제품은 장갑 차량이다.

1977년에 창설된 브리티시 에어로스페이스(British Aerospace, BA)는 정부 소유의 항공기 제조 대기업이었다. 부품 회사의 역사는 제1차 세계 대전까지 거슬러 올라간다. 1981년의 민영화로 확장을 시작해 1987년 로열 오더넌스 팩토리(Royal Ordnance Factories, ROF)를 인수했다. ROF는 다양한 종류의 무기와 탄약, 제2차 세계 대전 이래 영국 육군에서 운용한 모든 주력 전차를 생산했다. 1988년에는 차량 제조업체인 로버(Rover) 그룹을 인수하고 급진적인 구조 조정을 거쳐, BA를 마르코니 일렉트로닉 시스템스(Marconi Electronic Systems, MES)와 합병해 1999년 BAE 시스템스를 설립했다. MES는 조선소는 물론 일류 수준의 전자 분야 능력을 갖춘 대기업이었다. ROF와 BAE는 군용 차량 생산에 관심이 없었으나 곧 달라졌다. 2004년 영국의 가장 중요한 장갑 차량 제조 회사 앨비스 비커스(Alvis Vickers)를 인수하기 위해 제너럴 다이내믹스 사보다 더 높은 금액을 제시했다.

1919년 이래 자동차를 소규모 생산한 앨비스 사는 1937년 초반부터 장갑차 생산에 관여해 제2차 세계 대전 이후에도 계속, 영국 육군에 1958년 채택된 사라센 병력 수송 장갑차(APC)와 살라딘 장갑차를 포함한 6륜 FV600 시리즈를 개발했다. 로버 그룹을 거쳐 영국 레이랜드 사에 속하다 1981년 다시 주인이 바뀌어 사격 조준기 제조업체인 유나이티드 사이언티픽 홀딩(United Scientific Holdings, USH)에 포함되었다. USH는 1995년 앨비스 명칭을 채택하고 스웨덴의 경쟁사인 헤글룬스(Hägglunds)를 1997년에, 다음 해 영국 육군에 FV 500 시리즈 궤도 보병 전투차(워리어와 변형)를 공급하는 GKN 샌키(Sankey)를 인수했다. 이 차량은 앨비스 소유의 경량 알루미늄 차체 FV100 계열 차량과 함께 운용되었다. 그중 FV101 스콜피온이 가장 성공했다. 2002년 앨비스 사는 비커스 디펜스 시스템스를 인수해 앨비스 비커스 사가 되었다. 비커스 디펜스 시스템스의 전차 생산 역사는 1920년으로 거슬러 올라가며, 당시 영국 육군의 주력 전차인 챌린저 2를 생산 중이었다.

2년 뒤 앨비스 비커스 사를 인수한 BAE는 ROF와 합병해 BAE 랜드 시스템스를 설립하며 단번에 영국의 유일한 주력 주자가 되었다. 2005년에는 유나이티드 디펜스 인더스트리(United Defense Industries, UDI)를, 2년 뒤에는 아머 홀딩스(Armor Holdings)를 인수해 미국에서의 입지도 강화했다. UDI 사는 M2/M3 브래들리 전투차, M88 허큘리스 장갑 구난차, M109 팔라딘 자주포는 물론이고 세계에서 가장 널리 사용된 병력 수송 장갑차 M113을 자랑하는 미국의 가장 중요한 군사 공급 업체였다. 아머 홀딩스 사는 UAE에 인수되기 직전에 오스트리아 슈티이어 사의 설계에 바탕을 둔 중형 전술 차량(medium tactical vehicles) 계열 차량 개발 권한을 인수했다. 그중 전체 방호 방식 차량은 오로지 카이만(Caiman) MRAP 지뢰방호 병력 수송 장갑차뿐이었는데 해병대의 쿠거와 나란히 육군에서 운용되었으며, 다른 차량은 운전석만 장갑을 갖춘 방식이었다. 랜드 시스템스 헤글룬스 AB는 궤도형 보병 전투차(IFV)인 컴벳 비히클 90 계열 차량을 생산했다. 원래의 구경 40밀리미터 보포스 캐논포

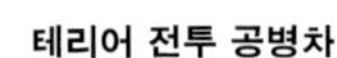

테리어 전투 공병차
무게 30톤의 테리어(Terrier)는 영국 육군의 선행 전투 공병 트랙터들보다 더 유용하며, 필요하다면 원격 조종도 가능하다.

제작 중인 브래들리
브래들리 전투차(BFV) 포탑이 미국 펜실베이니아 주 요크에 있는 BAE 랜드&아머먼트 유한 회사(plc) 시설의 조립 라인에서 설치를 기다리고 있다.

"날탄*이 하늘을 빌려, 전장을 가로 질렀다."

팀 퍼블릭 대위, 전차 중대장, 퀸즈 로열 아이리시 후사르 전투단

*날탄(날개 안정 분리 철갑탄, FIN Round)

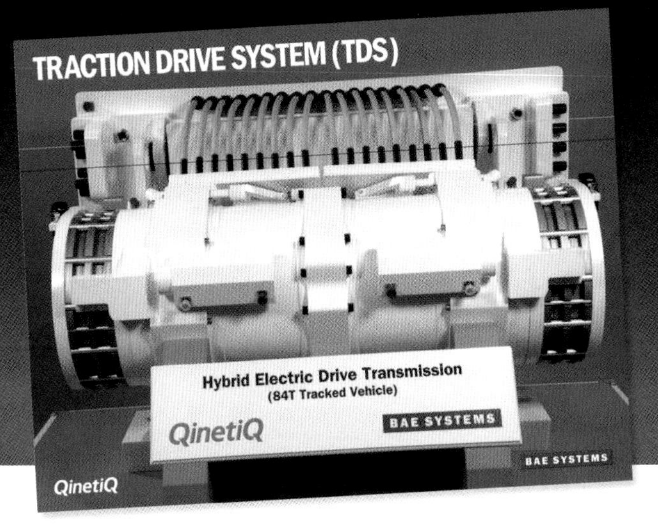

하이브리드 전기 구동 변속기
BAE는 2012년 브래들리를 대체할 새로운 지상 전투 차량 설계를 공개했다. 최초의 전차용 하이브리드 전기 엔진이 특징이다.

는 물론이고, 구경 30, 35밀리미터 부시마스터 체인건으로 무장한 버전도 판매되었다. 구경 105밀리미터 강선포와 구경 120밀리미터 활강포, 무포탑 병력 수송 장갑차를 포함한 다른 무장 옵션들도 개발되었다. BAE 사의 적외선 위장 시스템인 어뎁티브(adaptiv)를 탑재한 차량도 시연되었다. 이 위장은 개별적인 열 전자판(thermoelectric plates)으로 만들어지는데, 이 판은 다양한 일상 물체들의 모든 열 신호를 모사하기 위해 결합할 수 있다.

헤글룬스 사의 BvS10 전 지형 장갑 차량은 오스트리아, 영국, 프랑스, 네덜란드, 스웨덴에서 채택되었다. 또한 BAE 사가 소유한 챌린저 2 전차의 국제 시장 경쟁자인 독일 레오파르트 2 주력 전차의 개량 버전도 생산했다. 비커스에 의해 1989년 시연을 보였고, 1994년 영국군에서 운용을 시작한 챌린저 2는 NATO 주력 전차 중에서는 독특하게 55구경 L30A1 강선포를 탑재하고 있어 고폭 플라스틱탄(HESH)은 물론이고 날개 안정 분리 철갑탄(APFSDS)도 쏠 수 있다. 2003년 이라크에 대한 침공 중 첫 전투를 겪은 챌린저 2의 생산은 2002년 끝 났지만 작전 경험은 개량된 도체스터 복합 장갑과 결합될 수 있는 추가 장갑 키트(add-on armor kits) 개발을 이끌었다. 이 전차가 2025년 이후에도 군에 남아서 운용될 수 있도록 2010년대 중반에 수명 연장 프로그램 작업이 시작되었다. 주력 전차와 함께 BAE 사는 또한 테리어로 알려진 혁신적인 장갑 전투 공병차도 생산했다. 더 작고 덜 유용한 FV180 전투 공병 트랙터를 대체하기 위한 이 차량은 2명의 승무원이 조종한다. 전면 클램셸 버킷(clamshell bucket)과 측면 장착 굴절식 굴삭기가 있으며 지뢰와 급조 폭발물에 대한 광범위한 방호가 가능하고, 특히 위험한 환경에서는 약 1킬로미터 떨어진 거리에서 원격 조종될 수 있다.

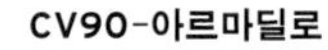

CV90-아르마딜로
BAE는 다양한 CV90 아르마딜로 차량을 공급하고 있다. 이 병력 수송 장갑차 변형은 8명의 보병이 탑승할 수 있고, 기관총, 캐논포, 연막탄 발사기를 탑재할 수 있다.

CV9035 보병 전투차
CV90은 2인승 포탑에 다양한 종류의 무기를 탑재할 수 있다. 이 버전은 구경 35밀리미터 부시마스터 III 체인건을 장착하고 있다.

육군의 경기

전차의 아이디어는 제1차 세계 대전에서 서로 다른 사람들의 경쟁 속에서 간단한 코스의 경주로 시작되었다. 경쟁과 우수성에 대한 군사적 요구를 충족하기 위해 많은 대회가 창설되었다. 1963년에 시작된 캐나다 육군 트로피(CAT) 경기에서 NATO 군대들은 은으로 만든 센추리온 전차 모양 트로피를 쟁취하기 위해 경쟁했다. 트로피는 포수의 정확성에 기초해 최고의 전차팀에게 수여되었다. 세월이 흐르면서 경기는 고정 위치에서 고정된 표적을 고정된 거리에서 사격하는 방식에서 전투 상황을 좀 더 반영하는 방식으로 발전했다. 기대가 높아지고 경쟁 의식이 커져갔음에도 1987년 로열 후사르에서 새로운 영국 육군 전차인 챌린저로 출전한 팀은 안타깝게 실패했다. 그러나 역설적으로 챌린저 전차는 제1차 걸프전에서 성공적으로 운용되었으며 날개 안정 분리 철갑탄(APFSDS)을 사용해 4,700미터(2.9마일) 거리에서 적 전차를 확실하게 격파한 최장거리 전차대 전차 격파 기록을 세웠다.

러시아 전차 바이애슬론

러시아는 가장 빠른 시간에 정해진 코스를 완주해 표적에 사격하는 전차 바이애슬론 이벤트를 2013년 시작했다. 길은 점점 험해지고, 표적을 놓치거나 장애물 코스를 정상적으로 극복하지 못하면 패널티가 주어졌다. 이 경주가 훈련이나 장비 검정에 유익한 행사인지 의문이 있지만, 확실히 놀라운 볼거리를 제공한다.

전차 승무원들이 모스크바 인근 알라비노 훈련장에서 열린 2016 바이애슬론 개별 경주에 참가하고 있다.

전차의 진화

육중한 장갑 전투 차량이 발전하는 경로에서 정말 잘못된 방향 전환은 놀랍게도 드물었다. 꾸준하게 진전이 이어져 혁신적인 결과물들이 서로 통합되자, 주력 무장을 탑재할 수 있는 회전 포탑도 출현했다. 최초의 회전 포탑 차량인 소형 르노 FT-17이후 최대 5개의 포탑을 장착한 비커스 A1E1 '인디펜던트'처럼 다포탑 전차도 있었지만 이러한 장비 방식은 사실상 보편적이 되었다. 어떤 형태의 주무장을 채택하느냐는 저마다 달라 기관총으로 무장한 가벼운 차량을 선호하는 군대도 있기는 했다. 그러나 제2차 세계 대전을 거치면서 오늘날 일반적으로 볼 수 있듯 적 차량을 녹아웃시킬 수 있는 주포를 장착하고 보조적으로 기관총으로는 손쉬운 표적을 처리하는(비록 프랑스의 샤르 B1, 미국의 M3 리는 다중 캐논포를 유지하고 있었지만) 구성 방식이 정착되었다.

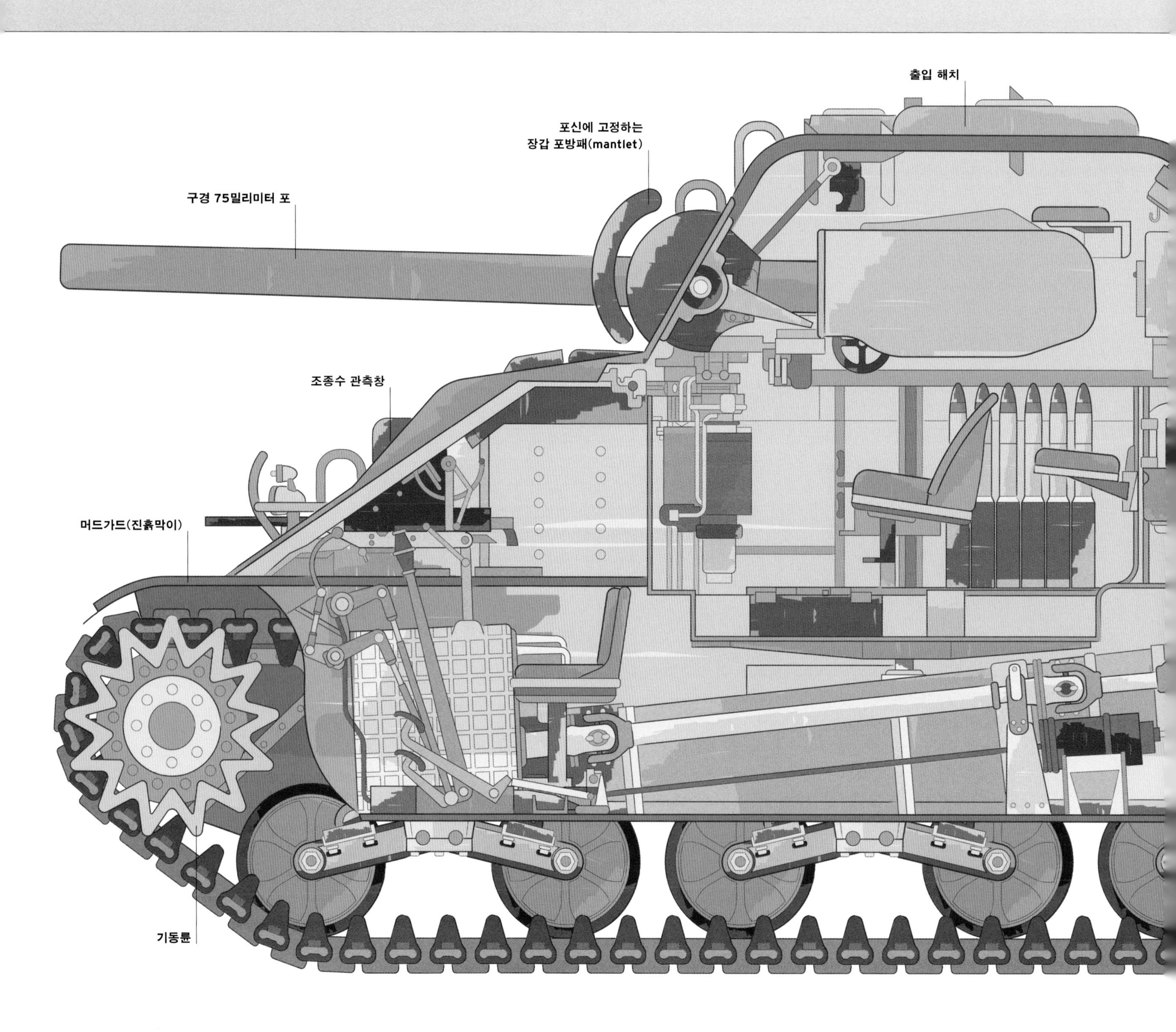

초기 설계: 마크 IV

초창기의 영국 전차는 참호를 통과할 수 있는 길쭉한 마름모꼴 차체를 특징으로 갖고 있고 승무원, 궤도, 엔진, 무장은 모두 차체 안에 들어가도록 설계되었다. 1916년에 솜 전역(Somme campaign)에서 전투에 참가했던 최초의 영국 마크 I 전차도 그러했으며, 마크 IV 개선 버전은 영국 전차 개발의 진정한 원동력 앨버트 스턴(Albert Stern)의 생각을 형상화했다. 그가 원했던 대로 엔진을 교체하지는 못했으나 개선된 장갑과 통풍기, 노출 급탄 방식의 호치키스 기관총을 대용량 팬 탄창을 가진 루이스 기관총으로 교체, 포 큐폴라 축소, 단포신 포로의 교체 등을 제식화했다. 그는 또한 차량 외부에 있던 가스 탱크를 궤도 사이로 옮겼다. 휴 제미어슨 엘스(Hugh Jamieson Elles) 장군과 존 프레더릭 찰스 풀러(John Frederick Charles Fuller) 대령 같은 전술 전문가들은 기꺼이 전차의 운용법을 연구했다. 이프 돌출부(Ypres salient)에서 개량형 차량의 첫 출전은 불완전했지만, 1917년 11월 20일 캉브레에서는 독일 전선 정면에 약 9.7킬로미터(6마일) 너비의 돌파구가 만들어졌다.

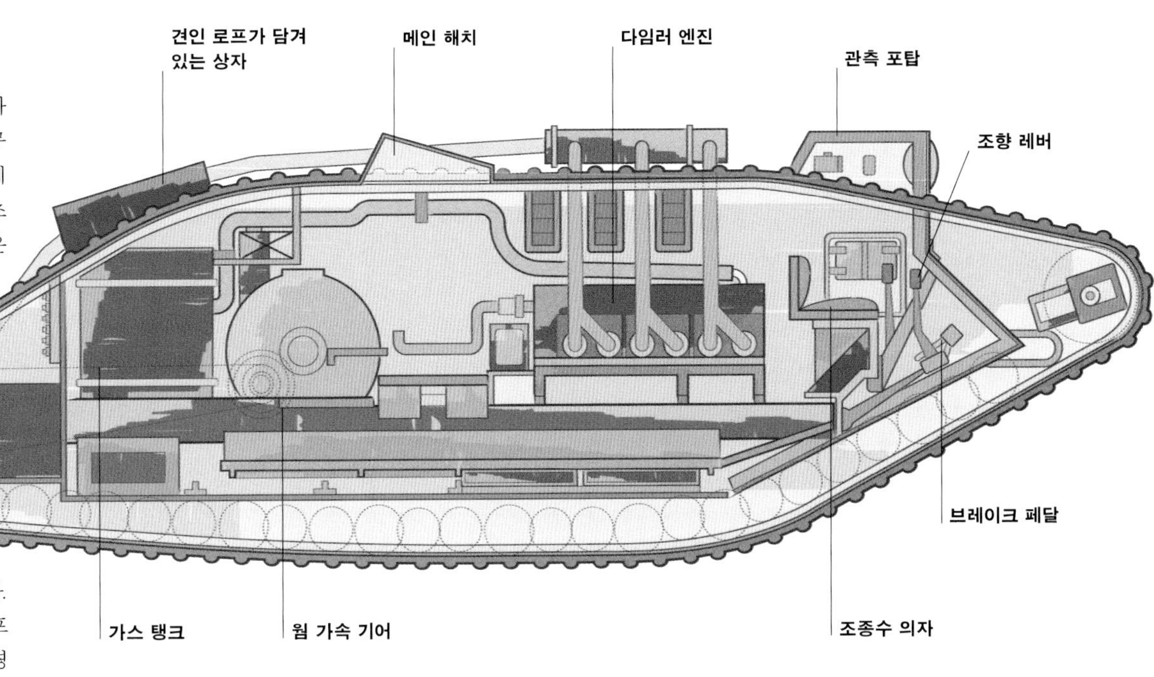

마크 IV의 인원 배치
전차장과 조종수 외에 추가로 2명이 기어 박스를 연결하고 해제하는 데 필요했으므로 궤도로 차량의 진행 방향을 바꾸었다. 추가로 2명이 6파운더 포에 배치되었고 또 다른 2명이 6파운더 포의 장전수와 돌출 측면 포탑 장착 기관총도 맡았다.

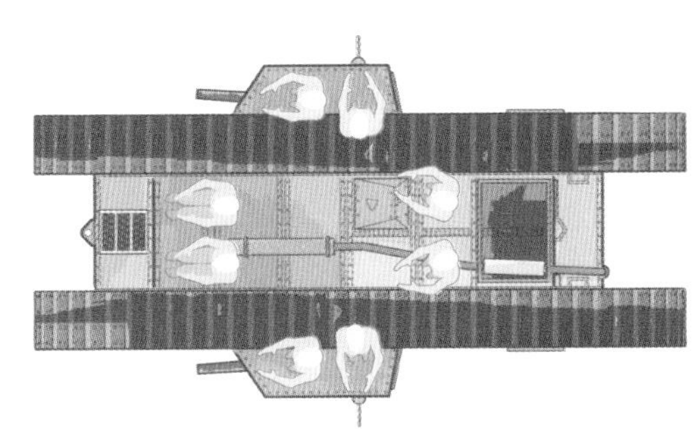

설계의 고전: M4A4 셔먼

M4A는 회전 포탑의 주무장, 후면에 장착된 엔진, 각이 져 있는 차체 장갑 등 수십 년 동안 전차 설계의 표준이 되는 배치를 선보였다. M4의 많은 하위 유형 중 하나이자 영국에서는 셔먼 V로 알려져 있는 M4A4는 크라이슬러 A57 멀티 뱅크 엔진으로 특징지어졌다. 총 7,499대가 생산되어 사실상 대부분이 영국 육군에서 운용되었고, 셔먼 VC 파이어플라이처럼 다수는 원래의 구경 75밀리미터 주포 자리에 17파운더 포를 갖추고 더 많은 탄약을 적재하기 위해 기관총수 자리를 희생시켰다. M4 전차는 총 합계 4만 9234대가 생산되었다. (그리고 더 많은 차대가 공병 차량 같은 다른 유형으로 만들어졌다.) 제2차 세계 대전이 끝난 이후에도 오랜 세월 여전히 군에서 운용되었다.

에어 인테이크(공기 흡입구)
배기 장치 파이프
가이드가 부착된
각 궤도 링크
워터 펌프

M4의 인원 배치
설계상으로 M4의 승무원은 5명이었다. 조종수, 포수, 탄약수는 포탑에 위치했는데, 출입 해치 바로 아래 전차장 자리는 다른 사람들 뒤쪽이면서 더 높은 위치였다. 조종수와 기관총수는 차량의 전면 좌측과 오른쪽에 각각 위치했다.

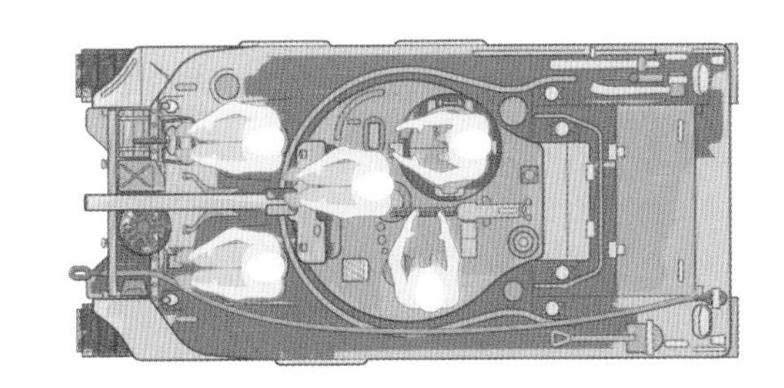

전차 엔진

초창기 전차들은 대형 농업 트랙터용 엔진을 장착하고 전투를 치렀다. (다임러의 105마력 슬리브-밸브 6기통 15.9리터 엔진을 장착한 마크 I은 불행하게도 연기를 뿜어냈다.) 몇몇 전간기 전차들이 사용한 미국제 V-12 리버티 같은 항공기용 엔진은 마크 VIII, BT-2와 BT-5, A13, 크루세이더, 센토를 포함한 초기 영국 순항 전차들에 동력을 공급했다. 다양한 규격의 항공용 엔진들은 속도를 낮춘 상태로 제2차 세계 대전 동안 많은 연합국 전차들에게 계속 동력을 공급했으나 이미 전용 엔진을 향한 움직임이 있었다. 1950년대까지 많은 전차들은 적어도 750마력을 내는 12기통 가솔린 또는 디젤 엔진으로 작동되었다. 다수는 공랭식이었고, 1975년 이후 엔진 출력이 계속 증가해 무려 2배가 되기까지 사실상 표준으로 유지되었다. 미국의 M1 에이브럼스와 소련의 T-80에 가스 터빈이 최초로 출현한 시기이기도 하다.

주력 전차

20세기 말 주력 전차의 무게는 60톤(66미국톤)이 넘었고, 그에 따라 엔진 설계도 진화했다. 추력 대 중량비(power-toweight ratio)가 제1차 세계 대전 중 톤당 3.5마력, 제2차 세계 대전 중 톤당 11~14마력에서 올라서 당시 표준은 대략 톤당 22마력에 달했다.

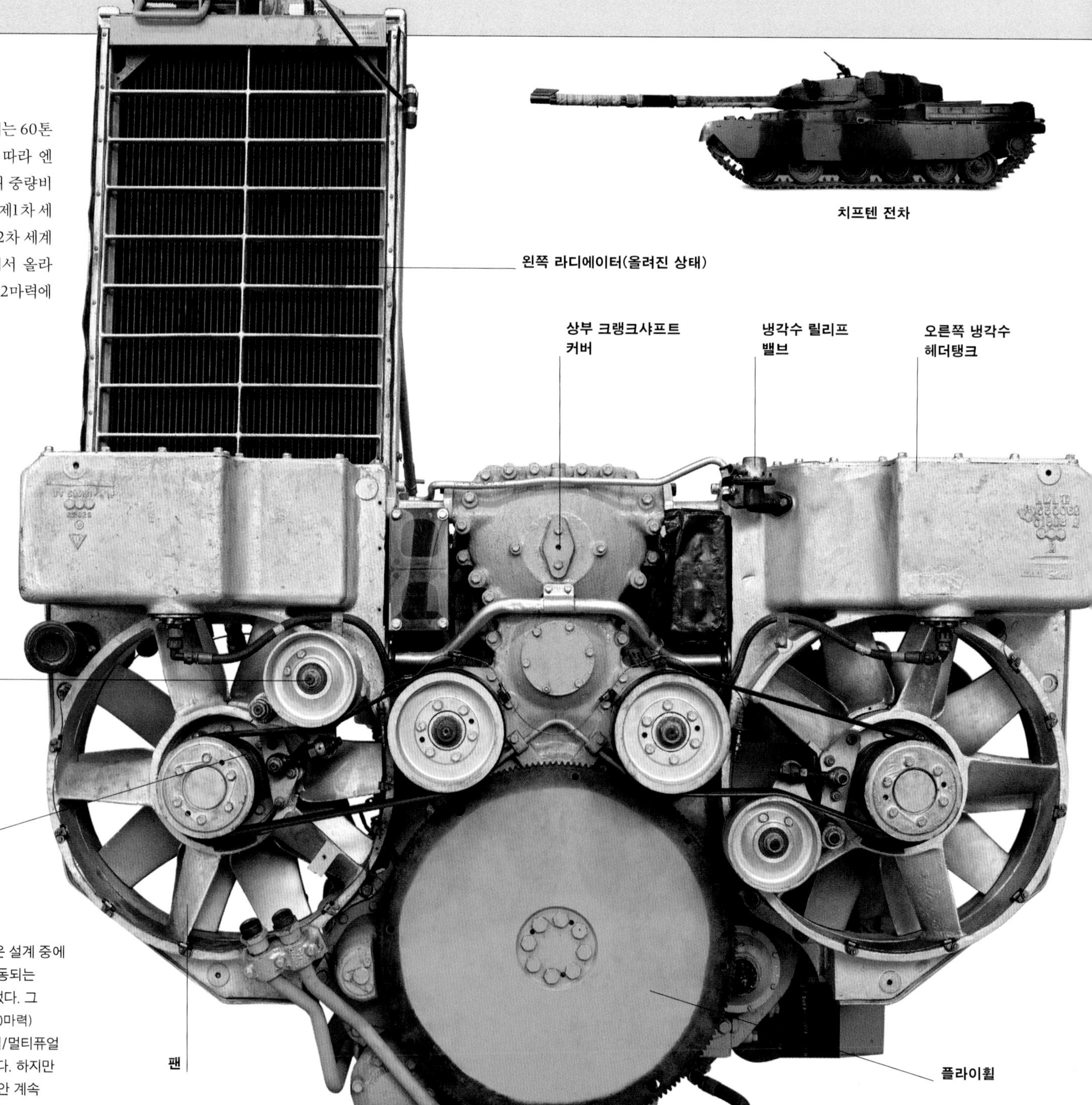

레이랜드 L60

엔진 설계에서 초창기 촉망받은 설계 중에 하나는 단일 실린더 안에서 작동되는 '대향(對向) 피스톤'의 사용이었다. 그 같은 방식은 695마력(뒤에 750마력) 레이랜드 L60 같은 2행정 디젤/멀티퓨얼 엔진에서 더할 나위 없이 좋았다. 하지만 전차 엔진으로서 운용 기간 동안 계속 개선되었어도 안정성이 낮았다.

다른 주요 엔진

여러 해 동안 전차에 사용된 엔진 유형 자체의 다양성을 보자면, 설계자들이 매우 융통성 있었음이 명백하다. 몇몇은 기존 원칙을 고수하면서 직렬 엔진을 생산했고 다른 이들은 원래 항공기용으로 만들어진 레이디얼 동력 기관을 채용했다. 그다음에는 이른바 수평 사고(水平思考)를 하는 사람들이 크라이슬러 A57 멀티 뱅크 같은 엔진을 생산했는데, 다중 레이디얼로 적절하게 묘사될 수 있다. 이 엔진은 독특한 특징에도 불구하고, 점화 플러그의 교체 같은 정례적인 정비는 다소 까다로울지라도 아주 신뢰할 만하다는 것이 입증되었다.

리카르도 150마력

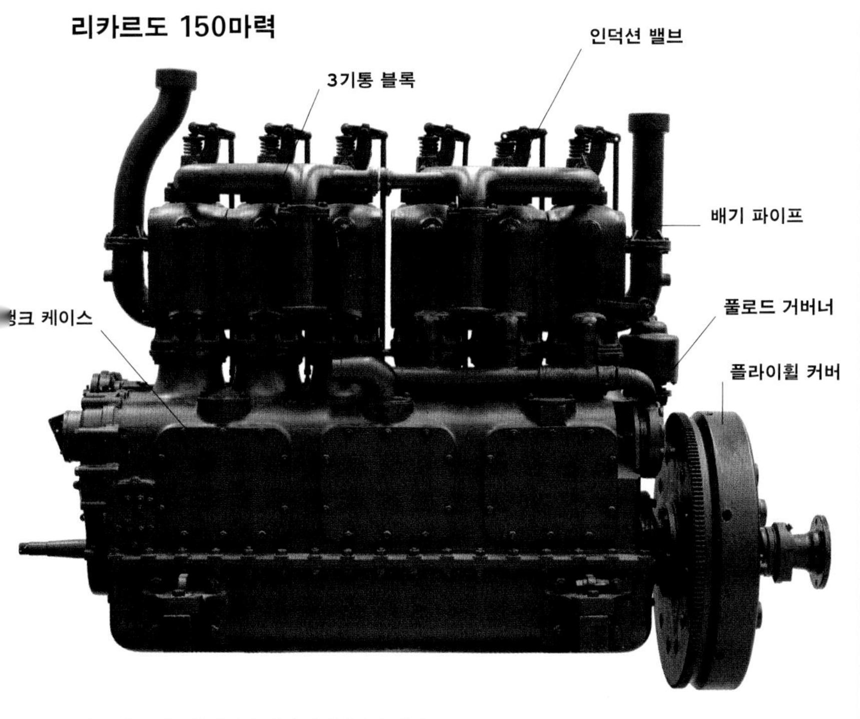

매우 재능 있는 독자적인 엔진 설계자였던 해리 리카르도(Harry Ricardo)는 1세대 영국 전차에 장착된 다임러 엔진에서 나오는 '숨길 수 없는 연기' 문제를 해결해 달라는 요청을 받았다. 다임러 엔진을 적용하는 대신에 그가 내놓은 출력이 향상된 새로운 엔진은 마크 V 전차에 채택되었다.

마크 V 전차

라이트 콘티넨털 R-975

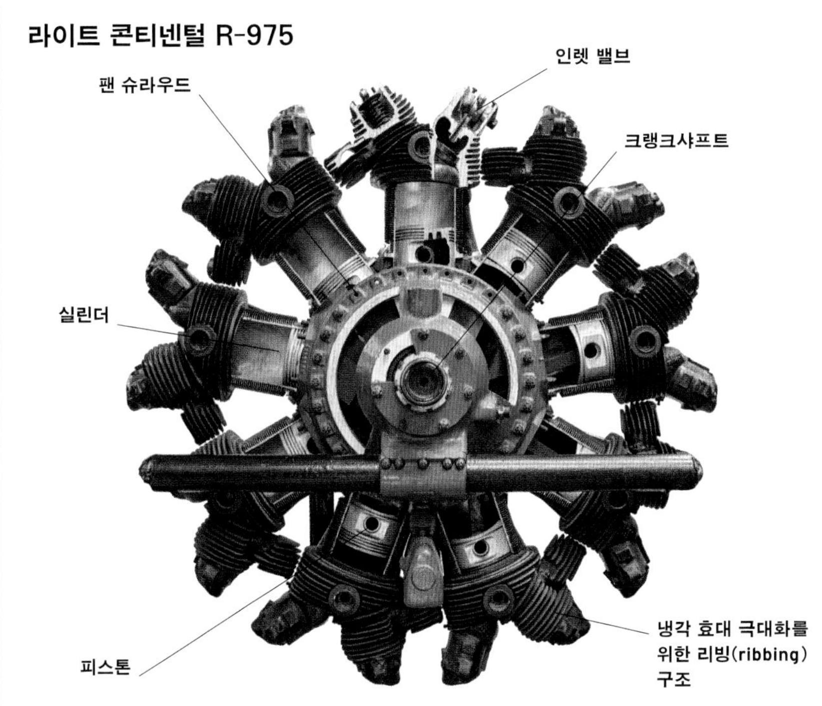

1939년 미국 육군은 M2 중형 전차로 시작된 새로운 세대의 전차 동력으로 슈퍼차지 공랭식 라이트 R-975 레이디얼 엔진의 한 버전을 선택했다. 콘티넨털 모터스 사에서 생산한 이 엔진은 뒤에 M3 그랜트/리, M4 셔먼, M18 헬캣 구축 전차의 변형에 공급되었다.

M18 헬캣

하르코프 V-2

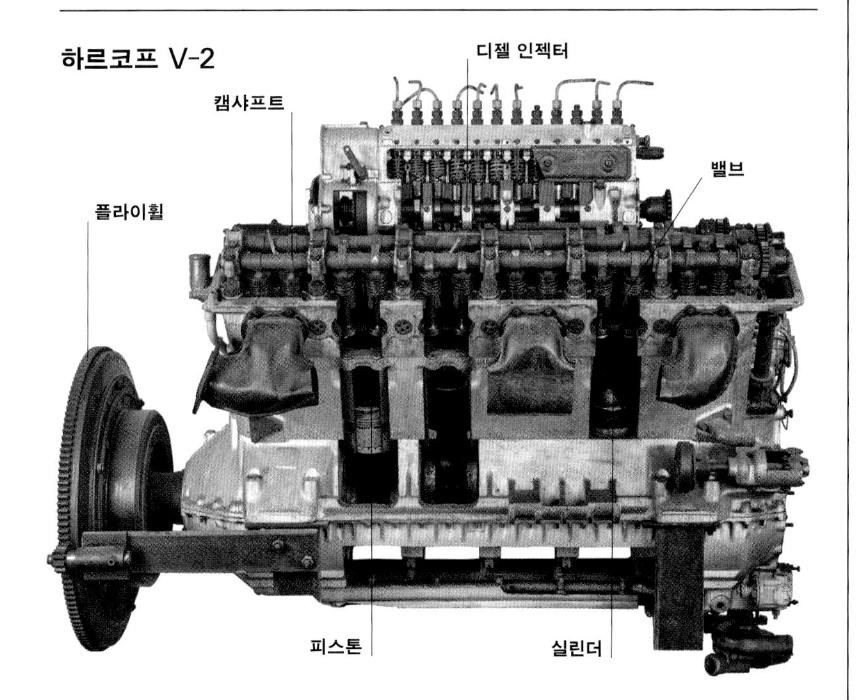

T-34의 등장 이전까지 모든 소련 전차들은 가솔린 엔진을 갖고 있었다. 새로운 전차를 위한 동력 장치의 설계자들은 T-28 전차에 들어간 V-12 엔진을 고집했지만, 연료를 전환하자 동일한 500마력의 출력을 내는 데 들어가는 크기와 연료양(46.9리터에서 38.8리터로)이 감소되었다.

T-34

크라이슬러 A57 멀티 뱅크

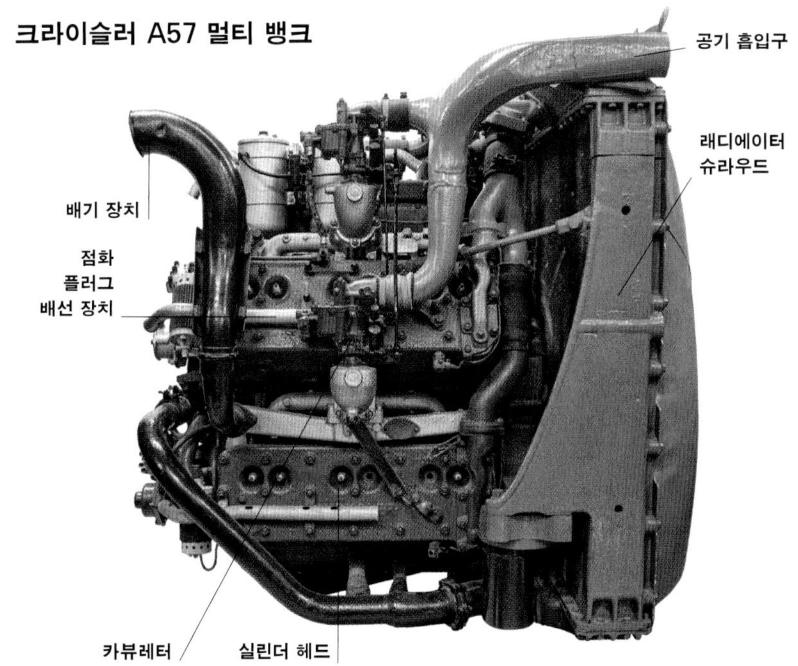

크라이슬러의 새로운 디트로이트 전차 공장(Detroit Tank Arsenal)의 기술자들은 라이트 레이디얼 엔진의 대안을 내놓으라는 지시를 받았다. 5개의 기성품 블록 재고를 별도로 만든 크랭크케이스와 연결해 피스톤 30개로 단일 크랭크샤프트를 구동했다. 425마력을 달성하는 데 더 이상의 변화는 필요하지 않았다.

M4A4 셔먼

궤도와 현가장치

제1차 세계 대전 영국 전차에는 스프링이 들어간 현가장치가 전혀 없었다. 궤도는 단순히 고정된 롤러 위에서 돌아갔다. 결과적으로 승차감은 혼란 상태였고 승무원들은 심각한 부상을 입을 위험이 있었다. FT-17 경전차가 비록 기본적인 원칙을 개선시켰음에도 불구하고, 프랑스의 슈네데르와 생샤몽 차량이 가진 간단한 리프 코일 스프링 장치는 미미한 수준으로만 좋아졌다. 크리스티의 독창적인 하이브리드 장치(1919년)나 비커스 중형 전차에 채택된 리프 스프링 장치(1922년)는 미래를 향한 전진이었다. 그러나 진정한 전진은 현가장치의 움직임이 길어져서 최고 속도를 극적으로 증가시킨 크리스티의 M1928이었다. 그의 모국인 미국에서 거부당한 이 장치는 영국과 소련에서 채택되었다. 그동안 보다 복잡한 호스트만 장치와 볼류트 스프링 시스템이 점점 인기를 끌었다. 그러나 결국 간단하고, 저렴한 토션 바로 대체되었다.

무한궤도

높은 가격, 낮은 내구성, 궤도 일부의 손상으로 전체 차량이 취약해지는 점 등의 단점에도 불구하고 전장을 가로질러 대형 장갑 차량을 이동시킬 수 있는 가장 신뢰할 수 있는 방법은 처음부터 무한궤도였다. 궤도 자체의 디자인과 링크가 연결되는 방식이 관심의 대상이었다. 다른 여러 요소도 마찬가지였는데 뒤와 앞 중 어디에서 구동해야 하는지 여부가 상부 리턴 궤도와 하부 지지 궤도 중 어느 쪽에 장력이 걸려야 하는지를 결정했다. 각각의 방식은 장단점이 있었다. 궤도를 어디에 두어야 하고, 어떻게 지탱할 것인지도 주요 문제였다.

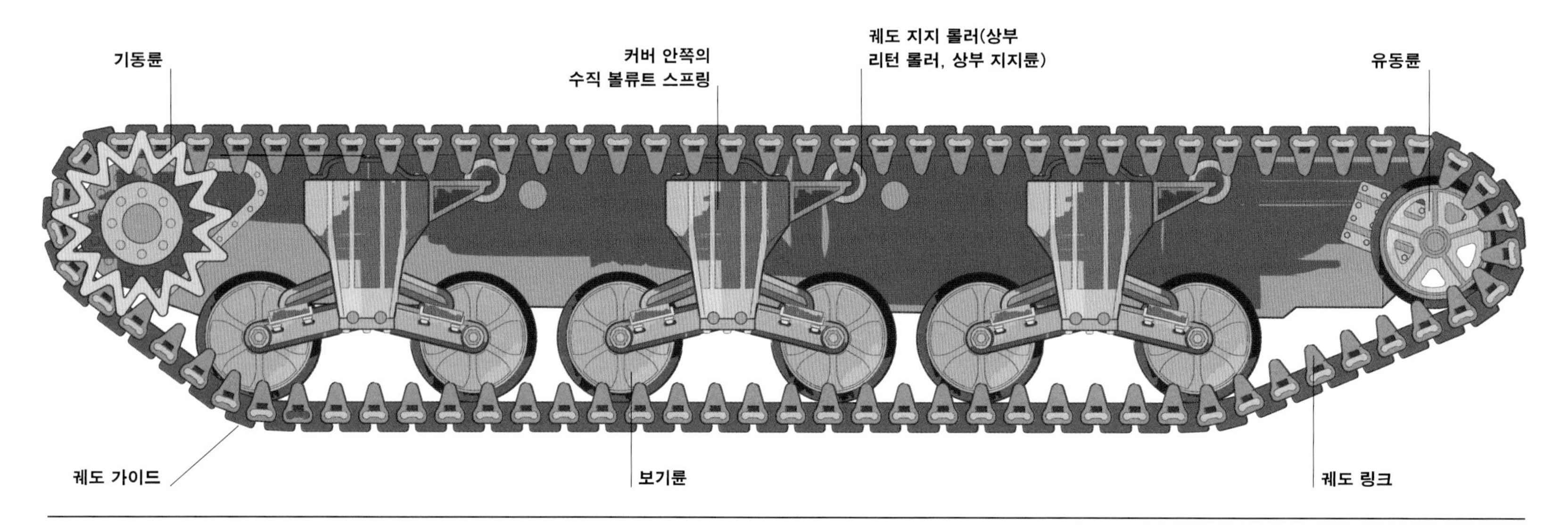

궤도의 종류

가장 이른 시기의 무한궤도는 힌지로 연결되어 '닫힌 고리'를 형성하는 단순한 금속제 조각이었다. 그것은 옆으로는 움직일 수 없었기 때문에 쉽게 벗겨지고, 미끄러지는 경향이 있었다. 궤도 가이드와 그립을 이용하여 측면 이동을 가능하게 하는 설계가 개발되어 단단하고 부드러운 지면에서 모두 적절한 접지력(마찰력)을 제공할 수 있기까지 10년 이상이 걸렸다.

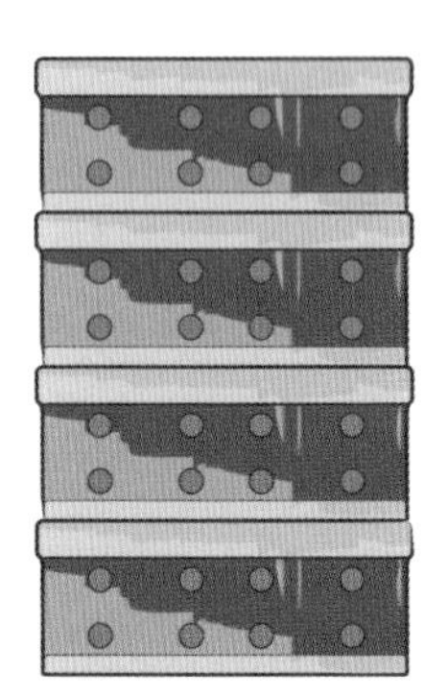

마크 IV 전차
초창기 궤도는 넓은 힌지와 얇은 접지용(接地用) 플랜지(flange)를 갖춘 링크를 가지고 있었다.

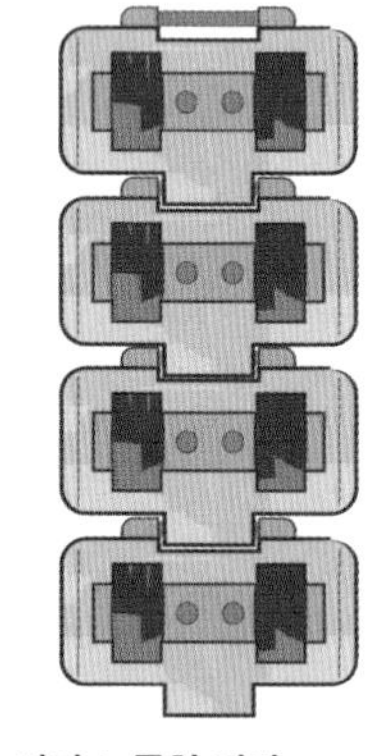

비커스 중형 전차
중형 전차들은 유연성을 제공하는 짧은 힌지를 가진 폭이 좁은 링크를 갖췄다.

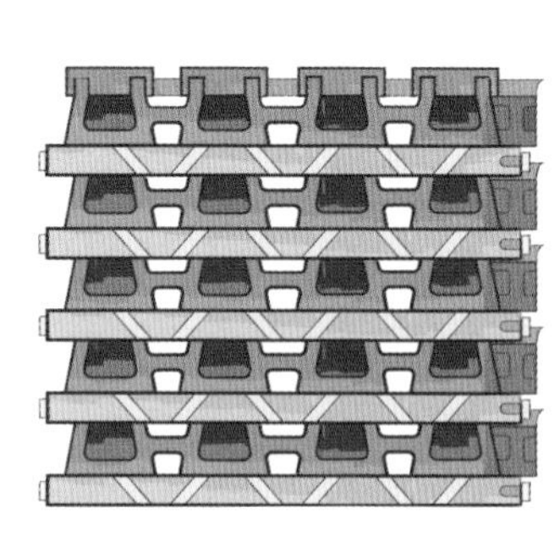

판처 IV, 티거
티거는 전투용의 폭이 넓은 궤도와 수송용 궤도를 별도로 갖췄다.

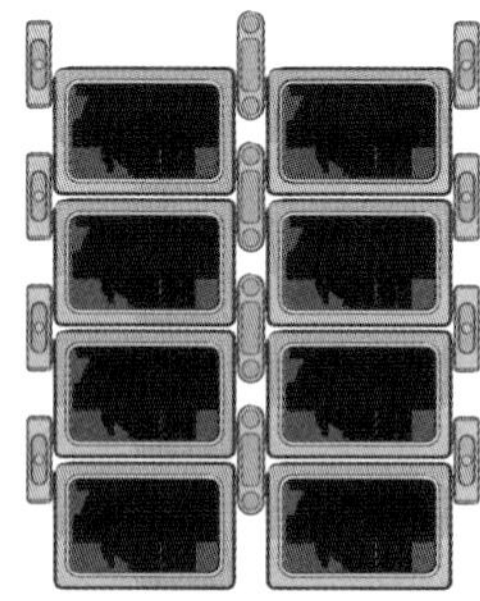

M1 에이브럼스
많은 현대 전차와 마찬가지로 에이브럼스의 궤도는 탈착 가능한 고무 패드가 있다.

기동륜

간단한 톱니바퀴 휠로 출발했음에도 불구하고 기동륜은 시간이 흐를수록 감속 기어와 관성주행(free-wheeling) 능력을 갖춘 복잡한 조립 부품으로 진화했다. 현대 전차의 후면에 위치하며, 모든 주요 부품의 마모를 줄이기 위해 궤도 하부에 장력을 준 상태에서 구동시킨다.

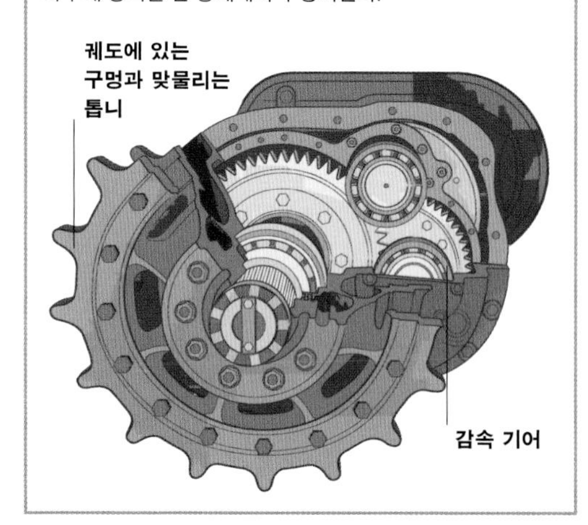

현가장치의 종류

궤도형 장갑 전투 차량에 적용된 성공적인 현가장치는 6종류이다. 몇 종류 더 있던 현가장치는 포기되었다. 성공적인 것들 중에 5개는 강철제 스프링의 가장 중요한 물리적 성질, 즉 가능한 한 처음 제조되었을 때의 모양으로 돌아가려는 성향에 의존하고 있다. 가장 효과적인 '스프링' 장치인 토션 바는 그중에서 유일하게 오늘날에도 널리 사용되고 있다. 여섯 번째 장치는 능동식 유기압 현수장치로 이것은 1950년대 중반 시트로엥 승용차에 처음 적용되었다.

리프 스프링

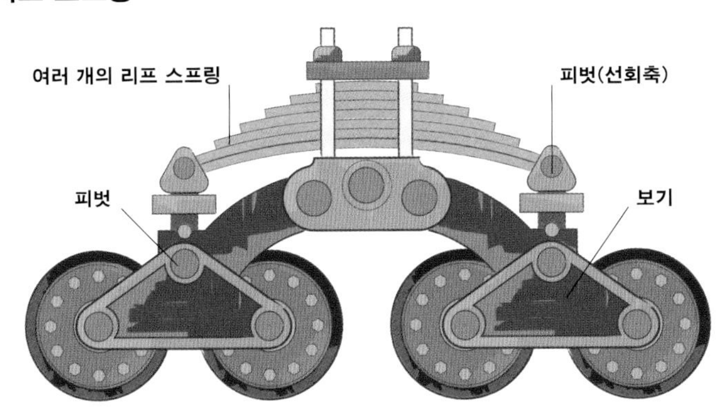

중세 시대 이래 계속 사용되어 온 리프 스프링(leaf spring, 판 스프링)은 가장 간단한 구조의 스프링 방식 현가장치이다. 고내구성 강철로 된 원호(圓弧, arc) 모양의 얇은 판은 서로 겹쳐서 장착되어 있는데, 바퀴 혹은 한 쌍의 바퀴, 혹은 한 쌍의 바퀴 보기(위 그림)에서 위로 향하는 압력을 흡수하고는 원래의 상태로 되돌아간다.

볼류트 스프링

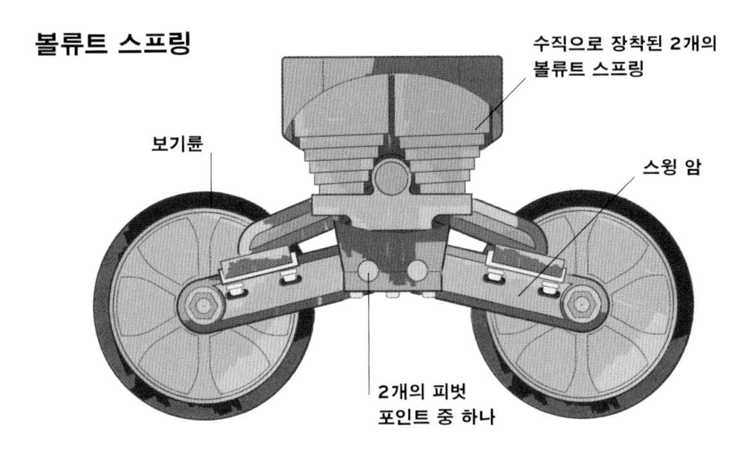

볼류트 스프링(volute spring)은 고리 모양으로 감겨진 리프 스프링인데, 중심부는 위가 잘린 원뿔 모양으로 당겨져 나온다. 압축을 받으면 코일이 서로 서로 미끄러지면서 작동한다. (위 그림처럼) 수직 방향으로 장착할 수 있고, 수평 방향으로도 장착할 수 있으며 일반적으로 한 쌍의 보기 위에 장착한다. 보기륜에는 스윙 암을 통해 스프링 작용이 전달된다.

토션 바

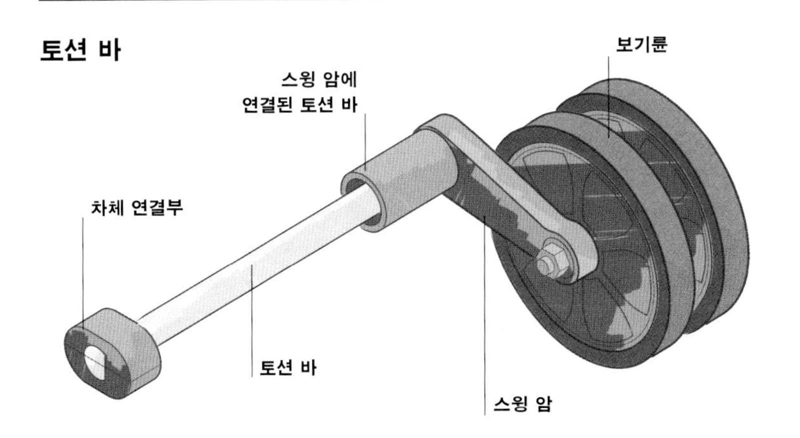

토션 바(torsion bar) 현가장치도 원래의 형태를 유지하려는 항복 저항(재료 역학에서 탄성 한도를 넘어서서 영구 변형이 증가하는 현상이 항복이며, 이 항복이 잘 일어나지 않는 성질이 항복 저항이다.—옮긴이) 강철 스프링의 '기억'에 의존한다. 이 경우에는 로드(rod)의 한쪽 끝이 전차의 차대에 연결된다. 명칭에서 알 수 있듯이 압력은 암에 의해 전달된 비틀림 운동의 형식으로 나타나며, 암은 보기륜 축으로 향하는 로드의 자유단(free end)과 연결되어 있다.

크리스티

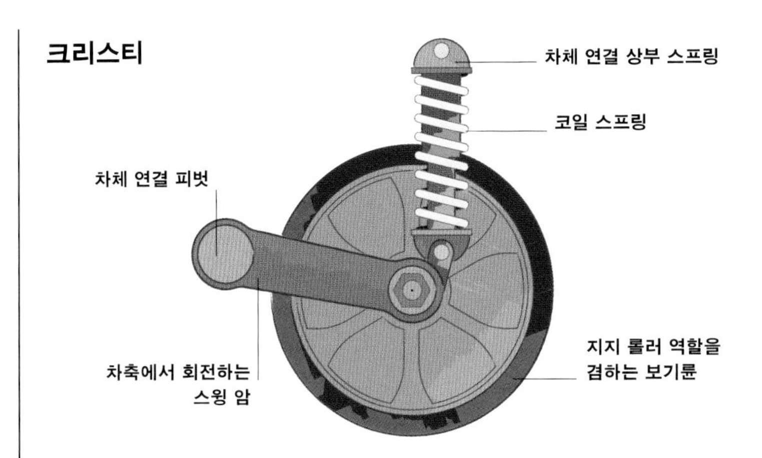

총체적인 전차 설계를 향상시키려는 노력의 일부로 월터 크리스티가 개발한 이 간단한 장치에는 코일 스프링이 포함되어 있다. 그는 처음에 코일 스프링을 수직 방향으로 장착했으나, 훗날 수평 버전이 더 효과적이라는 사실이 증명되었다. 큰 직경을 가진 보기륜은 지지 롤러(리턴 롤러) 역할을 겸한다. 보기륜은 궤도 가이드에 한 쌍으로 장착되며, 궤도 가이드는 보기륜 사이에서 움직인다.

호스트만

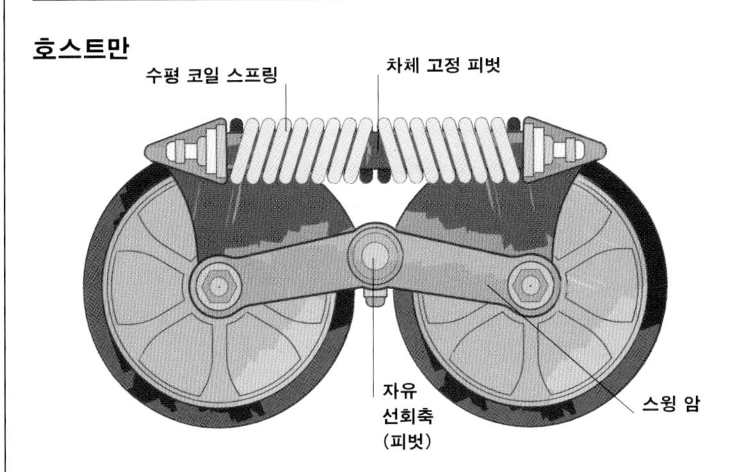

호스트만 장치(Horstmann system)에서 한 쌍의 보기륜은 스윙 암에 장착되며, 위로 향하는 움직임은 그들 사이에 수평 방향으로 장착된 스프링의 압축에 의해 완충된다. 이 장치는 수평 볼류트 스프링 장치와 유사하지만 그것을 개선한 것이다. 볼류트 스프링과 다르게 코일 스프링은 확장, 압축 양 쪽으로 작동될 수 있어, 보기륜의 움직임 길이(휠 트래블)를 늘려 준다.

유기압

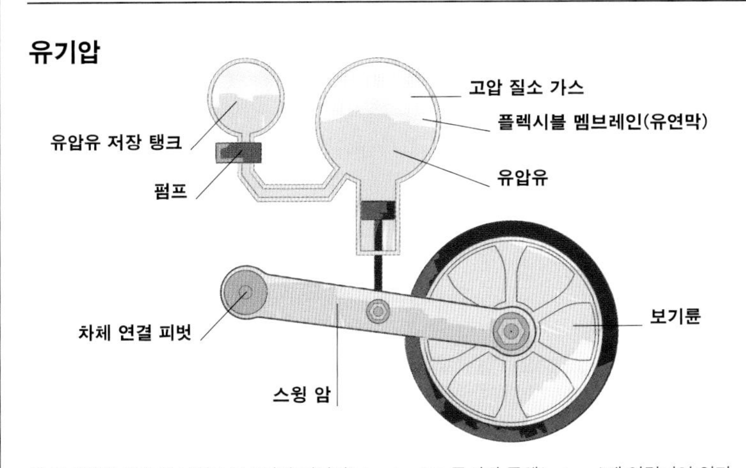

이 장치에서 각각의 보기륜은 2개의 체임버(chamber)로 구성된 구체(sphere)에 연결되어 있다. 상부 체임버에는 고압 질소 가스가 들어 있고, 하부 체임버에는 유압유가 들어 있으며, 그 사이에는 플렉시블 멤브레인(flexible membrane)이 있다. 펌프는 유압유에 압력을 가하는데, 이 유압유는 무부하(under load) 상태일 때 보기륜에서 부가적인 압력을 받는다. 이 때 가스가 압축되어 스프링처럼 작동한다.

화력

전차전의 형태는 1918년 4월 24일 빌레르브레토뉴 부근에서 영국과 독일 전차가 처음 마주쳤을 때 큰 틀이 만들어졌다. 영국군은 2문의 6파운더 QF 포로 무장한 남성형 전차로 승리했다. 그러나 전간기 동안 전차 대 전차의 조우전은 설계자나 전략가에게 가장 중요한 문제는 아니었다. 제2차 세계 대전 중 새로운 유형의 기계화전이 출현하자 전차의 주요 역할이 보병 지원이라는 믿음이 흔들렸다. 전차의 장갑은 점차 두꺼워지고 포와 탄약은 장갑을 안정적으로 관통할 수 있도록 계속 전문화되었다. 1945년에 전차포 대부분은 철갑탄(AP)을 사격할 수 있었고 포구 초속은 약 850미터, 100미터 거리에서 장갑 관통 두께는 150~200밀리미터였다. 2010년 날개 안정 분리 철갑탄(APFSDS)의 경우 초속 1750미터, 2,000미터 거리에서 장갑 관통 두께 600밀리미터로 증가했다.

기관총

전차는 완강하게 저항하는 보병을 상대로, 통상적으로 기관총을 방어 수단으로 삼는 상태에서 수행하는 근접전에서 항상 취약성이 있었다. 대부분의 현대 전차는 적어도 2정의 기관총을 장착하고 있는데, 하나는 주포와 축을 공유하는 공축 기관총이고, 하나는 독자적으로 조준할 수 있는 루프(전차 최상부) 위에 장착된 기관총이었다. 1940년대까지 대부분 전차가 차체 전면에 갖춘 기관총(bow machine gun)은 추가적인 화력을 제공하지만, 조준하기 어려웠으며 전면 장갑에 취약점을 만들었다. 주포 포탄의 크기가 커짐에 따라서, 저장 공간도 더 많이 사용되었다. 공축 기관총과 차체 전면 장착 기관총은 구경 7.62밀리미터(0.3인치)를 사용했고 루프 장착 기관총은 흔히 보다 큰 구경 12.7밀리미터(0.5인치) 탄을 사용했다. 일부 전차에서는 이런 무기들을 차량 내부에서 조준하고 사격할 수 있었다.

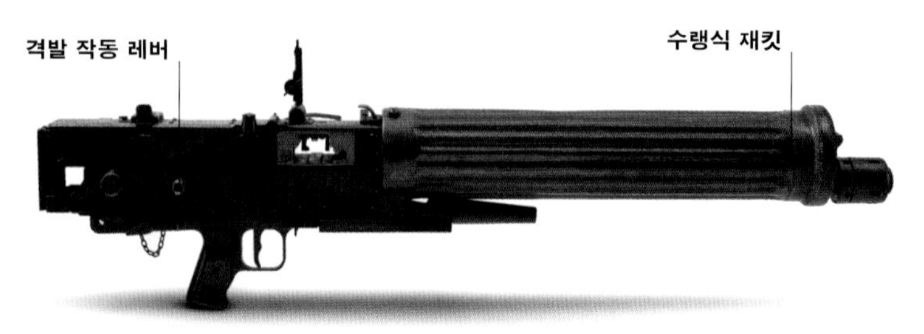

비커스 마크 VI 303구경 기관총
마크 VI를 포함한 비커스 기관총의 변형들은 전간기 다수 영국 전차들의 부무장으로 사용되었다. 비커스 기관총은 1960년대까지 다른 곳에서 사용되었음에도 불구하고, 전차에서 사용되던 것들은 1940년대 초반부터 브라우닝과 베사(Besa) 기관총으로 점진적으로 대체되었다.

PKT 구경 7.62밀리미터 기관총
PKT 기관총은 미하일 칼라시니코프(Mikhail Kalashnikov)가 만든 돌격 소총으로부터 개발되었다. 그러나 더 길어지고 더 강력해진 구경 7.62밀리미터x길이 54밀리미터 규격의 림드(rimmed) 탄약용 약실이 있다. 공축 기관총으로 장착되었기 때문에 조준기, 개머리판, 2각대, 방아쇠는 장착되지 않았다. 대신에 전기식 격발기용 솔레노이드 방아쇠가 장착되고, 전차의 사격 조준기가 조준용으로 사용된다.

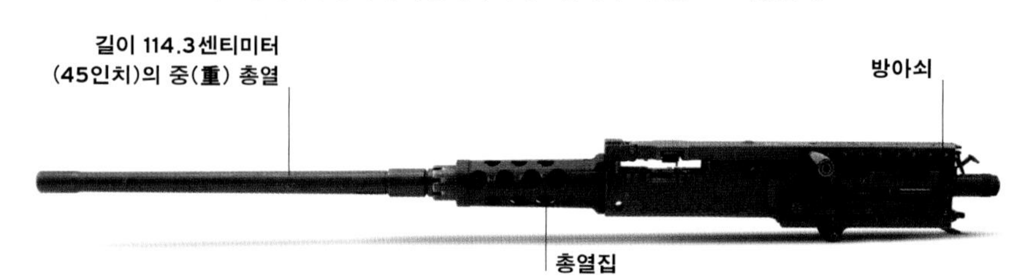

브라우닝 M2 50구경 기관총
존 모지스 브라우닝(John Moses Browning)이 개발한 수많은 신뢰도 높은 리코일 작동식 설계 중의 하나인 M2는 보병, 장갑 및 비장갑 차량, 선박, 항공기 등에서 1920년대 이후 운용되었다. 전차에 장착될 때는 예외 없이 루프(전차 최상부)에 장착해 전차장이 조준했다.

주포

전차 주포의 개발은 대부분 선형적으로 이루어졌다. 구경과 '포신 길이' 두 가지 의미에서 크기는 더 강력한 포탄을 쏘기 위해 끊임없이 증가했다. 그러나 고속도(high-velocity)와 직접 사격 무기라는 근본 원칙은 유지되었다. 전차 포술에서 많은 혁신은 사격 통제 장치에서 이루어져, 이 무기가 가능한 한 자주 표적을 명중시킬 수 있게 보장했다. 현대적 장치들은 어떤 조건 하에서도 원거리에서 정확하게 명중할 수 있도록 안정장치, 레이저 거리 측정기, 고배율 열상 사격 조준기, 탄도 컴퓨터 등을 통합했다. 또 다른 혁신인 자동 장전 장치는 전차 포탄 종류를 선택하고 장전하기 위해 승무원이 아닌 기계적 장치를 사용한다. 최근의 여러 전차들은 활강포로 무장하고 있는데, 이 포에서 사격한 발사체는 회전보다는 날개(fin)를 이용해 안정된다. 활강포는 또한 유도 미사일을 사격할 때도 쓸 수 있다.

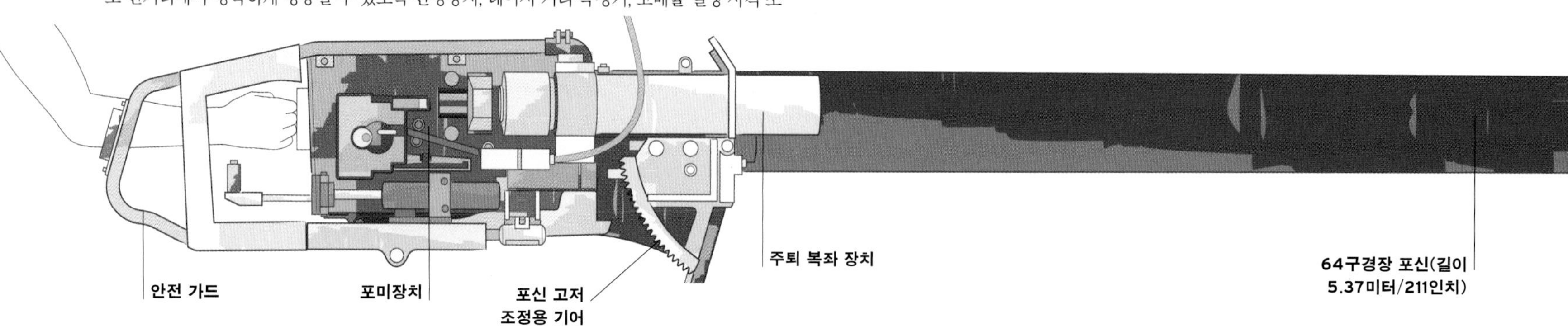

고폭 플라스틱탄(HESH)

영국에서 1940년대 후반에 개발된 HESH탄은 신관의 지연 시간이 매우 짧아 폭발 이전 충격 순간에 장갑 표면을 가로질러 퍼질 수 있는 시간을 준다. 폭발력은 장갑판의 부분적인 분해를 일으키는데, 장갑 내부 표면에서 금속 파편이 떨어져 나오게 해서 전차 내부의 승무원을 죽일 수도 있다.

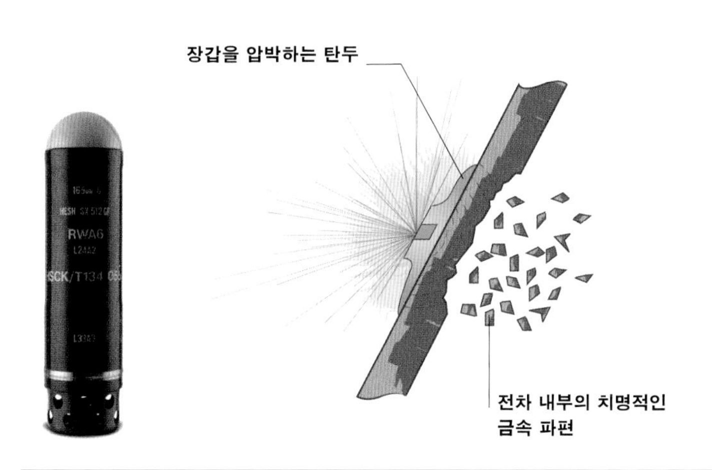

대전차고폭탄(HEAT)

HEAT탄은 성형 작약을 사용해 '초소성(금속이 특정한 조건에서 크게 늘어나는 등 변형되는 현상—옮긴이)' 용융 '메탈 제트'를 형성해 그것으로 장갑판을 관통한다. 연소시키는 것이 아니라 오직 운동에너지로 발생하는 효과이다. 이런 먼로 효과(Munroe effect)는 알려진 바와 같이 대전차 유탄에서 광범위하게 사용된다. HEAT탄은 세라믹 판을 포함하고 있는 복합 장갑에는 효과가 떨어진다.

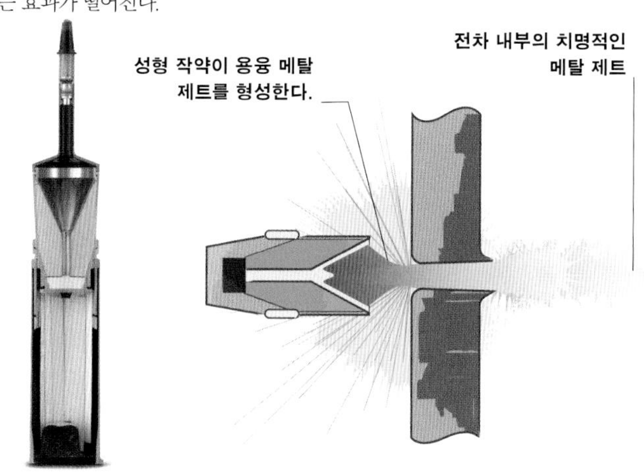

날개 안정 분리 철갑탄(APFSDS)

APFSDS탄은 현대 전장에서 가장 효과적인 대전차 무기이다. 관통자(penetrator)는 흔히 텅스텐이나 열화 우라늄 등의 고밀도 물질로 만드는데, 이것이 중량을 극대화시켜, 장갑 관통력도 극대화시킨다. APFSDS탄은 회전하지 않기 때문에 장갑 관통력도 감소하지만, 대신에 비행 안정성을 위한 날개에 의존한다.

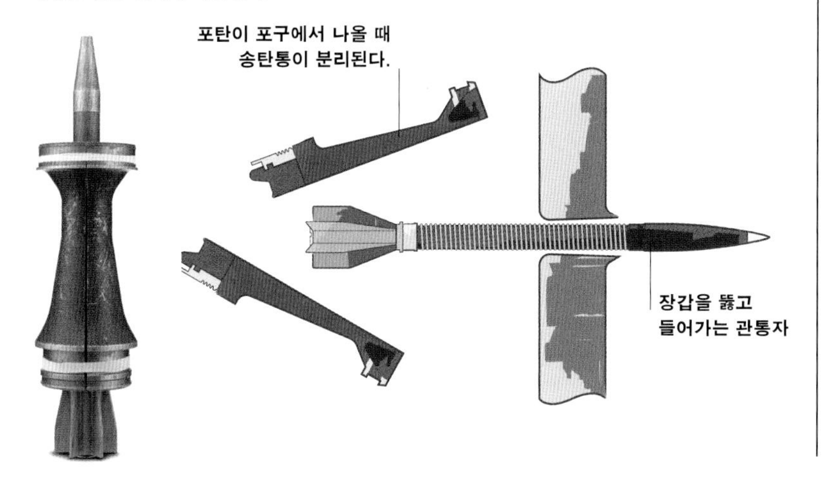

분리 철갑탄(APDS)

APDS탄은 제2차 세계 대전 중에 개발되었다. 초기의 운동에너지탄들과 다르게, 이것은 포 구경보다 작은 관통자를 송탄통(sabot) 안에 수납해 사용한다. 이 같은 설계는 가능한 속도를 높이고, 정확도를 보장하는 뛰어난 항공 역학적 성능과 결합해 장갑 관통력을 극대화시킨다.

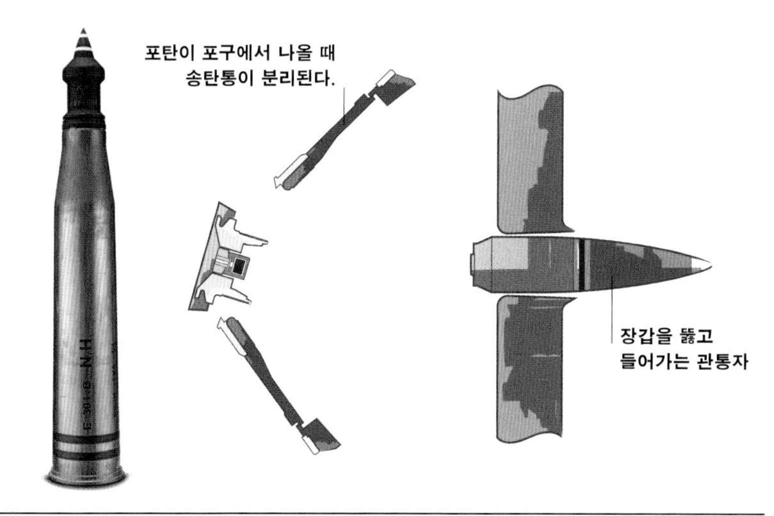

오더넌스 QF 20파운더 포

20파운더 포로 무장한 FV4007, 센추리온 마크 3 전차는 영국 육군(그리고 다른 많은 국가)에서 1948년부터 운용되었다. 선행형인 전시의 17파운더 포보다 더욱 강력해진 무기로 구경은 83.4밀리미터(3.28인치)이고, 고폭탄(HE), 캐니스터탄, 연막탄은 물론이고 저저항 피모 철갑탄(APCBC), 분리 철갑탄(APDS) 같은 대전차탄들도 사격할 수 있다.

포탄 크기

두꺼워지는 장갑에 대항하기 위해 점점 더 강력한 주포 탄환을 생산하려는 노력의 결과는 충분히 예측 가능했다. 발사체가 더 커지고, 그것에 비례해서 발사에 필요한 장약도 증가했으며, 그것을 담을 탄피의 길이도 마찬가지였다.

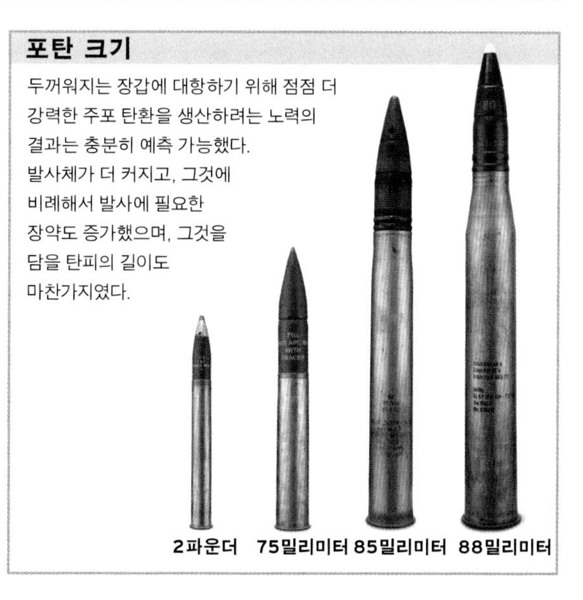

방호

전차가 구상되었을 때에는 단 한 가지 기능, 즉 공격하는 보병 앞에서 사람이 없는 땅을 가로질러 다가가, 전차의 포와 기관총으로 적을 제압해 적의 기관총으로부터 아군 보병을 보호하는 것만 생각했다. 전차 자신도 방호해야 했는데, 노출된 전면에 두께 12밀리미터의 압연 강판 장갑을 장착해야 한다는 의미였다. 구경 7.92밀리미터 K 철갑탄을 막아 내기 위해서 장갑 두께는 곧 14밀리미터로 증가했다. 그러나 독일의 구경 7.7센티미터 야포(곧 대전차 역할을 맡게 되었다.)에 대항해서 충분히 방호할 만큼 두꺼운 장갑은 불가능했다. 1930년대에는 또한 효과적인 대전차포가 출현했는데, 물론 전차 내에도 들어갔다. 그저 적보다 앞서기를 바라는 전차 설계자들이 중장갑에 중장갑을 더 쌓아 올리면서, 더욱 강력한 대전차포가 만들어지고 전차 내에 탑재되는 악순환이 이어졌다.

장갑

초창기형의 장갑은 압연 강판으로 구성되었는데, 원하는 두께의 금속이 될 때까지 캐스트 빌릿(일정 크기 이하의 금속제 반제품—옮긴이)을 롤러 사이로 통과시키는 방식으로 만들어졌다. 이런 반복적인 압축은 강철 내의 분자들을 일정하게 배열하는 효과가 있어서 물질을 더 단단하게 만들었다. 다음 공정은 표면 경화 처리로, 입상(粒狀) 탄소층 위에서 판을 재가열하는 침탄(carburizing)으로 알려진 절차였다. (독일의 크룹 사가 개발한 침탄 장갑으로 알려진 것을 생산하기 위해 두 형식이 흔히 함께 사용되었다.) 곧 더 견고한 제품을 생산하기 위해 크롬, 몰리브덴, 니켈, 그리고 이후의 텅스텐으로 만든 합금을 도입할 필요가 있었다. 일부 대전차 포탄은 운동에너지로 장갑을 관통하기보다는 장갑을 연소시켰다. 이것에 대항하기 위해 층상(層狀) 세라믹 블록이 도입되면서 현대 차량들은 특징적인 각이 진 겉모습이 되었다. 개발된 장소 서리타운(정확하게는 서리 카운티의 초밤 공유지—옮긴이)의 지명을 따서 흔히 초밤으로 알려져 있는데, 초밤 장갑은 대전차포탄에 손상을 입지 않는다.

경장갑
영국의 마크 VIB 같은 소형의 경전차들은 속도, 기동성, 수송성을 위해 장갑 무게를 희생했다.

중장갑
독일의 야크트티거 같은 대형의 중차량들은 방호를 위해 속도와 기동성을 희생했다.

복합 장갑
이스라엘의 메르카바 4 같은 현대의 차량들은 복합 장갑으로 방호하고 있어 속도와 기동성을 모두 갖췄다. 복합 장갑은 일반적으로 전체가 금속인 대체품들에 비해 더 가볍다.

판처 VI 티거의 장갑
티거의 설계자인 헨셸 죄네(Henschel U. Söhne)는 놀랍게도 중전차용으로 거의 수직 장갑을 선택해 연합국 대전차 무기를 무력화시키기 위해 기하학보다는 두께의 의존했다. 오직 전면 경사면만 수평 기준 13도로 실제로 경사가 져 있었지만, 다른 경사면은(차체와 포탑의 전면과 측면)은 수직 기준으로 단지 9도였다.

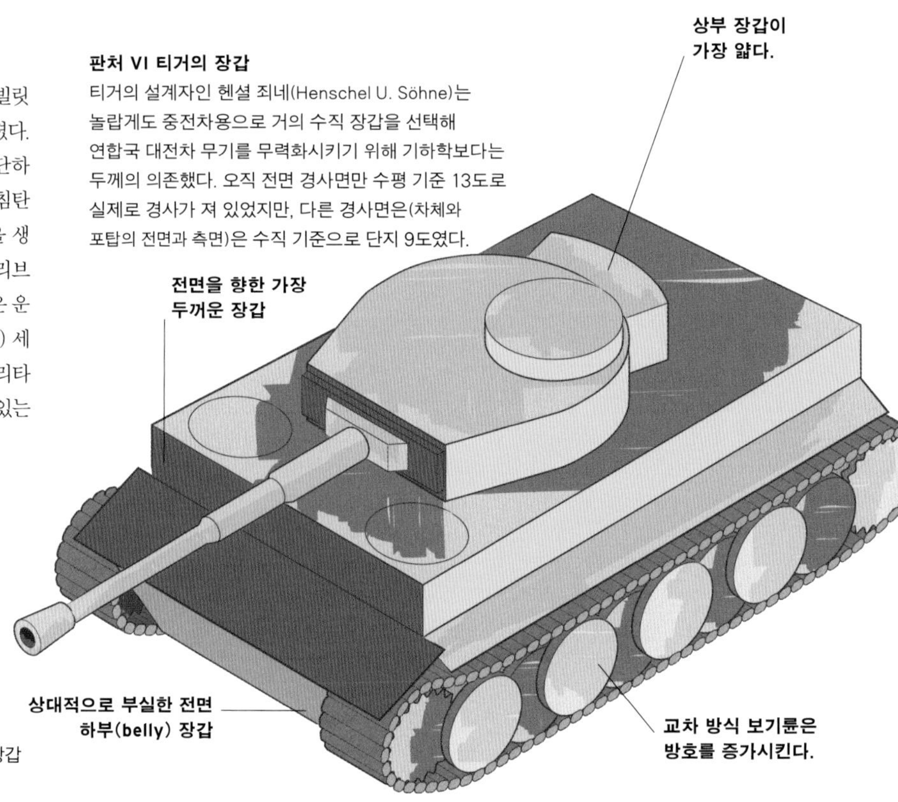

경사 장갑과 비경사 장갑의 비교

장갑을 수직이 아니라 경사지게 배치하면 두 가지 장점이 있다. 첫째는 경사는 관통해야 하는 장갑의 두께를 증가시킨다. 둘째로 대전차 발사체, 특히 곡선 형상의 발사체가 전차로부터 빗나가서 공격이 무의미해질 가능성이 높아진다.

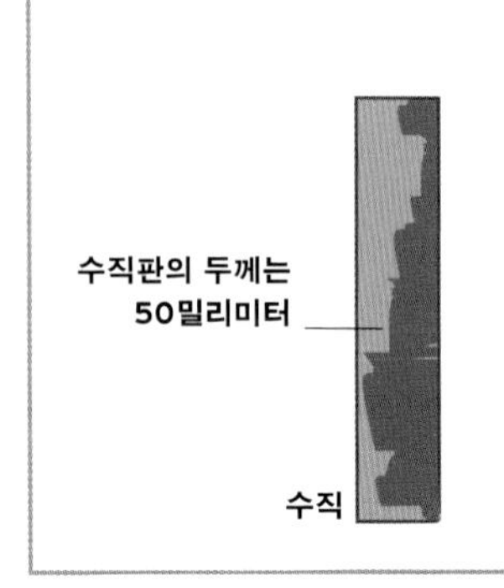

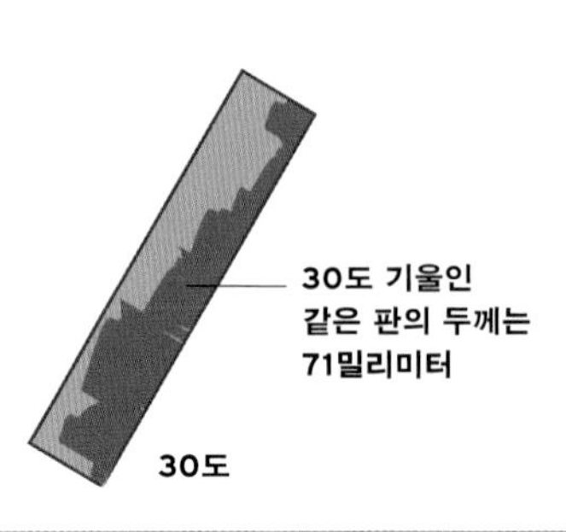

펜스형 장갑

단단한 펜스형 뼈대(통상적으로 수평으로)를 취약 영역에 장착하는 방식으로, 경차량에 펜스형 장갑(bar armor, 우리나라에서는 '슬랫 아머'로도 표기한다.—옮긴이)을 설치하면 낮은 비용으로 총체적인 방호 수준을 향상시킬 수 있다. APFSDS탄 같은 운동에너지탄을 상대로는 효과적이지 않고 HESH탄에는 상대적으로 제한적인 효과가 있다. 그러나 그런 차량들이 흔히 마주칠 수 있는 RPG-7 같은 유탄 발사기의 HEAT 탄두는 차체에 도달해서 폭발하기 전에 무력화시킬 수 있다.

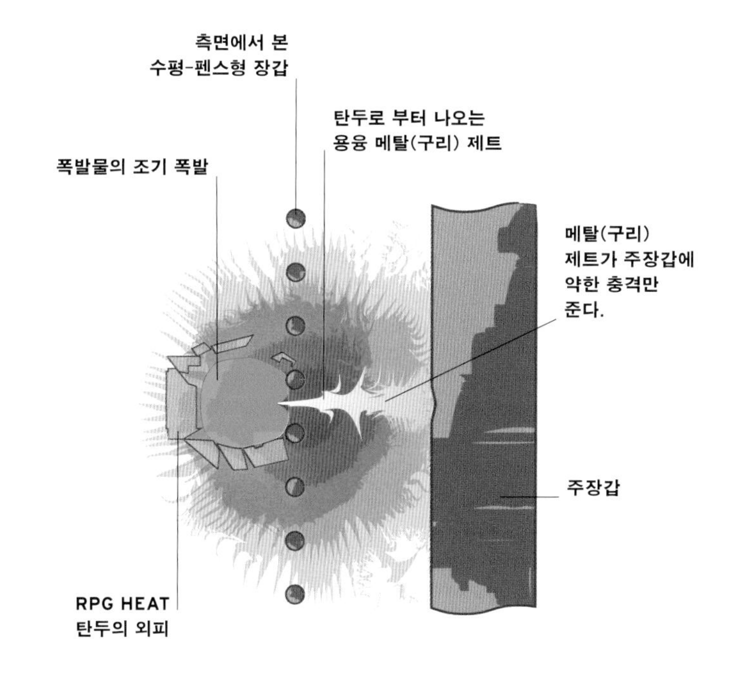

폭발 반응 장갑

보조 장갑의 대체 형태인 폭발 반응 장갑(ERA)은 뒷면에 고성능 폭약을 붙인 상대적으로 얇은 장갑판의 층으로 구성되어 있다. 노출된 장갑판이 HEAT 발사체에 맞았을 때, 날아온 탄의 탄두는 정상적으로 방법으로 메탈(구리) 제트를 형성시킨다. 그러나 그 때 뒷면의 고성능 화약이 폭발해 그 반작용으로 HEAT 탄두가 주방어장갑을 관통하기 전에 표적 차량으로부터 전체 패널을 분리시켜 날려 보낸다. 이른바 텐덤 차지 HEAT 탄으로 격파할 수 있는데 폭약을 2개 사용해 첫 번째 폭발 이후 장갑이 노출될 때, 밀리세컨드 간격으로 두 번째 폭발을 일으킨다.

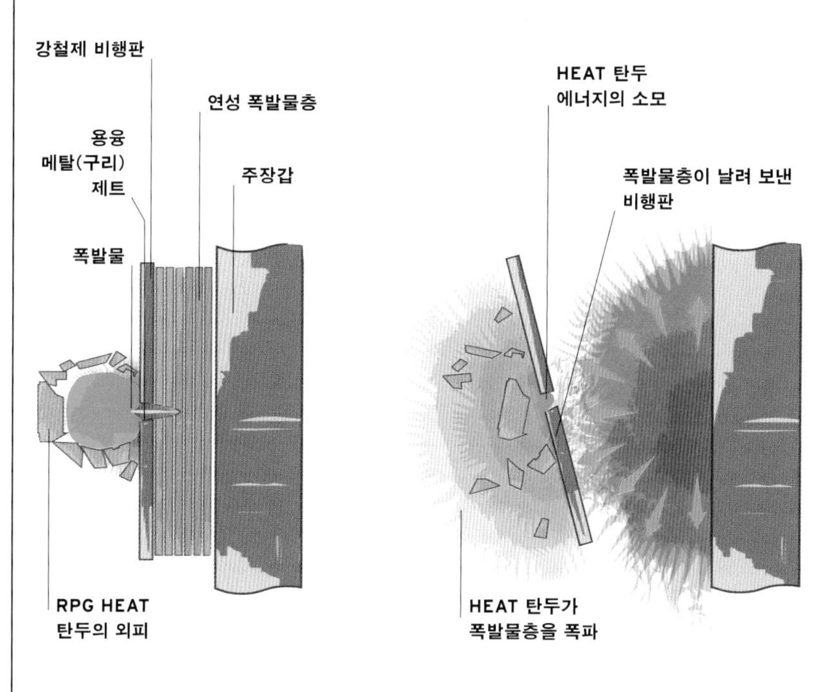

연막탄

연막은 차장(screen) 또는 표적 은폐를 위해 전장에서 오랫동안 사용되어 왔다. 현대적인 연막탄은 가시광선과 적외선 영역에서 둘 다 작용하는데, 전차도 열 영상 장치로부터 숨을 수 있음을 의미한다. 1940년대 이래 연막을 발사하는 수단으로 차량 포탑에 위치한 발사기에서 유탄을 발사하는 방법이 흔히 사용되었다. 차량 안에서 사격할 수 있고, 연막탄의 일제 사격을 통해 신속하게 대형 차장을 형성할 수도 있다.

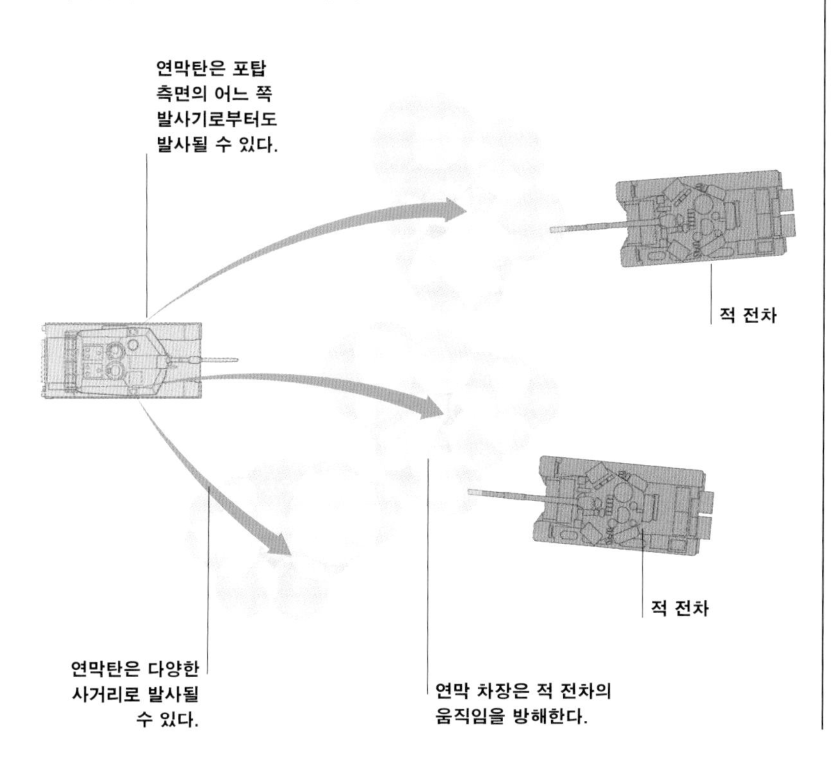

위장

최초 전차의 복잡한 페인트 칠 방식은 적의 포로부터 전차를 숨기기 위한 것이다. 이후 점점 성능이 좋아지는 센서를 무력화시키기 위해 위장이 더욱 정교해졌다. 페인트, 적외선 억제 페인트, 열 차폐 피복재 등의 방법이 있다.

챌린저 2 전차의 열 절연
시야가 좋지 않을 때 대형 차량을 포착하는 가장 쉬운 방법은 열 영상을 이용하거나 방출되는 열 자체를 이용하는 것이다. 챌린저 2에 적용된 태양열 차단 위장막 같은 열 절연(thermal insulation)을 차량에 적용하면 놀라운 수준의 방호를 갖출 수 있게 된다.

PL-01 전차의 방사 흡수 코팅
폴란드의 실험용 PL-01 전차에는 복사선 흡수 물질이 코팅되어 있어서, 레이더를 비롯한 모든 형태의 전자기적 복사선을 흡수한다. 이 기술에는 다양한 방식이 있으며 스텔스기에서 사용되는 것과도 유사하다.

대전차 무기

최초의 효과적인 대전차 무기는 마크 I, II 전차의 장갑을 관통하는 구경 7.92밀리미터 마우저 소총용 철심 소총탄이었다. 보다 강력한 것을 제작하라는 지시를 받았던 마우저 제작소는 최초로 특수 설계된 대전차 전용 무기인 구경 13.2밀리미터 탕케베르 M1918을 내놓았다. 1928년 독일의 PAK36이 출현하기 전까지 진정한 대전차 무기는 없었으므로 이것은 곧 전차 포로 채택되었고, 영국 등에서는 2파운더, 6파운더 견인 대전차포로 채택되었다. 그때부터 점차 장갑이 두꺼워짐에 따라, 대전차포도 강력해지고 상당히 커져 17파운더, PAK43, 소련 ZiS-2에서 극대화되었다. 지뢰, 수류탄, 무반동총을 포함한 효과적이고 가벼운 보병용 대전차 무기들과 전차를 찾아 파괴하는 데 특화된 차량도 개발되었다. 1960년대 이래로 보병 혹은 차량 운반 가능한 유도 미사일도 점점 더 보편적이 되었다.

호킨스 No.75 수류탄
No. 75는 수류탄으로 사용되었으나, 지뢰로 사용할 때 더욱 효과적이었다.

RKG-3 수류탄
수류탄을 던지면 RKG-3에서 낙하산이 펼쳐져서, 앞부분이 밑을 향하도록 뒷받침했다.

텔라미너 35
무게 5.5킬로그램(12파운드)의 TNT로 채워진 텔라미너(Tellermine) 35는 90킬로그램(198파운드)의 압력을 받으면 격발되었다.

마우저 T-게베르 M1918
단발, 볼트-액션식 T-게베르(T-Gewehr, Tankgewehr) 18의 무게는 18.5킬로그램(41파운드)이었고, 땅에 놓을 때는 양각대를 사용했다. 거리 100미터(330피트)에서 두께 22밀리미터(0.87인치)의 장갑을 관통할 수 있었지만, 반동이 무시무시했다.

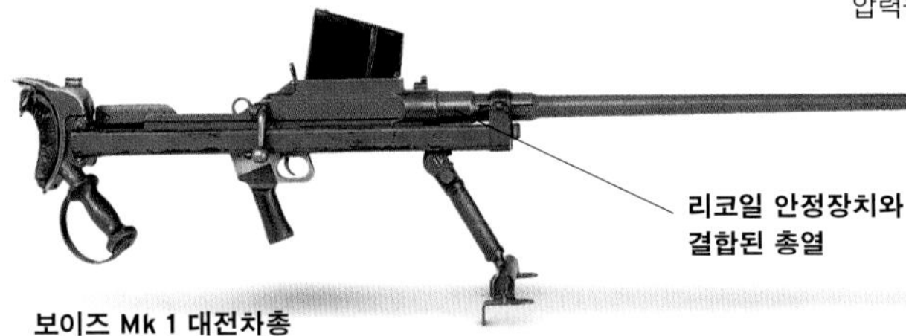

보이즈 Mk 1 대전차총
90미터(300피트) 거리에서 단지 두께 23밀리미터(0.9인치)의 장갑만 관통할 수 있음에도 불구하고, 55구경 보이즈 대전차총을 능숙하게 사용해서 1940년 프랑스 전투에서 독일 판처 II 전차를 상대로 효과가 있음을 증명했다.

판처파우스트
간단한 로켓 추진 유탄 발사기는 근접전에서 매우 효과가 있었다. 제2차 세계 대전이 끝을 향해갈 때, 독일 병력들에게 대량으로 지급되었다.

RPG-7
RPG-7은 2중 추진 장약을 사용할 경우 사거리가 1000미터(3300피트) 이상이다. 거기에서도 HEAT 탄두는 여전히 두께 500밀리미터(20인치)의 장갑을 관통할 수 있다.

보병용 대전차 무기 투사기(PIAT)
PIAT는사실 스피곳 방식의 박격포(spigot mortar)였는데, 성형 작약 탄두를 탑재한 무게 1.36킬로그램(3파운드)의 폭탄을 사격해 거리 110미터(360피트)에서 두께 75밀리미터(3인치)의 장갑을 관통할 수 있었다.

ZiS-2
구경 57밀리미터 ZiS-2는 1941년 중엽에 생산이 시작되었다. 6개월 만에 생산이 중지되었지만, 의도된 업그레이드였던 구경 76밀리미터의 ZiS-3가 부적절하다는 것이 명백해지자, 1943년에 생산이 재개되었다. 반자동식의 ZiS-2는 분당 25발을 사격할 수 있다.

Sd.Kfz 302/303 골리앗
자주식, 유선 유도 방식의 지뢰로 폭발물 100킬로그램(220파운드)을 탑재할 수 있었다. 동력으로 배터리 혹은 2행정 가스 엔진을 사용하는 골리앗은 전장에 무인 차량을 도입한 초창기 시도였다. 이 차량은 유도 케이블의 취약성과 낮은 속도 때문에 성공적이지 못했다.

험버 호넷
영국과 오스트레일리아가 공동 개발한 말카라(Malkara) 광학 추적 유선 유도 방식의 미사일을 탑재해 1958년 선보인 호넷은 공중 수송과 낙하산 투하가 가능했다. 말카라는 무게 27킬로그램(60파운드)의 탄두를 탑재하고 있어 이런 형식의 미사일 중에서는 가장 강력했다. 현역에서 운용될 당시에는 어떤 전차도 파괴할 수 있었다.

M10 아킬레스
미국 M10의 영국식 개조형으로 17파운더 대전차포를 장착한 아킬레스(Achilles)는 탁월한 전투 기록을 세웠는데, 대체로 거리 1,000미터(3,300피트)에서 APDS탄을 사용해 두께 192밀리미터(7.6인치)의 장갑을 관통할 수 있는 능력 덕택이었다. 1944년부터 군에서 운용되었다.

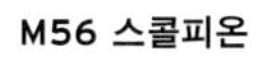

M56 스콜피온
공정 부대용 경량 구축 전차를 생산하려는 '오래가지 못하고 실패한 시도'의 결과물이었던 스콜피온(Scorpion)은 무장갑 알루미늄 차체에 간단하게 M54 구경 90밀리미터 대전차포만 탑재했다. 내부에 단지 탄약, 엔진과 조종수를 실을 수 있는 여유 공간만 있었다.

FV102 스트라이커
CVR(T) 계열 차량 중 대전차 유도 미사일 발사대 버전인 스트라이커는 5발의 스윙파이어 유선 유도 미사일을 차체 후면의 발사대에 탑재할 수 있고, 5발을 재장전할 수 있다. 미사일은 차량을 숨겨 둔 상태에서 원격으로 발사 및 유도될 수 있다.

제복과 방호복

최초의 전차에서 현가장치가 아예 없거나 효과가 미비했다는 것은 승무원들이 조종하기 위험했다는 것을 의미한다. 매달린 상태로 방치된 승무원들은 임무 수행 중 뼈가 부러지거나 머리가 깨어지지 않기만을 바랄 뿐이었다. 여기에 더해 전투 중 위험으로 '스플래시(splash, 장갑판 사이 틈을 통해 전차 내부로 들어온 탄환의 용융 메탈과 포탄 파편)'와 '스폴링(spalling, 적의 중무기로부터 직격탄을 맞았을 때 전차 자체의 장갑에서 부서져 나오는 치명적 파편)'까지 있었다. 제한적으로 방호복을 이용할 수 있었지만, 실용성이 떨어졌다. 이후 세대의 차량들은 좀 더 편리했지만 제2차 세계 대전 때까지 일반 방호용 장비는 헬멧이었고, 제복은 오버올스(overalls, 상하의가 연결된 전차병용 작업복 겸 전투복—옮긴이)가 다였다. 전투 경험을 거쳐 화재 위험성이 알려지면서 비로소 방화 피복(fireproof clothing)을 지급받게 되었다.

오버올스
상하의가 하나로 연결된 면 재질로 반바지와 튜닉 위에 착용했다. 검정, 청색, 회색 등 직물제 벨트까지 색깔을 맞추었다.

텔로그레이카
겨울철 제복은 면 재질의 솜으로 누빈 텔로그레이카(Telogreika)였다.

병장 계급의 수장(袖章)

슈바
추운 환경에서는 양가죽으로 된 7부 코트 슈바(Schuba)가 지급되었다.

T-34 전차 승무원 키트

제2차 세계 대전 중 러시아 전차 승무원들은 특히 추운 계절에 적들보다 더 나은 보급을 일관되게 받았다. 의복은 대단히 실용적이었고 다른 군대에서 흔히 보이는 장식적 요소들은 없었다.

헬멧과 고글
1941년 이후 소가죽 헬멧이 케이폭(kapok)으로 속을 채운 캔버스 재질로 대체되었다. 고글은 단지 바람과 먼지를 막을 수 있었으며, 안경은 안전 유리가 아니었다.

권총 홀스터

예비 탄창 (탄알집)

토카레프 TT 모델 1933
토카레프는 모든 계급에게 폭넓게 지급되었다. 구경 7.62밀리미터x길이 25밀리미터의 탄환을 사용하는 이 총은 다른 나라 군대에 지급되는 권총에 비해 화력이 부족했다.

8발 들이 탄창

사포지
전차병들이 양말 대신 발에 밴드를 감고 신은 사포지(Sapogi)에는 고무바닥이 있었지만 징이나 뒤축, 금속제 앞굽(toe iron)은 없었다. 부츠의 아랫부분만 가죽이었고, 나머지는 인조 고무나 고무를 입힌 캔버스 재질이었다.

미국 제1 기갑 사단

영국 왕립 전차 연대

독일 제2차 세계 대전 전차 전투 배지

소련 제2차 세계 대전 '우수 전차병'

전차 휘장

창설 이래 전차 승무원들은 엘리트 부대로 간주되었다. 다른 엘리트 부대처럼 그들도 이것을 기념하기 위해 독특한 배지나 휘장을 사용했다. 몇몇은 승무원 훈련의 경쟁에서 수여받았고, 다른 이들은 전투에 참가해 받았다. 영국 전차 배지는 제1차 세계 대전 때 처음 도입되었다.

제2차 세계 대전 때의 제복

제2차 세계 대전 중 전차 승무원들은 다양한 영역의 제복을 착용했다. 다수는 걸어다니며 싸우는 동료들과 유사했지만, 사막 같은 극한적 환경에서는 소요에 맞추기 위해 전문화된 의복을 또한 개발했다. 통상적으로 앉아 있는 전차 승무원들은 체온을 유지하기 위해 돌아다닐 수 없었기 때문에 의복에 속을 많이 채워 넣었으며 앉은 상태에서 주머니를 쓸 수 있는 것이 특징이었다. 좌석을 복잡하게 만들지 않기 위해 허리까지 내려오는 길이의 재킷을 보통 착용했다. 비상 시 전차에서 탈출할 때 걸려서 부딪히지 않도록 가죽처럼 표면이 부드러운 소재를 사용했고 끈과 같은 외부적 요소는 최소화했다.

대위, 제3 후사르(KOH) 연대, 영국 육군

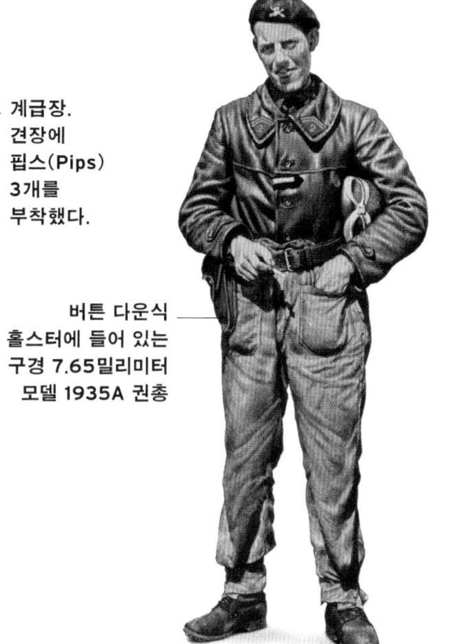

프랑스 육군 기갑 부대 병장

폴란드 육군 전차병

독일 육군 제15 기갑 사단 상병

소련군 전차병

헬멧

보병에게 지급되는 방호용 강철제 헬멧은 전차 승무원들에게 별로 소용이 없었다. 탄환에 부상을 입을 위험 대신 스프링이 달려 있지 않은 차량이 전장에서 흔들릴 때 뼈가 부러질 위험이 있었다.

제1차 세계 대전 영국
영국 승무원들은 삶은 소가죽으로 만든 헬멧을 착용했는데, (사진에는 보이지 않지만) 일부는 얼굴 가리개나 안면 하부용 쇠사슬 마스크를 착용했다.

제2차 세계 대전 영국
전장에서 해치를 열고 있었기 때문에 영국 승무원들은 방호용 강철제 헬멧을 지급받았다.

1960년대 소련군
적군은 이어폰 착용 규정이 있었음에도 불구하고 속을 채우고 귀를 가릴 수 있는(padded ribs) 헬멧을 1960년대까지 지급받았다.

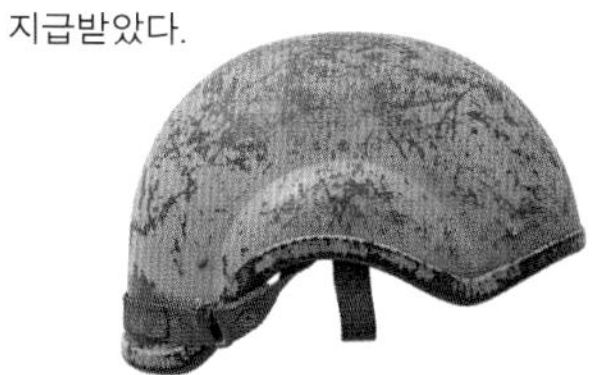
현대 영국
오늘날 영국 승무원들은 복합 재료로 만들어진 경량 헬멧을 착용하는 것이 보통이다. 이어폰은 별도로 착용한다.

현대 미국
미국의 전차 승무원은 인체 공학적 설계를 적용한 헬멧을 착용한다. 헬멧에 이어폰과 마이크로폰도 일체화되어 있다.

용어 해설

가

가솔린(gasoline) 내연 엔진에서 사용할 수 있도록 처리된 기름.

간접 사격(indirect fire) 포수가 볼 수 없는 표적을 겨냥하는 사격. 조준을 수정하기 위해 일반적으로 별도의 전방 관측자가 필요하다. 간접 사격은 직접 사격의 반대말이다.

강선(rifling) 총신 내부의 나선형 홈의 배열로, 발사체를 사격할 때 회전 운동을 주어 공기 사이를 좀 더 정확도를 가지고 이동하게 한다.

개척 차량(breacher vehicle) 보병과 차량의 통로를 열어 주기 위해 지뢰 지대를 돌파할 수 있도록 플라우(plough)나 도저 블레이드 같은 장비를 장착한 장갑 차량. (우리나라에서는 유사한 의미를 가진 장애물 개척 차량(counter obstacle vehicle)이나 지뢰 지대 통로 개척 장비(minefield clearing line charge) 등의 용어는 쓰지만 개척 차량 용어는 잘 사용하지 않는다.—옮긴이)

건제(organic) 건제 부대(organic military unit)는 특정한 임무를 위해 임시적으로 편성한 것이 아니라, 보다 큰 편성의 필수적인 부분이다. (일반적으로 단일 지휘관 밑에 고정 편성된 부대를 건제 부대라고 한다.—옮긴이)

경사 장갑(sloped armor) 더 뛰어난 방호력을 제공하기 위해 전차 차체 또는 포탑에 경사가 져 있는 장갑. 각진 표면은 발사체를 튕겨내도록 돕고, 발사체가 수평으로 장갑을 통과할 때 두께를 더한다.

경사판(glacis plate) 경사가 진 전차의 가장 앞부분. 그 같은 경사는 발사체를 막는 데 도움을 준다. 부딪힌 발사체가 수평으로 관통할 때보다 장갑을 더 두껍게 만든다.

경전차(light tank) 공격적인 전투력보다는 빠른 이동을 위해 설계된 장갑이 얇은 전차. 오늘날에 그 역할은 주로 정찰로 한정된다.

경정찰차(light reconnaissance car) 제2차 세계 대전 기간에 영국 정찰대에서 사용한 일련의 차량. 가볍게 무장하고 가벼운 장갑을 장착했으며 상업 차량 차대에 바탕을 두고 있다.

고각(elevation) 전차의 주포를 수평보다 위로 올리는 것. (일반적인 고각의 정의와는 다소 다른 개념을 가진 용어다.—옮긴이) 사각이 높아지고, 더 멀리 사격할 수 있다. 고각은 저각의 반대말이다.

고속 철갑탄(high velocity armor-piercing, HVAP) 가벼운 물질로 감싼 고밀도 탄심을 가진 철갑탄. 가벼운 물질은 무게를 감소시켜 속도를 빠르게 하고 장갑 관통력을 향상시킨다.

고폭 철갑탄(armor piercing high explosive, APHE) 소량의 폭약을 내장한 철갑탄. 전차 포탄이 표적의 장갑을 관통한 이후 폭발해 통상적인 철갑탄보다 전차 내부에 더 많은 손상을 일으킨다.

고폭탄(high explosive, HE) 표적에 영향을 주기 위해 폭발물 폭발을 사용하는 탄약의 종류. 파편 고폭탄(HE-Frag), 대전차 고폭탄(HEAT), 고폭 플라스틱탄(HESH), 고폭 철갑탄(APHE)이 포함된다. 현대의 고폭탄은 전차를 상대로 효과가 떨어지지만 여전히 경차량을 손상시키거나 파괴할 수 있으며, 방호되지 않은 보병을 상대로 매우 효과적이다.

고폭 플라스틱탄(HESH) 고폭 플라스틱탄(점착 유탄으로 번역하기도 한다.—옮긴이)은 장갑 차량이나 야전 축성물을 상대로 사용되는 탄약이다. 충돌 순간 탄두의 플라스틱 폭발물이 폭발하기 전 표적의 표면을 짓누른다. 이 충격파가 장갑을 통해 전달되어 전차 내부로부터 강철 파편을 빠른 속도로 분리시켜 승무원들을 죽일 수도 있다.

공축 기관총(coaxial machine gun) 차량의 주포와 같은 축으로 장착된 기관총. (주포와) 같은 사격 조준기로 조준한다. 주포의 화력이 과도하거나 부적합하다고 여겨지는 경우에 사용할 수 있었다.

광학식 거리 측정기(optical range finder) 표적까지의 거리를 측정하기 위해 운용자의 시력과 삼각법을 사용하는 장치. 떨어져 있는 거리를 알고 있는 2개의 프리즘은 표적의 이미지를 운용자의 아이피스에 반사시킨다. 운용자는 2개의 이미지가 하나로 합쳐질 때까지 프리즘의 각도를 조정하며 이 각도는 거리를 계산하는 데 사용된다.

교량 가설 차량(bridge layer) 공식적으로는 장갑 교량 가설 차량(AVLB)으로 알려져 있다. 전차와 다른 전투 장갑 차량이 하천, 포탄 구멍, 참호, 기타 장애물을 건너갈 수 있도록 이동식 금속제 교량을 설치 및 회수할 수 있는 전투 지원 차량이다.

교량 통과 하중(bridging weight) 차량이 안전하게 통과할 수 있는 교량의 종류를 계산하기 위해 사용하는 차량 중량의 급수(classification).

교착 상태(stalemate) 전장에서 전술적으로 막다른 골목에 다다른 상태. 제1차 세계 대전 솜에서 연합국과 독일군 사이의 교착 상태는 양측이 참호를 파고 기관총과 포병으로 방어한 것에서 초래되었다. 전차는 이 교착 상태를 끝낼 목적으로 특히 영국에 의해 개발되었다.

구경(caliber) 포신의 안쪽(내부) 지름. 1950년대부터는 거의 밀리미터(mm) 단위로 표시한다.

구경장(L/x, barrel length) 구경의 배수로 표현한 포신의 길이. 예를 들어 120밀리미터 L/55 포는 길이는 6.6미터(22피트) 또는 6,600밀리미터(120x55)이다.

구축 전차/전차 구축차(tank destroyer) 적 장갑 차량을 상대하기 위해 특별하게 설계된 직사포(direct-fire gun) 또는 미사일 발사대로 무장한 장갑 전투 차량. (이 책에서 이런 의미로 사용된 'tank destroyer'는 대전차전 능력을 보유한 장갑차를 포함하는 개념의 용어라는 점에서 전형적인 '구축 전차'와는 의미가 다소 다르지만, 독자의 혼란을 막기 위해 본문에서는 기존 관행에 따라 '구축 전차'로만 번역했다.—옮긴이)

군단(corps) 통상적으로 여러 개의 사단으로 구성되고, 5만 명 혹은 그 이상의 병력을 보유한 군부대. (이 책에서는 군단이 아니라 단순히 ~대, 隊의 의미로 사용된 경우도 많다.—옮긴이.)

군수(military logistics) 사람과 물자를 전장으로 이동시키는 것부터 보급망을 설치하고 유지하는 것에 이르기까지 군대의 이동을 계획하고 실행하는 기술.

궤도(track) 전차의 기동륜, 유동륜, 보기륜,지지 롤러 사이 혹은 부근에서 움직이는 연속적인 벨트.

그라우저(grousers) 흙이나 눈처럼 무른 물질에서 견인력을 향상시키기 위해 전차 궤도에 부착하는 멈춤쇠(stud) 또는 접지면 확장 연결 장치.

급조 폭발물(improvised explosive device, IED) 전문적으로 제조되었다기보다는 즉석에서 만든 폭탄. IED는 비료 같은 화학 물질로 제조하는 것도 가능하며, 지뢰와 포탄으로도 만들 수 있다. '노변(roadside) 폭탄'으로도 알려져 있다.

기관총(machine gun) 발사체 사격으로부터 발생한 가스나 반작용을 사용해 그 동작을 순환시킴으로써, 연속적인 자동 사격이 가능한 무기.

기동륜/스프로켓(sprocket) 궤도가 직선 운동을 할 수 있도록 궤도와 맞물려 있는 톱니가 달린 바퀴. 기동륜은 일반적으로 장갑 전투 차량에서 유일하게 동력으로 구동되는 바퀴이다.

나

나토(NATO) 북대서양 조약 기구(North Atlantic Treaty Organization)의 약어. 북미와 서부 유럽 국가로구성된 국제적 동맹으로, 소련에 대항해서 1949년에 처음 설립되었다.

날개 안정 분리 철갑탄(armor piercing fin stabilized discarding sabot, APFSDS) APFSDS탄은 APDS탄과 같은 설계 원칙을 적용한다. APDS탄과 달리 회전(spin)하지 않으며, 다트처럼 날개(fin)로 안정된다. APFSDS탄은 더 멀리, 더 빠르게 날아가며 APDS탄보다 장갑을 더 잘 관통한다. 현대 전차에서 사용되는 가장 효과적인 철갑탄이다.

내경(bore) 포신의 안쪽(내부) 지름.

능동 방호 장비(Active Protection System, APS) 장갑에 의존하지 않고 대전차 무기를 격파하는 수단. 수동식 장비는 미사일 유도장치를 무력화시키기 위해 재밍과 연막탄을 사용한다. 능동식 장비는 미사일을 격추하기 위해 발사체를 이용한다.

다

대대(battalion) 약 700명의 병력과 30~50대의 전차로 구성되는 군부대. 중대 혹은 스쿼드런(sqadron, 예외가 많아서, 미국 기계화 수색 부대의 스쿼드런은 그 자체로 보통 대대급이다.—옮긴이)으로 구성된다. 대대는 제한된 기간 동안 독립적으로 작전할 수 있다.

대반란(counterinsurgency) 뚜렷한 군대로 작전하지 않은 적들을 무력화하기 위한 군사 작전. '대반란(對反亂)'의 목표는 일반적으로 군사적 승리라기보다는 정치적 통제와 시민 안전 지원이다. 대반란전 차량들은 일반적으로 지뢰와 급조 폭발물을 상대하기 위한 장갑을 갖추고, 흔히 덜 위협적으로 보이기 위해 차륜형 구조를 가지고 있다.

대전차 유도 미사일(antitank guided missile, ATGM) 또는 대전차 유도 무기(ATGW)라고도 알려져 있다. 전차를 격파하기 위해 만든 무기 중에서 사격자에 의해, 비행 중 통제 가능한 무기를 의미하는 용어이다. 무전, 적외선 영상, 레이저 호밍, 심지어 미사일과 발사대 길이만큼 연결된 와이어 등의 수단으로 유도할 수 있다.

대전차 고폭탄(high explosive antitank, HEAT) HEAT탄은 장갑을 관통하는 고속의 용융 메탈 제트를 형성하기 위해 성형 작약 탄두를 사용한다. 효과를 내기 위해 속도에 의존하기 않기 때문에, HEAT 탄두는 속도가 느린 미사일이나 지뢰 등에 흔히 부착한다.

돌출 측면 포탑(sponson) 전차 측면으로 돌출된 포의 플랫폼.

등유(paraffin) 내연성 탄환수소 연료, 그것의 변형인 JP8이 몇몇 나토 국가의 전차에 사용되기도 한다.

등판각(gradient) 전차가 경사지에서 오를 수 있는 각도.

디젤(diesel) 압축되었을 때 점화되는 액체 연료.

디칭(ditching) 전차 또는 장갑 차량이 참호나 기타 낮은 곳에 갇히는 것. (이처럼 의도하지 않게 참호에 빠지는 것뿐 아니라 전차를 숨기기 위해 아군의 전차호 안에 위치하는 것도 디칭이다.—옮긴이)

라

레이디얼 엔진(radial engine) 중앙의 크랭크케이스로부터 바깥쪽으로 방사형 모양이 되게, 실린더를 원형으로 배치하는 엔진의 형태.

레이저 거리 측정기(laser range finder) 레이저 펄스가 표적에서 반사되어 되돌아오는 데 걸리는 시간을 측정해 표적까지의 거리를 계산하는 수단. 장갑 전투 차량에서 거리를 계산하는 이전 수단들을 대체했다.

로켓 추진 유탄(rocket-propelled grenade, RPG) 원래 소련이 만든 보병의 대전차 로켓 발사기. 여러 RPG 모델들이 1940년대 후반 이래 다량 제조되었다. 가장 흔한 것은 RPG-7이다.

리프 스프링 현가장치(leaf-spring suspension) 오래된 현가장치 종류 중 하나인 리프 스프링은 군용 차량에서는 여전히 흔하다. 여러 겹으로 쌓이고 서로 묶여 있는 호(弧) 모양의 얇은 철판으로 제작되며, 하나의 축 받침 위에 탄력적인 마운트를 형성한다.

마

마력(horsepower) 엔진의 출력을 측정하기 위해 사용되는, 초당 550ft-lb(750와트)에 상당하는 힘의 단위. 이 용어는 18세기 영국의 기술자 제임스 와트가 짐수레용 말 1마리의 작업량과 증기 엔진에서 나오는 출력을 비교하기 위해 채택되었다.

멀티 뱅크 엔진(Multibank engine) 여러 개의 실린더를 복수의 뱅크에 배열한 엔진.

몰로토프 칵테일(Molotov cocktail) 원래 제2차 세계 대전에서 소련에 대항하기 위해 핀란드 인이 사용한 대전차 무기였다. 이것은 휘발유를 채우고 불이 붙은 심지를 갖춘 병에 지나지 않았는데, 소련 외무장관 뱌체슬라프 몰로토프(Vyacheslav Molotov)를 위한 '선물' 삼아 소련 전차의 해치 안으로 던져 넣었다.

물자(materiel) 필요할 경우 탄약부터 제트 전투기에 이르기까지, 특정한 임무를 완수하기 위해 필요한 모든 하드웨어.

바

바르샤바 조약(Warsaw Pact) 소련과 불가리아, 체코슬로바키아, 동독, 헝가리, 폴란드, 루마니아, 알바니아 등 소련 위성국 사이에 체결된 방위 조약. NATO에 대항하기 위해 1955년에 서명, 설립되었다.

반궤도(half-track) 전면에는 조향(방향 전환)을 위해 일반인 바퀴를 사용하고, 추진을 위해 후면에는 캐터필러 궤도를 사용한 차량. 이 설계는 전차의 야지 횡단 능력과 도로 주행용 차량의 핸들링을 융합시켰다.

반응 장갑(reactive armor) 접근해 오는 적의 발사체가 차량에 가하는 손상을 감소시키기 위해 반응하는 부가적인 장갑의 종류. 가장 흔한 종류는 폭발 반응 장갑으로, 관통용 무기에 의해 명중되면 폭발해 관통용 무기를 손상시키고 에너지를 허비시킨다.

반자동(semiautomatic) 방아쇠(격발 장치)를 당길 때 오직 1발씩 발사되지만, 다음 탄은 자동으로 장전되는 총.

발사 속도(rate of fire) 주어진 무기에서 발사 가능한 탄의 수. 일반적으로 분당 발사 탄수로 표시.

변속기(transmission) 전기, 유압, 기계적 수단으로 엔진의 동력을 차량 바퀴나 궤도의 회전 운동으로 변환시키는 장치.

병기(ordnance) 무기와 탄약, 특히 포병의 무기와 탄약. (영어로는 '포병의 무기와 탄약'이라는 뉘앙스가 있는데 한국어 '병기'에는 이런 뉘앙스가 전혀 없다.—옮긴이)

병력 수송 장갑차(armored personnel carrier, APC) 보병을 전장으로 수송하기 위한 장갑 전투 차량 종류 중 하나. 전장에서 보병은 하차해서 자체적으로 전투한다. APC는 일반적으로 가볍게 장갑을 갖추고, 가볍게 무장한다.

보기(bogie) 휠(wheel)의 배열, 일반적으로 2개로 구성된다.

보기륜(road wheels) 전차의 궤도 내에 회전하는 주된 바퀴. 동력이 전달되지 않고 전차 무게를 분산시키기 위해 사용된다.

보병 전차(cnfantry tank) 전간기에 영국과 프랑스에서 발전한 개념. 보병 전차는 느리지만 충실한 장갑을 갖추고 있으며, 도보로 이동하는 보병들을 지원하기 위해 배치된다. 보병전차가 일단 적 전선에 돌파구를 만들면, 보다 빠른 순항 전차 또는 경전차들이 적 영토 깊숙하게 침투하게 된다.

보병 전투차(Infantry Fighting Vehicle, IFV) 보병을 전장으로 수송하는 데 사용되는 장갑 전투 차량의 한 종류. 병력 수송 장갑차(APC)와 다르게 전투에 참가할 수 있으며, 더 무거운 장갑과 무장을 갖추고 있다. 무장에는 때때로 대전차 무기와 차량 내부에서 보병들이 전투할 수 있게 하는 총안구도 포함되어 있다.

복합 장갑(composite armor) 금속, 플라스틱, 세라믹 같은 다른 물질층으로 구성된 차량 장갑의 종류.

볼 마운트(ball mount) 구(球) 모양의 기관총 거치대로 보통 전차 차체의 전면 판 위에 위치한다. 고정 또는 공축 거치대와는 달리, 볼 마운트는 다른 무기와 독립적으로 움직일 수 있어, 조준할 때 사수에게 상당한 융통성을 부여한다. 제2차 세계 대전 이후에는 인기를 잃었다.

볼류트 스프링 현가장치(volute-spring suspension) 원뿔(cone) 또는 소용돌이(volute) 모양의 압축 스프링을 특색으로 하는 전차 현가장치의 한 종류. 보기륜 2개를 한 쌍으로 하는 보기(bogie)에 장착된다. 제2차 세계 대전에서 주로 미국과 이탈리아에서 사용했다. 이 장치는 통상적인 스프링, 리프 스프링, 토션 바 현가장치보다 더 효과적인 것으로 증명되었다.

부가 장갑(appliqué armor) 장갑 전투 차량의 방호력을 증가시키기 위해 차체와 포탑 위에 추가로 장착하는 추가적인 장갑.

분리철 갑탄(armor piercing discarding sabot, APDS) 발사될 때 포신보다 더 작은 구경을 가지고 있는 발사체로, 포신 내에서는 케이싱(casing) 또는 송탄통(sabot) 안에 들어 있는 상태로 운반된다. 한번 사격을 하면 송탄통은 분리된다. APDS탄은 포신과 구경이 동일한 발사체(full-caliber projectiles)보다 장갑 관통력이 더 우수하다.

V-형 차체(V-shaped hull) 차량 바닥면에 윗쪽 방향으로 각을 주는 것을 특징으로 하는 설계. 전면 혹은 후면에서 보았을 때 하부 차체는 V자 모양이다. 이것은 지뢰 폭발 폭풍의 방향을 바로 위의 승무원 구획쪽이 아니라 차량 바깥쪽으로 바꾼다.

V-트윈 엔진(V-twin engine) V자 형태로 실린더들을 2개의 뱅크에 배치하는 엔진 설계.

사

사격 조준기(gunsight) 포수들이 좀 더 정확하게 조준하기 위해 사용하는 광학 장비. 전차용 망원 사격 조준기들이 제2차 세계 대전 이전에 채용되었다.

사단(division) 통상적으로 여러 개의 여단으로 구성되는 군부대. 자체적인 군수 부대를 갖춘 사단은 일반적으로 전장에서 독립된 작전을 수행할 능력을 가진 작은 단위 부대이다. 통상적으로 약 2만 명의 병력을 갖고 있다. (이런 병력 규모는 사실상 미군에만 해당된다.—옮긴이)

상부/상면 공격(top attack) 점점 더 성능이 좋아지는 복합 장갑을 극복하기 위해, 현대적인 대전차 유도 무기에 의해 사용되는 방법. 미사일은 전차 상공으로 날아가 위에서 폭발하는데, 탄두를 가장 얇은 전차의 상부 장갑쪽으로 향하게 한다.

선회(traverse) 포 혹은 포탑을 장착부를 축으로 회전시킬 수 있는 능력. 완전 회전식 포 혹은 포탑은 360도 선회를 할 수 있다고 일컬어졌다.

설형 대형(楔形 隊形, wedge) 삼각형 모양으로 전차를 배치하는 대형.

성형 작약(shaped charge) 효과를 극대화하기 위해 폭발 에너지가 특정한 방향으로 집중될 수 있도록 일정한 형태를 갖춘 폭약. 성향 작약은 HEAT탄에 사용된다.

세라믹 판(ceramic plate) 복합 장갑의 요소.

소대(platoon) 일반적으로 트룹(troop)과 동급의 군사 부대로 약 30명의 병력과 3~5대의 전차로 구성된다. (트룹은 미군에서 중대급인 경우도 많아 일반적인 설명이라고는 할 수 없다.—옮긴이)

수륙 양용 차량(amphibious vehicle) 육상 주행은 물론이고 수면을 가로질러 주행할 수 있는 차량.

순항 전차(cruiser tank) 기병 전차(cavalry tank) 혹은 고속 전차(fast tank)라고도 부른다. 순항 전차는 전간기 영국에서 발전한 개념이다. 가볍고 빠르며, 돌파구 형성 이후 전과를 빠르게 확대하기 위해 만들어졌다.

스쿼드런(squadron) 일반적으로 규모 측면에서 중대(company)와 동급의 군부대로 150명의 병력과 14~18대의 전차로 구성. '스쿼드런'은 전통적으로 기병 용어이다. 미국 육군에서는 대대와 동급이다.

스폴링(spalling) 발사체의 충돌 이후 장갑판에서 부서져 나온 파편. (일반적으로는 파편 그 자체보다는 내부에서 파편이 분리되는 현상을 지칭한다.—옮긴이) 일부 전차들은 고속으로 분산되는 파편을 막기 위한 '스폴 라이너'를 가지고 있다.

스포팅 건/표정용 총(spotting gun) 전차포에서 사거리 측정을 위해 사용하는 소구경 총 또는 기관총. 레이저 거리 측정기가 개발될 때까지 광학식 거리 측정기 대체용으로 사용되었다.

스프링(spring) 거친 지형에서 보기륜의 상하 운동을 완충시키고, 보기륜을 지면으로 계속 눌러 주는 현가장치의 부속.

아

액션(action) 총을 장전, 사격하는 방법. (볼트 액션, 싱글 액션 등 총의 작동 방식과 종류를 설명할 때 사용하는 용어다.—옮긴이)

여단(brigade) 연대 혹은 대대 규모의 부대들로 구성되는 군부대. 병력 수는 보통 5,000명이다.

연대(regiment) 국가에 따라 서로 다른 군부대. 일부 국가들은 여단 혹은 대대 규모의 작전 부대를 지칭하는 용어로 사용한다. 다른 나라들은 전장에서 싸우지 않는 의장, 행정 부대에 사용한다. (일반적으로 대대와 사단 사이의 부대 단위가 연대이다.—옮긴이)

연막(smoke) 차량 혹은 부대의 움직임을 숨기는 수단. 연막은 연료를 주입해 전차 배기 장치에서 분사할 수 있고, 차량의 연막탄 발사기 작동, 전차 주포 사격으로도 만들어 낼 수 있다. 현대적인 연막은 가시광선과 적외선 영역에서 모두 효과가 있다.

열화 우라늄(depleted uranium) 전차 장갑과 장갑 관통용 발사체에서 모두 사용한 고밀도 물질.

예광탄(tracer) 맨 아랫부분에 발광제가 들어있는 탄환. 장약이 점화되면 탄환이 발사되고, 그 궤적을 보여 준다. 예광탄은 어두운 곳처럼 사격 조준기가 덜 효과적인 환경에서 포수가 사격을 위해 조준하는 것을 돕는다.

유기압식 현가장치(hydropneumatic suspension) 차량의 수평을 유지하기 위해 오일과 기체의 압력을 이용하는 현가장치의 종류.

유도탄(guided munition) 중력과 추진 장약으로 결정되는 탄도를 따르는 총알과 달리, 유도탄의 비행 경로는 변경될 수 있다.

유동륜(idler wheel) 궤도형 차량에서 구동력이 없으면서 한쪽 끝에 위치한 바퀴로 궤도의 장력을 조정하는 역할을 한다.

유산탄(shrapnel shell) 대인탄(對人彈)의 일종인 유산탄은 적 진지의 상공에서 폭발해 치명적인 강철 혹은 납 재질의 구슬을 그 지역에 쏟아 붓는다. 제1차 세계 대전이 끝난 이후 폭발 시 폭풍과 파편을 모두 만들어 내는 고폭탄으로 대체되었다.

육상함 위원회(Landships Committee) 1915년 해군장관(First Lord of the Admiralty)이던 윈스턴 처칠에 의해 성립된 영국의 위원회. 이 위원회의 목적은 서부 전선의 교착 상태를 타파하기 위해 장갑 전투 차량 또는 육상함을 개발하는 것이었다. 이 위원회의 주요 성과는 '전차의 발명'이었다.

운동에너지 발사체(kinetic-energy projectile, KE projectile) 파괴력을 발휘하기 위해 자체의 질량과 움직임(즉 운동에너지)에 의존하는 탄의 한 종류. KE 발사체는 폭발하지 않는다. 철갑탄은 통상적인 총알처럼 운동에너지 발사체의 한 예다.

자

자동(automatic) 방아쇠(격발 장치)를 계속 누르고 있는 동안에는 연속적으로 장전 및 사격되는 포/총.

자동 장전(autoloader) 전차 주포의 포미 장치(폐쇄기)에 포탄을 장전하기 위한 장치. 이것은 탄약수나 포의 장전 역할을 맡은 승무원을 대체한다.

자주포(self-propelled gun) 곡사포 같은 포병 장비의 이동형으로, 차량화된 차륜식 혹은 궤도식 차대에 탑재되어 있다.

장갑 전투 차량(armored fighting vehicle, AFV) 무장을 하고 장갑을 잘 갖춘 전투 차량. 전장 기동성, 공격력, 장갑 방호 능력을 결합한 AFV에는 전차, 장갑차, 병력 수송차, 수륙 양용 차량, 방공 차량, 자주포 등이 포함될 수 있다.

장갑차(armored car) 정찰과 무장 호송 임무를 위해 사용되는 경량 차륜형 장갑 전투 차량. (현대의 장갑차와 다소 다른 개념의 용어로 '장갑 자동차' 정도의 어감이며, 현대의 장갑차에는 궤도식도 포함된다.—옮긴이)

저각(depression) 전차의 주포를 수평보다 아래로 내리는 것. 이 능력은 전차가 차체를 앞으로 향한 상태에서 고지(高地)의 산마루 뒤에 위치하고 있을 때 매우 중요하다. 저각은 고각(elevation)의 반대말이다.

저저항 피모 철갑탄(armor piercing capped ballistic cap, APCBC) 비행 중 계속 속도를 유지하기 위해 얇은 항공 역학적 노즈콘(항공기나 발사체 제일 앞에 원추형 모양으로 된 부분—옮긴이)을 장착한 피모 철갑탄. 노즈콘은 탄약의 장갑 관통 능력에는 영향을 주지 않는다.

적외선(infrared) 열과 기타 다른 것들을 인식할 수 있게 해 주는 빛 복사의 한 유형. 야시 장비와 열 열상에 특히 유용하다.

전략(strategy) 전역(戰役)의 종합적인 계획. 전략 목표는 부대와 물자의 전술적 배치를 결정한다.

전술(tactics) 전역(戰役)의 전반적인 목표로 관련된 전략과 달리 특정한 군사 목표를 달성하기 위한 수단.

전자 방해책(electronic countermeasures, ECM) 적의 탐지, 통신, 신호 장비를 방해하고 속이기 위해 사용되는 전자기적 장치. 센서에 표적이 보이지 않게 만드는 것, 통신 교란, 급조 폭발물의 기폭 신호 차단 기능 등이 포함된다.

전차(tank) 강력한 장갑, 중화력, 전장 기동성을 위한 궤도 등이 특징인, 일선 전투용으로 설계된 장갑 전투 차량. '탱크(전차)'라는 명칭은 비밀 유지를 위해 기술자들이 새로운 물 탱크를 연구하고 있다고 들었던 말에서 유래한 것이다.

전차장(commander) 전차를 지휘하는 책임을 가진 전차 승무원. 그의 서열에 따라, 다른 전차와 지원 화기들도 지휘할 수 있다.

전투 공병 차량(combat engineer vehicle) 전투 공병을 전장으로 수송하기 위해 사용하는 장갑 전투 차량으로, 흔히 불도저 블레이드 같은 지뢰 개척 기구를 장착하고 있다.

전투 중량(combat weight) 전투를 위해 완전히 장비를 갖춘 전차의 총중량.

제차 대형(echelon) 전차를 사선(斜線)으로 배치하는 대형. 뒤따르는 차량은 후방 오른쪽(우제 차대형)과 후방 왼쪽(좌제 차대형) 어느 쪽으로도 위치할 수 있다. ('echelon'은 '제대'로도 번역할 수 있으나 군사 용어적인 의미가 완전히 다르다.—옮긴이)

조종수(driver) 차량 조종을 책임진 전차 승무원.

종대 대형(column) 각 전차를 다른 전차의 앞에 두는 방식으로 배열한 전차의 대형.

종사(enfilade) 적 위치로부터 끝에서 끝을 따라서 조준해서 쏘는 사격(좌우 방향을 전환하지 않고 총구를 상하로 움직여 길이 방향으로 실시하는 사격을 의미한다.—옮긴이) 제1차 세계 대전에서 참호는 전차에서 실시하는 이 같은 공격에 특히 취약했다. 이 때문에 참호를 지그재그 방식으로 굴착했다.

종심 전투(deep battle) 전간기에 특히 소련의 미하일 투하체프스키에 의해 발전된 전술적 교리로, 전선에 있는 적들만 공격하는 것이 아니라 종심(전선에서 적 후방 방향—옮긴이)에 위치한 적들에 대한 공격도 강조하고 있다. 신속하게 돌파해 지휘 차량과 보급품 집적소 같은 핵심 지원 시설을 파괴함으로써 일선 부대가 전투를 계속할 수 없도록 하려는 의도이다.

주력 전차(main battle tank, MBT) 범용 전차(universal tank)로로 알려진 MBT는 현대 전차 부대의 중심이며, 선행했던 중형 전차와 중전차의 요소를 통합했다.

주포(main gun) 전차의 주된 무장. 오늘날 주포는 운동에너지 발사체, 고폭탄, 유도 미사일까지 사격할 수 있다.

중대(company) 일반적으로 스쿼드런(squadron)과 동급(그러나 미국 기갑 수색 부대의 스쿼드런은 대대급이다.—옮긴이)으로, 150명의 병력과 14~18대의 전차로 구성되는 군부대. '컴퍼니(company)'라는 용어 자체는 전통적으로 보병 용어이다.

중전차(heavy tank) 보병 지원용으로 설계되어 느리지만 중장갑을 갖춘 전차의 한 종류. 제1차 세계 대전 최초의 전차는 이 종류였으나, 가볍고, 빠르고, 보다 기동성이 있는 전차들이 도입됨에 따라 '중(重)'(이라는 명칭)으로 알려지게 된다. 중전차는 일반적으로 중장갑, 중무장을 갖추고 있지만, 다른 차량보다 느리다.

중형 전차(medium tank) 거의 경전차 수준의 기동성과 거의 중전차 수준의 방호력을 가진 전차의 한 종류. 중형 전차는 제2차 세계 대전 중 발전했지만, 처음 운용된 것은 제1차 세계 대전 때의 영국 중형 전차 마크 A 휘핏이었다.

지뢰 방호 차량(Mine Resistant Ambush Protected, MRAP) 2003년 이라크 침공 이후 점점 증가하는 급조 폭발물 사용에 대응하기 위해 설계된 차량의 한 종류. MRAP은 급조 폭발물 폭발 폭풍으로부터 방호하기 위해 V-형 차체 같은 특징을 가진 설계를 사용한다. 직접 사격에 대응하는 장갑도 갖추고 있다.

지지 롤러/리턴 롤러(return rollers) 보기륜 위쪽에 위치한 작은 바퀴로, 캐터필러 궤도의 윗부분이 기동륜과 유동륜 사이에서 똑바로 움직이도록 유지하는 역할을 한다.

지휘차(command vehicle) 지휘관이 그의 부대를 지휘하는 데 필요한 설비를 갖춘 차량. 여기에는 여러 개의 무전기, 지도판, 보좌관과 참모 장교들을 위한 책상 공간이 포함될 수 있다.

직접 사격(direct fire) 포수가 표적을 보면서 조준하는 사격. 직접 사격은 간접 사격의 반대말이다.

차

차체(hull) 전차 포탑 아래의 전차 몸체(body).

참호(trench) 전차가 만들어질 때 극복 대상이었던 야전 축성물. 제1차 세계 대전에서 기관총과 포병으로 방호되는 연속적인 참호의 강력한 네트워크는 서부 전선을 교착 상태에 빠지게 했다. 그리고 오직 전차만이 그것을 돌파할 능력이 있음이 입증되었다.

척후/정찰/초계(scouting) 지역 또는 배치된 적군에 관한 첩보를 수집하는 활동.

정찰(reconnaissance)로도 알려져 있다.

척후차(scout car) 경장갑, 경무장의 차륜형 차량으로 일반적으로 정찰용으로 사용된다. (일반적으로 최근에는 척후차와 정찰차를 잘 구별하지 않는다.—옮긴이)

철갑탄(armor piercing, AP) 장갑을 무력화시키기 위해 폭발력보다는 운동 에너지에 의존하는 전차 포탄의 종류. AP의 종류에는 APC, APCBC, HVAP, APDS, APFSDS 등이 있다.

차체 전단(bow) 전차 차체의 앞부분 끝(前端, 한국에서는 bow를 선박의 함수라는 의미로는 쓰지만, 차량 차체의 전단부를 지칭하는 의미로는 거의 쓰지 않는다.—옮긴이)

체인 건(chain gun) 탄을 사격할 때 부품을 움직이는 동력으로, 가스나 반작용(recoil)이 아니라 모터로 구동되는 체인을 사용하는 기관총 혹은 캐논포.

초밤 장갑(Chobham armor) 초밤 장갑은 1960년대 서리 카운티의 초밤 공유지(보호 구역)에 위치한 영국 전차 연구소에서 개발한 복합 장갑의 한 종류를 지칭하는 비공식 명칭이다. 이것은 성형 작약에 특별하게 효과가 있도록 설계되었다. 이것의 구성 요소는 여전히 비밀로 남아 있지만, 금속제 철망으로 감싼 후, 여러 겹의 탄성 층을 가진 받침판(backing plate)에 부착한 세라믹 타일이 포함되어 있는 것으로 알려져 있다. 초밤의 공식 명칭이나 다른 변형 중에는 벌링턴(Burlington) 장갑이나 도체스터(Dorchester) 장갑이 포함되어 있다.

초중전차(超重戰車, super-heavy tank) 크기와 중량이 중전차보다 더 큰 전차.

총안구(firing port) 보병들이 차에서 하차하지 않고 소화기(小火器)를 사격할 수 있도록 보병 전투차(IFV) 측면에 설치한 작은 개구부(開口部, Port)

측면 기동(flanking maneuver) 전술적 이점을 취하기 위해서 적의 측면 혹은 측익 방향으로 이동하는 것.

카

카트리지(cartrige) 발사체 그리고 구리, 강철제 탄피(case)와 그 안에 든 추진제 등으로 구성된 탄약의 단위. (국내에서는 설명처럼 전차 포탄의 탄두, 탄피, 추진 장약을 총칭할 때는 '탄약'이라고 부르지만, '탄약통'으로 번역할 때도 있다.—옮긴이)

캐니스터탄(canister shot) 보병들로부터 전차와 포병 장비를 방호하기 위해 만든 대인탄(對人彈). 캐니스터탄(일명 산탄)에는 대량의 소형 비폭발 발사체가 들어 있다. 사격하면, 캐니스터(통)가 부서지면서 발사체가 빠른 속도로 적에게 방출된다.

큐폴라(cupola) 주포탑 위에 위치한 소형 포탑으로 전장에서 전차장에게 좀 더 좋은 시야를 제공한다.(한국군에서는 흔히 '전차장 포탑'으로도 부르지만, 주포탑과 명확하게 구별하기 위해 이 책에서는 모두 큐폴라로 번역, 표기했다.—옮긴이)

크리스티 현가장치(Christie suspension) 미국의 기술자 월터 크리스티가 1928년 설계한 혁신적 유형의 전차 현가장치. 각 보기륜은 자체적인 현가장치 스프링을 가지고 있어, 전례 없는 수준으로 자유롭게 수직으로 움직였으며, 그래서 거친 지면에서도 차량이 고속으로 주행할 수 있었다. 초기 버전은 보기륜에도 동력이 공급되어, 궤도 없이도 주행할 수 있었다.

타

탄두(warhead) 발사체에서 폭발물이 들어가 있는 부분. 다른 부품으로 유도장치 또는 신관이 포함될 수 있다.

탄약수(loader) 주포의 장전을 책임지는 전차 승무원.

탠덤 탄두(tandem warhead) 폭발 반응 장갑(ERA)을 무력화시킬 의도로 만들어진 최근 대전차유도 무기의 특징. 첫 번째 탄두가 폭발해 ERA를 작동시키고, 두 번째 탄두가 짧은 시간 뒤에 뒤따르게 해 더 이상 ERA의 장점을 활용할 수 없게 된 차량 장갑을 관통할 수 있다.

탱켓(tankette) 척후와 경보병 지원용으로 만들어진, 소형 전차와 비슷하게 생긴 궤도형 장갑 전투 차량. 탱켓은 전간기와 제2차 세계 대전 중에, 특히 일본 제국 육군에서 널리 사용되었다. 그러나 전장에서 살아남기에는 장갑과 무장이 너무 가볍다는 것이 판명되어 생산이 중지되었다.

토션 바(torsion bar) 차량의 움직임을 완충시키기 위해, 비틀려 있는 금속 봉을 사용한 현가장치.

트림 베인(trim vane) 차량이 물속으로 들어가기 전에 펼칠 수 있는 접이식 금속제 차단판. 차량 전면에서 대량의 물이 넘쳐 들어올 수 있는 위험을 감소시킨다.

트룹(troop) 일반적으로 소대와 동급이며, 30명의 병력과 3~5대의 전차로 구성된다. '트룹'은 전통적으로 기병 용어이다. (기병 용어에서 'troop'은 흔히 기병 중대로 번역하지만, 본문의 설명처럼 예외가 있어서 번역하지 않고 발음으로 표기한다.—옮긴이) 미국 육군에서는 중대(company)와 동급이다.

티타늄(titanium) 전차 장갑에 사용되는, 강도가 높지만 상대적으로 가벼운 금속.

파

파운더(pounder) 1파운드(0.454킬로그램) 단위의 발사체 무게를 기초로 영국 포병과 대전차 포탄을 식별하는 체계. 제2차 세계 대전 이후 사용하지 않으며, '구경'으로 대체되었다.

파편 고폭탄(High Explosive Fragmentation, HE-Frag) 파편 고폭탄은 표적을 파괴하기 위해 폭발물 폭발과 파편을 사용한다. 경장갑 표적을 상대로 가장 효과적이다.

펜스형 장갑(bar armor) 바 아머, 슬랫 아머(slat armor), 케이지 아머(cage armor)로도 알려져 있다. 펜스형 장갑은 RPG에 대항하기 위해 강철제 봉 혹은 막대(bar)로 된 철망(mesh)을 장갑 전투 차량차체에 부착한 것이다.

포구(muzzle) 포신 앞쪽의 열려 있는 끝 부분.

포구 제퇴기/머즐 브레이크(muzzle brake) 추진제 가스를 배출하고 반동을 감소시키기 위해 주포의 끝에 부착하는 기구.

포미(breech) 포신의 뒷부분 끝에 닫힌 부분. 탄약을 넣을 때는 열린다. (포미 장치를 의미하며, 포의 폐쇄기를 포괄하는 개념이다. 경우에 따라서는 총의 약실을 의미하기도 한다.—옮긴이)

포방패/만틀렛(mantlet) 전차의 주포가 포탑으로부터 튀어 나온 영역을 방호하는 장갑판. 포를 사격하기 위해서는 이 부분을 적에게 숨길 수 없기 때문에, 흔히 전차의 장갑이 가장 두꺼운 곳이다.

포수(gunner) 주포를 조준, 사격하는 책임을 진 승무원.

포신 제연기(fume extractor) 발사된 탄약에서 나오는 유독 가스가 승무원 구획으로 역류해서 유입되는 것을 막기 위해 포신에 설치하는 통기 장치. 이것은 포구에서 가스를 밀어내기 위해 포신에서의 압력 변화를 이용한다.

포탑(turret) 회전하는 전차의 최상부 구획으로, 주포와 일반적으로 전차장, 포수, 탄약수 같은 대부분의 승무원을 수용한다. 포탑을 갖춘 최초의 전차는 1917년의 르노 FT였다.

폭발 반응 장갑(Explosive Reactive Armor, ERA) 반응 장갑 항목 참조.

피모 철갑탄(armor piercing capped, APC) 장갑판에 충돌할 때 전차 포탄이 부서지는 것을 막기 위해, 부드러운 재질의 덮개(cap)를 씌운 철갑탄.

하

핵 및 화생무기(NBC) 핵, 화학, 생물학 무기(일반적으로 대량 살상 무기로 알려짐)를 언급하는 데 사용하는 용어. 이런 무기가 사용된 지역에서 인원과 장비를 운용하기 위해서는, 특별한 방호 장비의 사용이 필요하다는 점도 이 무기가 표적에 미칠 수 있는 효과이다.

헐 다운(hull-down)/헐 업(hull-up) 고지(高地)의 산마루나 다른 장애물 위에 있어 전차 포탑만 보일 때를 '헐 다운'이라고 하고, 차체가 완전히 보일 때는 '헐 업'이라고 일컫는다.

험비(Humvee) 고기동 다목적 차륜 차량(험비)은 4륜 구동 방식의 군용 경트럭. 제1차 걸프전 때 자신의 시대를 맞이했다.

화염 방사 전차(flame tank) 화염 방사기를 장착한 전차의 한 종류. 특히 방어 진지(야전 축성물)에 대한 공격 등 특수한 작전에서 흔히 사용된다.

호바트의 괴짜들(Hobart's Funnies) 제2차 세계 대전에서 영국 제79 기갑 사단에 의해 사용된 다수의 전차 변형들. 교량 수송용으로 개조된 전차, 지뢰 제거, 수상 주행 전차, 방어 진지를 파괴하거나 장애물을 극복하기 위한 공병용 목재 다발을 수송할 수 있는 공병 차량 등이 포함된다. 사단의 사령관이자 소장인 퍼시 호바트 경의 이름에서 따왔다.

호스트만 현가장치(Horstmann suspension) 영국 기술자 시드디 호스트만이 1922년에 개발한 현가장치의 한 종류. 코일 스프링을 특징으로 하며, 비커스 경전차, 센추리온, 치프텐 등 여러 전차들에 사용되었다.

활강포(smoothbore gun) 내부에 강선이 없어서 발사체의 회전보다는 날개 안정 방식으로 사격하도록 설계한 캐논포. 회전하지 않기 때문에 발사체는 더 빨리 날아가고, 장갑 관통이 더 잘 된다.

횡대 대형(line) 전차가 옆으로 나란히 위치하는 대형.

찾아보기

가

나

다

라

사

아

자

하

#

도판 저작권

PICTURE CREDITS

The publisher would like to thank the following for their kind permission to reproduce their photographs:

(Key: a-above; b-below/bottom; c-centre; f-far; l-left; r-right; t-top)

12 Alamy Stock Photo: INTERFOTO. **13 akg images:** arkivi (ca). **Alamy Stock Photo:** Universal Art Archive (br). **14 AF Fotografie. Alamy Stock Photo:** Chronicle (clb); Private Collection / AF Eisenbahn Archiv (cla). **14-15 Bovington Tank Museum. 15 Bovington Tank Museum. Dorling Kindersley:** Gary Ombler / Paul Rackham (c). **16-17 Getty Images:** De Agostini. **18 Bovington Tank Museum. 19 Dorling Kindersley:** Gary Ombler / Board of the Trustees of the Royal Armouries (tl). **22-23 Dorling Kindersley:** The Tank Museum / Gary Ombler (b). **22 Bovington Tank Museum. Olivier Cabaret:** Le Musée des Blindés de Saumur (cl). **23 Bovington Tank Museum. Dorling Kindersley:** The Tank Museum / Gary Ombler (cla). **24 akg-images:** (tl). **28 Alamy Stock Photo:** Chronicle (bl). **Bovington Tank Museum. Richard Pullen:** (cl). **29 Alamy Stock Photo:** AF Fotografie (fcla); Paris Pearce (cla). **Bovington Tank Museum. Richard Pullen. 30-31 Bovington Tank Museum. 32 Bovington Tank Museum. 33 Alamy Stock Photo:** Chronicle (cr). **Bovington Tank Museum. Narayan Sengupta:** (cl). **34 Alamy Stock Photo:** Sunpix travel (br). **Rex by Shutterstock:** Roger Viollet (tr). **35 akg-images:** ullstein bild (crb). **Bovington Tank Museum. 38 Alamy Stock Photo:** World History Archive. **39 Bridgeman Images:** Private Collection / Peter Newark Military Pictures (tc). **Getty Images:** Ullstein Bild (br). **40 AF Fotografie. Alamy Stock Photo:** Universal Art Archive (bl). **Bovington Tank Museum. Gunnar Österlund:** (tr). **41 Alamy Stock Photo:** Uber Bilder (cl). **Paul Appleyard. Massimo Foti. Chris Neel:** (tr). **42-43 Bovington Tank Museum. 44 Paul Appleyard. Dorling Kindersley:** Gary Ombler / The Tank Museum (c). **Militaryfoto.sk:** Andrej Jerguš (br). **45 Alamy Stock Photo:** PAF (cla). **Arsenalen, The Swedish Tank Museum:** (cra). **Bovington Tank Museum. 46 Bovington Tank Museum. Alex Malev:** (bl). **47 Cody Images:** (cr). **Library of Congress, Washington, D.C.:** Harris & Ewing, Inc. 1955. (tr). **48 Bovington Tank Museum. 52 AF Fotografie. Library of Congress, Washington, D.C.:** Prints and Photographs Division (bl, fcr). **53 AF Fotografie. Alamy Stock Photo:** Lebrecht Music and Arts Photo Library (tl); World History Archive (b). **54-55 Getty Images:** John Phillips / The LIFE Picture Collection. **56 Cody Images. 57 Alamy Stock Photo:** ITAR-TASS Photo Agency (cra); Alexander Perepelitsyn (tl). **Cody Images. Dorling Kindersley:** Gary Ombler / The Tank Museum (br). **58 Bovington Tank Museum. 59 National Army Museum:** (cr). **64 AF Fotografie. 65 akg-images:** Sputnik (br). **Alamy Stock Photo:** Universal Art Archive (c). **66 Dorling Kindersley:** Gary Ombler / The Tank Museum (cl). **Massimo Foti. 66-67 Dorling Kindersley:** Gary Ombler / The Tank Museum (b). **67 Paul Appleyard. Bovington Tank Museum. Massimo Foti. 68-69 Bovington Tank Museum. 70 Dorling Kindersley:** Gary Ombler / The Tank Museum (cl). **Thomas Quine:** (tr). **70-71 Dorling Kindersley:** Gary Ombler / The Tank Museum. **72 Dorling Kindersley:** Gary Ombler / The Tank Museum (cra, cl, br). **Dreamstime.com:** Ryzhov Sergey (cla). **73 Dorling Kindersley:** Steve Lamonby, The War and Peace Show (cb); Gary Ombler / The Tank Museum (ca, br). **74 Alamy Stock Photo:** Michael Cremin (tl). **75 Bovington Tank Museum. 78-79 Getty Images:** Planet News Archive. **80 Bovington Tank Museum. 85 Dorling Kindersley:** Gary Ombler / The Tank Museum (cl). **86 Getty Images:** Paul Popper / Popperfoto (tl). **90-91 Bovington Tank Museum. 92 Bovington Tank Museum. 93 Bovington Tank Museum. Dorling Kindersley:** Gary Ombler / The Tank Museum (ca). **94 Paul Appleyard. Bovington Tank Museum. 95 Dorling Kindersley:** Gary Ombler / The Tank Museum (t, b); Gary Ombler, I. Galliers, The War and Peace Show (cl). **Alf van Beem:** (cr). **96 Dorling Kindersley:** Gary Ombler / The Tank Museum (t). **Dreamstime.com:** Sergey Zavyalov (cl). **97 123RF.com:** Vitali Burlakou (br); Yí Yuán Xīnjû (cb). **Alamy Stock Photo:** Alexander Blinov (tr). **Dreamstime.com:**Ryzhov Sergey (cla). **98 Bovington Tank Museum. 102 Bovington Tank Museum:** (c). **Getty Images:** Serge Plantureux (bl); SVF2 (tl); TASS (cr). **103 Alamy Stock Photo:** C. and M. History Pictures (cla); Zoonar GmbH (ca). **Getty Images:**Sovfoto (b). **104-105 Bovington Tank Museum. 106 Alamy Stock Photo:** Martin Bennett (cr). **Massimo Foti. Leo van Midden:** (tl). **107 Dorling Kindersley:** Gary Ombler / The Tank Museum (t). **Massimo Foti. 108 Ryan Keene:** (tr). **Ministerstwo Obrony Narodowej:** (cr). **109 Dorling Kindersley:** Gary Ombler / The Tank Museum (tl, c). **Massimo Foti. 109-109 Dorling Kindersley:** Gary Ombler / The Tank Museum (b). **110 Dorling Kindersley:** Gary Ombler / The Tank Museum (c). **Dreamstime.com:** Sergey Zavyalov (bc). **111 Paul Appleyard. Dorling Kindersley:** Gary Ombler / The Tank Museum (b). **Dreamstime.com:** Viktor Onyshchenko (c). **Landship Photography:** (crb). **112 Bovington Tank Museum. 113 Wikipedia:** Yí Yuán Xīnjû **(tc). 116 Bovington Tank Museum. 117 Paul Appleyard. Bovington Tank Museum. Dorling Kindersley:** Gary Ombler / The Tank Museum (cr). **Imperial War Museum. 118 AF Fotografie. Paul Appleyard. Bovington Tank Museum. 119 Paul Appleyard. Narayan Sengupta. 120-121 Getty Images:** Popperfoto. **122 Alamy Stock Photo:** NPC Collectiom (tr). **Dorling Kindersley:** Gary Ombler / The Tank Museum (cl). **122-123 Dorling Kindersley:** Gary Ombler / The Tank Museum (b). **123 Paul Appleyard:** (cb). **Dorling Kindersley:** Ted Bear, The War and Peace Show (tl). **Dreamstime.com:** Sever180 (br). **124 Dorling Kindersley:** Jez Marren, The War and Peace Show (cl). **124-125 Dorling Kindersley:** George Paice, The War and Peace Show. **125 Dorling Kindersley:** Gary Ombler, The War and Peace Show; Gary Ombler, The War and Peace Show (cr). **128 Alamy Stock Photo:** Penrodas Collection. **129 Bridgeman Images:** Private Collection (cl). **Getty Images:** Bettmann (cr). **130 David**

Busfield: (tr). **Dreamstime.com:** Sergey Krivoruchko (bl). **131 Paul Appleyard. Dorling Kindersley:** Gary Ombler / The Tank Museum (cl). **Bron Pancema:** (cr). **132 Dorling Kindersley:** Gary Ombler / The Tank Museum (clb). **Dreamstime.com:** Yykkaa (br). **Vitaly Kuzmin:** (cr). **TMA:** (tr). **133 Paul Appleyard. Wikipedia:** Yí Yuán Xînjû **(tc). 134 Bovington Tank Museum. 138-139 AF Fotografie. 140 Image courtesy of General Dynamics Ordnance and Tactical Systems:** (tl). **Getty Images:**Taro Yamasaki (bl). **141 Alamy Stock Photo:** XM Collection (b). **Image courtesy of General Dynamics Ordnance and Tactical Systems. Ministry of Defence Picture Library:** (cla). **142 Bovington Tank Museum. 146 Bovington Tank Museum. iStockphoto. com:** DaveAlan (cl). **146-147 Paul Appleyard. 147 Bovington Tank Museum. Dorling Kindersley:** Gary Ombler / The Tank Museum (tr); Gary Ombler / The Tank Museum (cl); Gary Ombler / The Tank Museum (cr). **148 Ryan Keene. 149 Dorling Kindersley:** Gary Ombler / The Tank Museum (b). **Ryan Keene. 154 Alamy Stock Photo:** Panzermeister (tc). **DM brothers:** (cl). **Massimo Foti. Wikipedia:** PD-Self / Los688 / Japan Ground Self-Defense Force (bl). **155 Alamy Stock Photo:** Panzermeister (tr). **Paul Appleyard. Vinayak Hedge:** (cr). **156 Alamy Stock Photo:** CNP Collection (cla). **Massimo Foti. Wikipedia:** Max Smith (cl). **157 Bovington Tank Museum. TMA. Wikipedia:** Bukvoed (br). **158 Paul Appleyard. Daniel de Cristo:** (tr). **William Morris:** (cr). **158-159 Dorling Kindersley:** Nick Hurt, Tanks, Trucks and Firepower Show. **159 Alamy Stock Photo:** Transcol (cla). **Vitaly Kuzmin. 160 Paul Appleyard. 161 Alamy Stock Photo:** Universal Images Group North America LLC / DeAgostini (cr). **Massimo Foti. Getty Images:** William F. Campbell / The LIFE Images Collection (cl). **166-167 Bridgeman Images:** Everett Collection. **168 Paul Appleyard. Bovington Tank Museum. 169 Alamy Stock Photo:** NPC Collection (tr). **Dorling Kindersley:**Richard Morris, Tanks, Trucks and Firepower Show (cr). **Massimo Foti. 170 Marty4650:** (cla). **Reaxel 270862:** (cl). **Toadman's Tank Pictures:** Chris Hughes (bl). **171 Alamy Stock Photo:** CPC Collection (tl); PAF (c). **Paul Appleyard. 172 Paul Appleyard. Dorling Kindersley:** Gary Ombler / The Combined Military Services Museum (CMSM). **Massimo Foti. 173 Alamy Stock Photo:** CPC Collection (ca). **Jim Maurer:** (t). **Wikipedia:** Chamal Pathirana (br). **174-175 Alamy Stock Photo:** Dino Fracchia. **176 Alamy Stock Photo:** Iuliia Mashkova (br); Zoonar GmbH (c). **177 Alamy Stock Photo:**PAF (tr); pzAxe (br). **Massimo Foti:** (tl). **Nederlands Instituut voor Militaire Historie:** (cr). **178 Alamy Stock Photo:** dpa picture alliance archive / Carl Schulze (tr). **Vitaly Kuzmin. 179 Alamy Stock Photo:** Hideo Kurihara (tr); Alexey Zarubin (cl). **Vitaly Kuzmin. 180 Alamy Stock Photo:** Zoonar GmbH (clb). **181 123RF. com:** Mikhail Mandrygin (tl). **Bovington Tank Museum. Dreamstime.com:** Sever180 (br). **RM Sothebys:** (bl). **182 Alamy Stock Photo:** Grobler du Preez (cl). **Jose Luis Bermudez de Castro:** (cr). **Raul Naranjo:** (bc). **Dirk Vorderstrasse:** (cla). **183 Army Recognition Group:**(bl). **Dorling Kindersley:** Bruce Orme, Tanks, Trucks and Firepower Show (cl). **Getty Images:** Federico Parra / Stringer (crb). **184-185 Getty Images:** Patrick Baz. **186 Paul Appleyard. Massimo Foti. 187 Bovington Tank Museum. Dorling Kindersley:** Gary Ombler, The War and Peace Show (crb). **188 Dorling Kindersley:** Andrew Baker, The War and Peace Show (cla); Brian Piper, Tanks, Trucks and Firepower Show (tr); Gary Ombler, Tanks, Trucks and Firepower Show (cr); Mick Browning, Tanks, Trucks and Firepower Show (clb); Gary Ombler, Tanks Trucks and Firepower Show (bl). **189 Alamy Stock Photo:** Ian Marlow (cra). **Dorling Kindersley:** Andrew Baker, Tanks, Trucks and Firepower Show (cla). **Raul Naranjo. 190-191 Getty Images:** Romeo Gacad. **192 Bovington Tank Museum. 197 Getty Images:** Shane Cuomo / AFP (cr). **198 Alamy Stock Photo:** Stocktrek Images, Inc.. **199 Getty Images:** David Silverman (cl). **200 Bovington Tank Museum. The Dunsfold Collection:** (cl). **Imperial War Museum:** (tr). **201 Alamy Stock Photo:**Grobler du Preez (tr); Grobler du Preez (b). **Witham Specialist Vehicles Ltd:** Ministry of Defence, UK (tl). **202 Alamy Stock Photo:** CPC Collection (br). **Courtesy of U.S. Army:** (tr). **203 Alamy Stock Photo:** Sueddeutsche Zeitung Photo (tl). **Getty Images:** Stocktrek Images (cr). **Ministry of Defence Picture Library: © Crown Copyright 2013 / Photographer: Cpl Si Longworth RLC (tr, br). 204 akg-images:** Africa Media Online / South Photos / John Liebenberg (tl). **205 Christo R. Wolmarans:** (br). **208-209 Alamy Stock Photo:** epa european pressphoto agency b.v.. **210 Alamy Stock Photo:** Dino Fracchia (br). **Thomas Tutchek:** (clb). **Wikipedia:** Jorchr (c). **211 Alamy Stock Photo:** ITAR-TASS Photo Agency (clb). **Bovington Tank Museum. Zachi Evenor:** MathKnight (cra). **Katzennase:** (cl). **Ministry of Defence Picture Library: © Crown Copyright / Andrew Linnett (br). 212 Alamy Stock Photo:** Dino Fracchia (clb); Hideo Kurihara (cr). **Michael J Barritt:** (tr). **Kjetil Ree:** (cl). **213 Alamy Stock Photo:** LOU Collection (tr); Universal Images Group North America LLC / DeAgostini (cl). **Wikipedia:** Outisnn (b). **214 Alamy Stock Photo:** Reuters / Morris Mac Matzen (tr); Stocktrek Images, Inc. (bl). **Wikipedia:** Ex13 (cla). **214-215 Wikipedia:** Selvejp (bc). **215 123RF.com:** Jordan Tan (br). **Alamy Stock Photo:**Reuters / Fabian Bimmer (tl). **Wikipedia:** Kaminski (cr). **216-217 Getty Images:** Chung Sung-Jun. **218 Image courtesy of General Dynamics Ordnance and Tactical Systems. Wikipedia:** Megapixie (cl). **219 Dreamstime. com:** Oleg Doroshin (tc). **Vitaly Kuzmin. PIBWL:** (cl). **Wikipedia:** Kaminski (cr). **220 Combat Camera Europe:** (c). **Getty Images:**Aamir Qureshi / Stringer (br). **Wikipedia:** Max Smith (tr). **221 Alamy Stock Photo:** Xinhua (cl). **Zachi Evenor. Otokar:**(br). **Wikipedia:** PD-Self (cr). **222 Alamy Stock Photo:** RGB Ventures / Superstock (tl). **USAASC:** photo by SGT Richard Wrigley, 2nd Armored Brigade Combat Team, 3rd Infantry Division Public Affairs (c). **222-223 USAASC:** (c). **223 Image courtesy of General Dynamics Ordnance and Tactical Systems. 224-225 Fort Benning, GA:** John D. Helms. **226 BAE Systems Land:** (cra). **Getty Images:** Bloomberg (tl); Bloomberg (bl). **227 BAE Systems Land. 228-229 Getty Images:** Sergei Bobylev. **237 Bovington Tank Museum. Dorling Kindersley:** Gary Ombler / Courtesy of the Royal Artillery Historical Trust (br); Gary Ombler / The Combined Military Services Museum (CMSM) (tl). **238 Dorling Kindersley:** Gary Ombler / The Tank Museum (clb). **Zachi Evenor:** (bl). **239 OBRUM:** (br). **240 Dorling Kindersley:**Second Guards Rifles Division / Gary Ombler (bc). **241 Bovington Tank Museum. 242 Dorling Kindersley:** Gary Ombler / Stuart Beeny (cla); Gary Ombler / Vietnam Rolling Thunder (crb); Gary Ombler / Pitt Rivers Museum, University of Oxford (clb); Gary Ombler / The Combined Military Services Museum (CMSM) (ca); Gary Ombler / Board of Trustees of the Royal Armouries (cl). **243 Daniel de Cristo:** (cr). **Dorling Kindersley:** Gary Ombler, Tanks, Trucks and Firepower Show (b)

Wikipedia Creative Commons images: https://creativecommons.org/licenses/by/4.0/legalcode

All other images © Dorling Kindersley
For further information
see: **www.dkimages.com**

The publisher would like to thank the following people for their help in making the book:

Additional writing: Roger Ford

Additional fact checking: Bruce Newsome, PhD

Design and photoshoot assistance:
Saffron Stocker

Translation and photoshoot assistance:
Sonia Charbonnier

Editorial assistance: Kathryn Hennessy,
Allie Collins

Index: Margaret McCormack

The publisher would like to thank the following museums, organizations, and inidividuals for their generosity in allowing us to photograph their vehicles:

Andrew Baker
Gordon McKenna
John Sanderson
Chris Till

Norfolk Tank Museum:
Stephen MacHaye

Musée des Blindés, Saumur: Lieutenant-colonel Pierre Garnier de Labareyre, Adjudant-chef Arnaud Pompougnac

Armoured Testing and Development Unit (ATDU), Bovington: Staff Sergeant
Dave Lincoln and team

The Tank Museum
The Tank Museum holds the biggest and best collection of tanks and military vehicles from around the world. Located in Bovington, Dorset, the home of British tank training since the First World War, the museum continues to be involved in tank crew training.

The Tank Museum
Bovington
Dorset, UK
BH20 6JG
www.tankmuseum.org
info@tankmuseum.org

추천의 말

지상 무기의 제왕, 전차

"우리는 이상하게 진동하는 소리를 들었다. 그리고 일찍이 우리가 본 적이 없는 3대의 거대한 기계 괴물이 우리를 향해 내리막길을 내려왔다." 1916년 '신무기' 전차의 등장을 본 한 영국군 병사의 증언이다. 지상 무기의 왕자라 불리는 전차가 실전에 처음으로 투입된 것은 100여 년 전인 1916년 9월 15일 플레흐꾸흐스레트 전투였다. 당시 투입된 49대의 마크 I 전차 중 불과 9대만이 독일군 방어선에 도달했다.

초창기 전차는 이처럼 신뢰성에 문제가 많았다. 1918년 8월 8일에는 영국군 전차 580대가 투입됐는데 다음날에도 쓸 수 있었던 전차는 145대에 불과했다고 한다. 하지만 오랜 참호전에 지쳐 있던 군 수뇌부에게 전차는 강한 인상을 남겼다. 첫 전차 실전 투입 직후 더글러스 헤이그 영국 육군 원수는 전차를 1,000대 넘게 주문했고 끊임없는 실전 투입과 개량이 이어졌다.

100년이 넘는 기간 동안 전차는 여러 차례 무용론에 휘말리며 존망의 위기를 맞기도 했다. 1973년 4차 중동전이 대표적인 예다. 당시 이스라엘군 전차 부대는 구소련제 AT-3 '사가' 대전차 미사일과 RPG-7 대전차 로켓 등으로 무장한 이집트군에 의해 궤멸적인 타격을 입었다. 보병이나 소형 차량으로 손쉽게 운반할 수 있는 대전차 무기의 발달은 전차의 제왕적 지위를 위협했다. 그러나 4차 중동전이 끝난 뒤 40여 년이 지났지만 지상 무기 대표 주자라는 전차의 지위에는 큰 변화가 없다. 『탱크 북』은 왜 전차가 100년 넘게 긴 생명력을 갖고 지상 무기의 왕좌 자리에 있는지를 잘 보여 주는 책이다. 이 책은 단순히 초창기부터 현재까지의 전차들 제원만 나열하고 있지 않다. 제1, 2차 세계 대전과 한국 전쟁, 베트남전과 냉전, 냉전 이후에 이르기까지 주요 시기별로 전차에 대한 시대적 요구와 개발·운용 철학 등까지 담고 있다.

제2차 세계 대전 개전 초기의 경우 1940년 5월 독일 침략에 직면한 프랑스와 영국은 적보다 많은 전차를 보유했고 서류상 성능도 여러 측면에서 우세했지만 소규모로 분산 운용하는 과오를 저질렀다. 반면 독일은 전격전 개념을 도입해 전차들을 효과적으로 운용함으로써 승리할 수 있었다.

이 책은 전차 자체보다 승무원, 즉 사람이 가장 중요하다는 핵심적인 교훈도 설파한다. 『탱크 북』 105쪽 「전투 준비」를 보자.

> 전차의 제원과 질이 어떠했든 간에 전차는 안에 승무원이 있을 때에만 효과가 있었다. 복잡한 기계 제조 관련된 뛰어난 기술자와 설계의 작업, 막대한 비용, 그리고 여기에 추가되는 실험과 장비 지급은 승무원들이 전차를 효과적으로 작동시킬 수 없는 경우 모두 낭비됐다. 역사는 경험과 의욕이 있고 잘 훈련된 승무원들이 운용하는 성능이 떨어지는 전차가, 보다 경험이 적고 덜 의욕적인 승무원들이 운용하는 더 우세한 전차를 상대로 승리한다는 것을 보여 준다.

이는 우리보다 1.8배나 많은 전차를 보유하고 있는 북한군과 대치하는 한국군에게도 시사하는 바가 많은 지적이다. 현재 한국군에는 세계 정상급으로 평가받는 K-2 '흑표' 전차가 실전 배치되고 있지만 구형 전차가 많은 북한군도 선군호, 폭풍호 등 신형 전차 개발 및 배치를 게을리하지 않고 있다.

이 책의 제목은 『탱크 북』이지만 상당 부분을 할애해 차륜형 및 궤도형 장갑차, 공병 무기, 특수 차량 등 각종 기갑 무기들도 소개하고 있다. 『기갑 무기 대백과사전』이라 불러도 손색이 없을 만하다. 특히 티거, T-34, 레오파르트, M-1 등 명전차를 비롯한 주요 기갑 무기들의 내외부 구조도까지 상세히 소개하고 있어 인상적이다. 그런 점에서 전차 등 기갑 무기에 관심이 많은 독자들에게 큰 도움이 될 것으로 생각하며 일독을 권한다.

2018년 2월

유용원(《조선일보》 논설 위원 겸 군사 전문 기자)